AF378035

L'ÉNERGIE BLEUE

Guy LAVAL

L'ÉNERGIE BLEUE

Une histoire de la fusion nucléaire

PANORAMA D'UN RÊVE

Au tournant du siècle, plusieurs catastrophes climatiques semblent confirmer la détérioration des conditions de vie sur Terre. Le réchauffement global d'origine anthropique pouvant en être responsable, la lutte contre le changement climatique s'impose de plus en plus comme une priorité. Les avis divergent sur les moyens à mettre en œuvre, mais la production industrielle d'énergie subira inévitablement une mutation importante. De plus, en s'envolant, le prix du pétrole paraît annoncer la fin de l'abondance qui a en grande partie soutenu le développement des pays industriels. Dans ce contexte, l'expansion démographique fait planer des menaces de pénurie, puis de désordres qui pourraient mettre la paix en danger. Ces difficultés incitent à remettre en question les bienfaits du progrès technique et à donner raison à ceux qui contestent l'intérêt du développement. Mais cette thèse ne peut pas emporter l'adhésion des pays qui n'ont pas encore réussi à en juger par eux-mêmes. Elle compromettrait le décollage des économies asiatiques et sud-américaines. Elle détruirait les moteurs de la croissance qui conditionne l'équilibre des pays développés. En l'absence de solution consensuelle, il faut se préparer à la réalisation de ces prévisions inquiétantes. Le monde devra s'organiser avec des moyens suffisants qui demanderont certainement de nouvelles ressources énergétiques relayant les combustibles fossiles épuisés ou disqualifiés par leurs effets sur l'environnement.

Parmi les diverses possibilités recensées aujourd'hui, l'énergie nucléaire retient l'attention par ses qualités économiques et son faible impact sur la pollution atmosphérique. Son utilisation actuelle repose entièrement sur la fission du noyau avec l'uranium et le plutonium issu du retraitement des déchets comme combustibles.

La fusion nucléaire met en jeu d'autres réactions et doit encore progresser, mais beaucoup conservent la conviction qu'elle peut devenir une autre forme d'énergie nucléaire exploitable. Elle est créditée de qualités remarquables, telles que des ressources disponibles, abondantes et peu coûteuses, l'absence de déchets radioactifs à vie longue, la sûreté de son fonctionnement et la non-prolifération nucléaire militaire.

Dans le passé, les travaux sur la fusion ont porté essentiellement sur le principe de la méthode, sans se préoccuper des conditions d'utilisation industrielle et en essayant seulement de prouver la faisabilité scientifique de la production d'énergie. Commencées dans les années 1950, ces investigations aboutissent aujourd'hui à une conclusion positive. Allié aux demandes pressantes évoquées plus haut, cet heureux dénouement introduit un profond changement dans le choix des orientations. Jusqu'à présent, la stratégie s'apparentait à celle d'une recherche en sciences fondamentales où l'objectif se précise au fur et à mesure des progrès sans échéance définie. Les premières années du XXIe siècle ont relégué ce point de vue à l'arrière-plan et la fusion a pris place sur la liste des propositions destinées à faire face aux prévisions inquiétantes concernant l'avenir énergétique. Cette nouvelle image s'accompagne naturellement d'interrogations sur le calendrier de la mise en service et sur la solution des problèmes technologiques. Trop d'inconnues subsistent, tenter d'y répondre exposerait à des commentaires ironiques ou furieux.

Un programme international de grande ampleur s'est mis en place et devrait produire une moisson de connaissances qui apportera des précisions sur les capacités réelles de la fusion et sur le bien-fondé de sa réputation d'énergie rêvée. Cette action coordonnée comportera un dispositif expérimental, Iter, réalisant les conditions de fonctionnement d'un réacteur en vraie grandeur, une source de neutrons, située au Japon, destinée à mettre au point les matériaux compatibles avec l'exploitation industrielle, et des installations plus modestes, mieux adaptées à la préparation des expériences et la recherche de perfectionnements ou d'innovations. Ajouté à des moyens de calcul importants, cet ensemble constitue un des programmes scientifiques les plus ambitieux jamais entrepris. L'Europe a joué un rôle décisif dans la conclusion de l'accord international sur cette coopération et, au sein de l'Union européenne, la motivation de la France lui a valu d'accueillir Iter qui en constitue la composante la plus imposante et qui sera construit à Cadarache. Ces décisions n'ont pas encore vaincu toutes les réticences des sceptiques qui doutent de la pertinence de ce projet et contestent l'engagement de la France.

En vérité, la France a toujours eu une attitude de meneur dans les études sur la fusion, avec une vision d'avenir et une confiance dans son intérêt qui a résisté à tous les changements politiques. Quand les pays européens confient à un physicien français, Paul-Henri Rebut, la conception et la direction du Jet[1], la plus importante installation existante, quand la communauté internationale demande au même Paul-Henri Rebut et à Robert Aymar, autre Français, de prendre en main tout le travail de préparation d'Iter, il faut y voir la reconnaissance de leurs talents mais aussi la volonté de marquer la position particulière de la France dans ces projets communs. Les spécialistes de ce domaine justifient la construction d'Iter à Cadarache par cette

---

1. Joint European Torus.

confiance qui perdure, sans parvenir toutefois à désarmer les critiques.

Ceux-ci ont quelques circonstances atténuantes. En effet, en cinquante années, sur un sujet qui n'a pas comme seul objectif le progrès de la connaissance scientifique, bien des confusions ont brouillé les contours du projet initial des physiciens qui rêvaient de domestiquer l'énergie des bombes thermonucléaires. Aujourd'hui, un effort international engage clairement la fusion sur la voie de la production d'électricité dans des conditions acceptables d'un point de vue industriel et dans les plus brefs délais. Le moment est venu de mettre en évidence les fondements solides sur lesquels bâtir cette entreprise et de bien les distinguer des arguments approximatifs ou irrationnels qui ont servi pendant si longtemps à soutenir l'intérêt de la société pour ces recherches. En resserrant le discours sur les résultats acquis, sans oublier les zones d'ombre, les critiques devraient prendre une direction constructive et jouer un rôle dans le choix du chemin le moins semé d'embûches.

Avant d'entrer dans le vif du sujet, la rigueur scientifique sera mise temporairement sous le boisseau et une introspection, enrichie d'une multitude de discussions, essaiera de lever un coin du voile sur les raisons profondes qui ont guidé et guident encore tant d'esprits dans cette longue aventure. Afin de ne pas s'embarrasser de détails sans importance, cette plongée dans le subconscient se présentera comme le récit d'un rêve. Ce choix autorisera quelques libertés de présentation, en prenant le caractère onirique comme excuse. Il permettra de restituer une ambiance susceptible de correspondre aux sentiments et aux aspirations de ceux qui, de près ou de loin et à tous les niveaux, ont mené, mènent ou mèneront cette entreprise hors du commun. Un narrateur imaginaire raconte l'inauguration de la première centrale électrique fonctionnant à partir de la fusion nucléaire, à une date indéterminée, mais, bien sûr, située dans le futur, en un lieu où les conséquences du réchauffement global se font déjà sentir.

N..., le 9 avril 20...

Bien que cette région du nord de l'Europe sorte à peine de l'hiver, l'absence d'air conditionné maintient une chaleur suffocante dans la salle de contrôle, plongée dans l'obscurité. Des lueurs vertes signalent les caméras de télévision et les écrans d'ordinateur. Seul bénéficie d'un éclairage abondant un lutrin sur lequel sont étalés quelques feuillets. Derrière, on devine la silhouette du président, juché sur une estrade imposante et penché sur un micro, lisant son discours. « Avec la mise en service de ce réacteur et le couplage au réseau électrique de cette première centrale à fusion nucléaire, déclare-t-il, nous entrons dans une ère nouvelle. L'Europe et l'humanité entière verront ce jour comme la fin d'une époque de restrictions et le début d'un nouveau développement industriel, débarrassé des contraintes et des angoisses du passé. La réduction des émissions de gaz à effet de serre, la pénurie de certains combustibles fossiles et la culpabilité liée au pillage des ressources ont freiné dramatiquement le développement économique, surtout dans les régions les plus défavorisées. Les énergies de substitution, dites "renouvelables", ne sont jamais parvenues à offrir les mêmes facilités d'utilisation que le pétrole, le charbon ou le gaz naturel. Beaucoup espéraient voir la fission nucléaire se banaliser rapidement et combler le déficit énergétique. Cette solution s'est heurtée à des oppositions politiques, fortes de la crainte d'un accident nucléaire, des risques de dissémination de l'arme atomique et des réticences sociétales aux stockages des déchets. »

À travers les vitres teintées, le président distingue une foule, massée derrière les grilles d'accès, dans les faisceaux de puissants projecteurs. Quelques éclats de voix parviennent à ses oreilles. Il se redresse, jette un regard sur son auditoire, sourit et reprend la parole.

« La fusion nucléaire, source de la vie sur Terre, est l'énergie rêvée, dit-on, inépuisable, sûre et sans déchets ni gaz à effet de serre. Nous n'en sommes pas là, puisqu'il faudra bien attendre une centaine d'années avant de recycler les matériaux radioactifs provenant des parois irradiées de la chambre de réaction. Ce sont eux qui provoquent la colère des manifestants et leur permettent de nous traiter de menteurs parce que nous ne les avons pas mentionnés dans notre communication. Cet oubli ne nous empêchera pas d'affirmer dès aujourd'hui que l'inauguration de cette centrale ravive l'espoir d'une poursuite harmonieuse du progrès humain et d'une plus juste répartition de ses bienfaits. »

Des torches s'allument derrière les grilles, éclairant une banderole de toile verte, sur laquelle on peut lire en hautes lettres rouges : « *NO MORE PROGRESS, PLEASE.* » Tout se calme à l'approche d'un groupe de vigiles.

« Une absence totale de déchets nucléaires à vie longue, une sécurité absolue vis-à-vis d'un emballement des réactions nucléaires, un contrôle antiprolifération très facile, tels sont les atouts majeurs du réacteur qui va entrer sur le réseau électrique européen dans quelques minutes. De plus, le combustible nucléaire est élaboré sur place à partir de produits de base abondants et non radioactifs. Les combustibles usés seront retraités dans l'usine elle-même et seul l'hélium, élément stable et inoffensif, sortira des enceintes de sécurité.

« Ces qualités remarquables autorisent une diffusion généralisée de ces installations. Elles permettent d'envisager le retour à une abondance énergétique qui sortira l'humanité de l'impasse où l'a conduite la consommation effrénée de combustibles fossiles. La fusion viendra ainsi s'ajouter aux énergies renouvelables, en particulier au solaire qui contribue déjà de manière significative à la production mondiale, mais ne peut satisfaire, à lui seul, les besoins de consommation et les contraintes environnementales. »

Le président s'interrompt et reprend son souffle. Des cris lointains troublent le silence. Le président tend l'oreille et distingue nettement le slogan scandé par les manifestants : « Le tritium tue les hommes. » L'auditoire frissonne.

Le président se redresse et improvise : « Oui, ce réacteur produit son énergie à partir de la fusion du deutérium et du tritium. Le deutérium, extrait de l'eau de mer, est inoffensif. En revanche, le tritium nous donne des soucis qu'il ne faut ni sous-estimer ni exagérer. » L'assistance se détend. « Malgré toutes les précautions, enchaîne le président, on ne peut exclure des émissions dans l'atmosphère qui pourraient contaminer les produits agricoles ou être inhalées par le personnel et les habitants du voisinage. La probabilité d'un tel incident est très faible, mais les inquiétudes qu'il génère justifient la poursuite des recherches destinées à réduire la part du tritium dans le combustible. L'Europe y affecte des crédits importants, malgré le scepticisme de certains scientifiques sur la viabilité de cette solution. Dans un avenir plus lointain, l'utilisation d'autres réactions de fusion réduira peut-être les dommages subis par les matériaux sous le bombardement des neutrons très énergétiques produits par la fusion du deutérium et du tritium. » Quelques haussements d'épaule dans l'assistance n'impressionnent pas le président qui évoque les pionniers, les chercheurs, les industriels et les hommes politiques dont la foi a permis de surmonter tous les obstacles.

Enfin, il conclut en rendant hommage à l'efficacité d'une collaboration internationale qui n'a pas d'équivalent dans l'histoire et qui, en répartissant les coûts entre toutes les nations industrielles, a permis de maintenir un niveau de financement suffisant pendant une si longue période, sans aucune rentabilité économique immédiate. « Je vais donc coupler au réseau électrique européen le premier réacteur dont l'énergie provient intégralement de la fusion nucléaire. » Sur ces mots, il se tourne vers les ingénieurs assis devant leurs écrans de contrôle. L'un d'eux lui donne l'autorisation rêve déclencher l'opération. En réalité, la manœuvre d'aujourd'hui ne concerne que la salle de contrôle, car l'usine est déjà connectée au réseau depuis des semaines, l'opération longue et délicate ne se prêtant pas à une cérémonie officielle. Grâce à ce décalage, celle-ci se déroule, dans une ambiance détendue, le jour anniversaire d'une autre inauguration célèbre, celle du premier projet européen intégré, le Joint European Torus, par la reine d'Angleterre et le président Mitterrand, en 1984. On a hésité entre cet anniversaire et celui de la naissance d'Andrei Sakharov, prix Nobel de la paix et auteur d'une idée lumineuse qui a ouvert la voie à la domestication de la fusion. La politique européenne l'a emporté. Fort du feu vert des techniciens, conscient de la valeur symbolique de son geste, le président saisit alors une télécommande dans une de ses poches et la pointe à quelques mètres vers un boîtier mural qui commande la connexion des équipements de la salle de contrôle. Un pinceau lumineux du plus beau bleu jaillit d'un projecteur illuminant l'estrade et, instantanément, les plafonniers s'allument. Le ronronnement doux des climatiseurs annonce une brise rafraîchissante alors que, sur un écran géant, s'affiche, en bleu et dans toutes les langues européennes, la devise du jour : « La planète bleue sera sauvée par l'énergie bleue, comme la mer et la couleur des rêves. »

Bien entendu, cette scène d'anticipation relève de la plus pure fantaisie et ne constitue en aucun cas un plaidoyer en faveur de la fusion. Il n'en reste pas moins que, si les milliers de chercheurs, ingénieurs et techniciens de la fusion nucléaire travaillent aujourd'hui à cet ambitieux programme, si Iter semble susciter un réel engouement parmi les jeunes, c'est bien avec l'espoir qu'une telle célébration sera possible un jour. À lire leurs écrits et écouter leurs déclarations, il est permis de penser que le discours présidentiel résume assez bien les convictions qui les animent. Quand peut-on espérer en voir la retransmission télévisée ? Personne ne l'imagine avant cinquante ans. Certains la situeraient plutôt à un demi-millénaire. D'autres sont catégoriques : jamais. Georges Vendryes, le père de Super-Phénix et des recherches sur la fusion au CEA écrit : « Mon opinion actuelle sur les perspectives de la fusion thermonucléaire (qu'il s'agisse de la voie par confinement magnétique ou de la voie par "confinement" inertiel) se résume comme suit, d'une façon un peu lapidaire :

1. Je ne crois pas qu'elle puisse constituer à terme prévisible une méthode pour produire des quantités significatives d'électricité.

2. J'espère sincèrement me tromper[2]. »

L'expression « à terme prévisible » peut laisser subsister quelques doutes. Si elle implique seulement l'impossibilité de fixer la date précise de l'événement imaginé plus haut, l'opinion de Georges Vendryes est largement partagée par la communauté de la fusion. Quelques imprudents se livrent régulièrement à des annonces prématurées, afin de répondre aux compréhensibles inquiétudes générées par la durée des recherches. Ils ne font que nourrir les plaisanteries de sceptiques plus ou moins bien intentionnés. Ainsi recyclent-ils les moqueries visant les futurologues qui, en d'autres temps, annonçaient la fin du pétrole dans dix ans reportés d'année en année. Transposée à la fusion, la même boutade les autorise à prétendre que le nombre d'années nous en séparant devient une nouvelle constante physique, invariante depuis cinquante ans et qui a toutes les chances de le rester. Pour éviter ces sarcasmes, la majorité des responsables préfère se taire, surtout s'ils ont pris la peine de jauger l'ampleur des obstacles à surmonter avant d'atteindre le stade industriel.

Mais, dans la seconde partie de sa déclaration, Georges Vendryes ne laisse place à aucune incertitude. Il faut bien entendre qu'il voit des difficultés insurmontables à l'utilisation de la fusion comme source d'électricité industrielle, au moins au cours du XXIe siècle. Il s'en explique en détail dans un document intitulé « La fusion nucléaire, un joli rêve qui n'est pas prêt de se concrétiser ». Personne ne

---

2. Extrait de « La fusion nucléaire, un joli rêve qui n'est pas prêt de se concrétiser », http://www.ecolo.org/documents/documents_in_french/fusion-Iter-vendryes-03.htm.

conteste la stature et l'expérience de Georges Vendryes dans la recherche et l'industrie nucléaires. Une telle prise de position mérite une considération attentive.

La Royal Society et la Royal Academy of Engeneering donnent, en 1999, un avis plus nuancé.

« La fusion marchera-t-elle ? Personne ne doute sérieusement qu'il soit possible de construire une machine qui aurait une production nette en énergie. La question qui reste fortement controversée est de savoir si les difficultés technologiques, incluant de très sérieux problèmes de matériaux, peuvent être surmontées de sorte qu'on pourrait en escompter une machine produisant de l'énergie à un coût économique. Puisque la recherche mondiale dans ce domaine se poursuit à raison d'un milliard de dollars de dépenses annuelles environ, il y a de bonnes raisons pour se persuader qu'une réponse à ces questions se fera jour dans une décennie ou deux. Cependant, il semble très improbable que la fusion puisse contribuer de manière significative aux besoins mondiaux en énergie avant la seconde moitié du siècle prochain, au plus tôt[3]. »

Les scientifiques et technologues britanniques attaquent ainsi la fusion sous un angle précis, celui de la rentabilité économique. Ils admettent la faisabilité d'une machine produisant de l'énergie à partir de la fusion, résultat considéré comme acquis. Mais ils s'arrêtent sur le verrou technologique qui risque de compromettre la mise en œuvre industrielle. La réponse devrait arriver dans une vingtaine

---

3. « Will fusion energy work ? There is now no serious doubt that a machine could be built which would provide net energy. The issue that is still highly controversial is whether the technological difficulties, including some very severe materials problems, can be overcome so that a machine producing energy at an economic rate could be anticipated. Since world research in this area is proceeding at a spend rate of about $1B per annum, there is reason to be confident that an answer to this question will emerge in the next decade or two. However it seems very unlikely that fusion power could make a significant contribution to the energy needs of the world before, at the earliest, the second half of next century. »

d'années. Derrière ce constat se dissimule une conclusion, énoncée au grand jour en France : pourquoi ne pas mettre en sommeil les recherches sur la production nette d'énergie, puisque la question ne se pose plus, et concentrer les efforts sur les problèmes technologiques ?

Il serait tentant de dévier le débat en invoquant l'intérêt scientifique de ces recherches. Le rapport de l'Office parlementaire d'évaluation des choix scientifiques et technologiques a déjà coupé cette voie de retraite : « L'horizon de la fusion contrôlée est la production d'électricité. C'est l'objectif des chercheurs qui s'intéressent à ce domaine. C'est la justification des investissements considérables dont il a bénéficié. Sans cette perspective, il ne fait pas de doute que la recherche aurait été abandonnée, tant sont grandes les difficultés qu'elle rencontre. Selon l'expression de M. Roger Balian, "la recherche sur la fusion contrôlée constitue un projet scientifique mais de motivation non scientifique, qui n'appartient pas en tout état de cause au domaine de la science fondamentale". »

Enfin, dans *Demain la physique*, un très beau livre destiné à réveiller l'intérêt des jeunes pour la physique, une seule demi-page est consacrée à la fusion. Ces quelques lignes suffisent à mettre en doute son intérêt comme source d'énergie et à révéler sa vulnérabilité aux attaques terroristes en raison des stocks de tritium. Seule lueur positive, la fusion en laboratoire est jugée scientifiquement intéressante.

Après le rêve humanitaire, voici le réveil terroriste ! Deux attitudes opposées envers la fusion ont toujours partagé le monde scientifique, mais, jusqu'à ces dernières années, elles s'affichaient rarement. Les partisans de la fusion se contentaient de camper sur leurs positions et ses adversaires la considéraient avec indulgence comme une activité peu gênante et qui donne une image positive de la physique. L'irruption de grands projets de fusion a perturbé cet équilibre en obligeant les premiers à s'engager avec plus d'agressivité dans la défense de leurs positions et les seconds à réagir à ce qu'ils perçoivent comme une menace pour leurs intérêts particuliers ou ceux de la recherche en général. Mais, pour autant qu'elles évitent la caricature, ces critiques soulèvent de véritables questions qui méritent réflexion et, si possible, des réponses. Une évocation succincte de l'histoire de la fusion confirmera l'existence d'un malaise chronique dans ce domaine, marqué par des crises fréquentes et des enthousiasmes prématurés succédant aux déceptions, toujours finalement surmontées.

Les pionniers déblaient le chemin

Afin de mieux suivre ce récit, il n'est pas inutile de préciser les objectifs et les conditions de la fusion nucléaire, tels qu'on les définit aujourd'hui. La fusion nucléaire contrôlée a pour objectifs la maîtrise des réactions nucléaires de fusion entre noyaux légers et la production industrielle d'électricité à partir de l'énergie ainsi libérée. En particulier, la fusion entre les noyaux de deux isotopes de l'hydrogène, le deutérium et le tritium, conduit à la formation d'un noyau d'hélium 4, appelé aussi « particule alpha », avec émission d'un neutron. L'énergie libérée se partage entre les deux particules produites, le neutron et la particule alpha. Il s'agit de la réaction de fusion la plus facile à mettre en œuvre. C'est très probablement celle qui produira l'énergie du premier réacteur à fusion, s'il existe un jour.

Mais la réaction exige que les forces nucléaires entrent en action. Ces forces ont des portées très inférieures à la taille d'un atome, elle-même déterminée par l'extension du cortège des électrons entourant le noyau. Dans les conditions ordinaires au sein d'un gaz, ces électrons, liés aux noyaux, contraignent les atomes à ne pas s'interpénétrer. Les noyaux, au centre des atomes, ne peuvent donc s'approcher l'un de l'autre à moins du double de la dimension d'un atome, interdisant ainsi toute possibilité de réaction de fusion. Dans une molécule ou un solide, les interactions plus complexes ne modifient pas cette conclusion. En revanche, aux températures convenables pour la fusion, les électrons acquièrent tant d'énergie dans les collisions qu'ils s'éparpillent, devenant des électrons libres, indépendants des noyaux. Le gaz ordinaire devient un gaz ionisé, autrement dit un mélange d'électrons et de noyaux. Il reste à vaincre la force de répulsion coulombienne entre les noyaux. Cette force freine le mouvement de deux noyaux qui se dirigent l'un vers l'autre, avec de plus en plus d'efficacité lorsque leur distance se réduit, puisqu'elle croît comme l'inverse du carré de leur distance. Si les forces nucléaires n'existaient pas, la répulsion finirait toujours par l'emporter et par séparer à nouveau les noyaux. Mais si l'énergie cinétique des noyaux augmente, la distance minimale d'approche diminue. À une très haute température où les noyaux ont une énergie cinétique très élevée, cette distance se réduit suffisamment pour que les forces nucléaires puissent agir avant que la répulsion ne prenne le dessus. Alors, la fusion des noyaux devient possible, mais au prix d'un écart considérable par rapport aux conditions ordinaires.

À une température de 100 000 degrés, le gaz serait totalement ionisé, mais l'énergie cinétique des noyaux ne leur permettrait de s'approcher les uns des autres qu'à une distance environ dix mille fois plus grande que la portée des forces nucléaires et l'on imagine sans peine les difficultés énormes que poserait le confinement d'un gaz à cette température infernale. Pourtant, les réactions de fusion ne se produisent en nombre suffisant qu'à 100 millions de degrés. Réaliser ces conditions en laboratoire, c'est là le défi qu'ont décidé de relever les physiciens après l'explosion de la première bombe H, en 1952, à Eniwetok, où ces températures étaient atteintes pendant un intervalle de temps très bref, sans se préoccuper du confinement.

Les premières idées se portèrent immédiatement sur l'utilisation de champs électromagnétiques. En effet, comme on l'a vu, à ces températures très élevées, le gaz est totalement ionisé. La liaison entre les électrons et les noyaux (les ions) ne peut subsister à ces températures. L'ionisation du gaz en fait un bon conducteur de l'électricité en raison de la mobilité des électrons libres, particules légères et sans entrave, donc très faciles à accélérer par un champ électrique. Dans les premières expériences, cette bonne conductivité était mise à profit pour ioniser et chauffer le gaz. Une forte différence de potentiel, appliquée entre deux électrodes métalliques, accélérait les quelques électrons libres présents dans le gaz ordinaire, leur permettant d'acquérir assez d'énergie pour arracher d'autres électrons à des atomes, qui, soumis au champ électrique, participaient eux-mêmes à l'ionisation. Cette multiplication des électrons libres aboutit en un temps très bref à l'ionisation du gaz, ce qui vaut à ce phénomène le nom de « claquage ». Le gaz se transforme ainsi en un milieu conducteur dans lequel le champ électrique appliqué fait circuler un courant électrique intense, porté par les électrons.

Ce courant engendre un champ magnétique avec lequel il interagit en soumettant le gaz ionisé à des forces agissant en tout point du volume. La résultante de ces forces se détermine en rappelant la propriété élémentaire selon laquelle des courants électriques parallèles et de même signe s'attirent. Les différents filets de courant électrique parcourant le gaz devraient donc se condenser sur l'axe de la décharge en entraînant les électrons, les ions suivant le mouvement afin de maintenir la neutralité électrique moyenne du milieu. L'ensemble de ces phénomènes constitue la striction magnétique, plus connue sous le nom d'« effet pinch ». Elle résulte des forces électrodynamiques qui accompagnent tout courant circulant dans un plasma comme dans un conducteur quelconque et qui exercent une pression tendant à confiner le plasma et à pincer la section du conducteur. La striction ouvrait la première voie au confinement magnétique des plasmas. Elle reste à la base de beaucoup de machines actuelles dont l'expérience Iter.

Dans les expériences pionnières, la compression brutale par striction devait porter le gaz ionisé à très haute température, avec l'espoir de provoquer des réactions de fusion. Les détecteurs de neutrons enregistrèrent une émission importante dès les premiers essais et le succès sembla à portée de main. L'enthousiasme fut très éphémère. En analysant plus finement les caractéristiques de l'émission en termes d'énergie et de directivité, on constate vite que les neutrons observés n'étaient pas ceux qui étaient attendus. Ils étaient générés par des ions accélérés dans des champs électriques localisés et très intenses. L'interaction de ces ions avec les parois était responsable de l'émission neutronique. La déception qui s'ensuivit marqua la première crise de la fusion. Elle s'imposa en URSS comme aux États-Unis, pays entre lesquels la nature des programmes ne permettait pas encore d'échanges ni de collaboration, et qui, partant, menaient des recherches parallèles. Aux États-Unis, de 1951 à 1958, les recherches sur la fusion se déroulaient dans le cadre du projet Sherwood, dont le nom de baptême faisait allusion à James Tuck, l'un de ses promoteurs. Après cet échec, une plaisanterie intraduisible courait dans les couloirs de Los Alamos : « It sher (sure) wood be nice if it worked[4]. »

Première manifestation d'une crise qui va se répéter, cet épisode met en lumière une classe de phénomènes qui dominera la fusion jusqu'à aujourd'hui. En effet, l'analyse théorique démontra vite que ces accélérations trompeuses n'étaient que la manifestation secondaire d'une instabilité fondamentale de ces strictions. Il en résultait des mouvements très violents accompagnés de variations rapides des champs magnétiques. Les champs électriques induits par ces variations expliquaient les accélérations. La désorganisation de la décharge condamnait la méthode. Elle sera réhabilitée plus tard, avec d'importantes modifications,

---

4. Edward Teller, *Fusion*, Academic Press, 1981, vol. I, p. 4.

comme on le verra dans la suite. Autre conséquence importante, les théoriciens faisaient une entrée remarquée dans l'arène.

L'espoir fut ranimé par l'idée d'aligner la décharge avec le champ magnétique d'une bobine extérieure. Si un conducteur baigne dans un champ magnétique, tout déplacement induit des courants et, par conséquent, des forces qui tendent à faire revenir le système dans son état initial. En gênant ainsi les mouvements, on devait en quelque sorte donner de la raideur aux courants. Les théoriciens confirmèrent ces intuitions et l'on entra dans l'ère des strictions stabilisées. Auparavant, seuls les courants portés par le gaz ionisé généraient les champs magnétiques nécessaires à son confinement. Avec les strictions stabilisées, pour la première fois, des bobinages extérieurs, faciles à contrôler, participaient à la maîtrise des mouvements. Ces champs extérieurs restaient modestes. Plus tard, ils domineraient largement ceux des courants circulant dans le gaz ionisé, afin d'assurer une stabilisation aussi totale que possible de la configuration.

Dans les premières strictions stabilisées, la décharge se produisait entre deux électrodes situées aux extrémités d'un tube cylindrique, lui-même situé à l'intérieur d'un solénoïde droit qui assurait la stabilisation magnétique. Si la striction pouvait assurer un bon isolement des parois grâce au confinement magnétique, les électrodes posaient un problème, car le gaz ionisé entrait en contact direct avec ces pièces de métal qui ne pouvaient résister longtemps à un milieu si chaud. Le tube et la bobine extérieure prirent une forme torique. La décharge n'avait plus d'extrémités. Le courant circulait donc dans un anneau de gaz ionisé, bien isolé de tout contact avec une paroi, sans électrodes. Une force électromotrice induite par un champ magnétique variable remplaça la tension appliquée entre les électrodes, assurant l'ionisation du gaz et la génération du courant. À la vue des premiers résultats encourageants, en 1954, il fut décidé de construire en Angleterre, à Harwell, la première grande machine torique, baptisée Zeta, dont on attendait beaucoup. Les neutrons firent bientôt leur apparition en grand nombre et les températures mesurées furent impressionnantes. Zeta fit la une des journaux et apparut dans un film grand public où Lino Ventura, savant kidnappé par les Soviétiques, prenait le large au cours d'une visite de la machine. Comme dans le cas des strictions droites, des mesures plus fines ramenèrent tout le monde à la réalité : les décharges restaient instables, moins violemment, mais suffisamment pour envoyer rapidement le gaz ionisé sur les parois où il se refroidissait. En 1958, la décision fut prise d'arrêter Zeta, marquant la fin d'une époque de la fusion. Dominée par l'enthousiasme et une organisation assez chaotique, cette période aura surtout vu l'épanouissement des imaginations et l'invention d'un nombre impressionnant de dispositifs destinés à explorer les voies de la fusion. L'espoir d'un accès rapide à cette forme d'énergie s'évanouit et une certaine déception accompagna la perte de cette illusion. Certains abandonnèrent ; d'autres essayèrent de tirer un enseignement de ces années difficiles en approfondissant la physique surprenante de cette matière ionisée. En particulier, les instabilités avaient démontré leur pouvoir destructeur et, pour les maîtriser, il fallait bien recourir aux services d'un nouveau type de chercheur, indispensable mais parfois dérangeant, le théoricien.

Les astrophysiciens à la rescousse

Des théoriciens de l'Université de Princeton vont en effet donner à la communauté naissante un remarquable outil pour analyser les problèmes soulevés par l'échec de Zeta. Princeton se préparait alors à devenir La Mecque de la fusion pendant des décennies, grâce à une alliance étroite entre physiciens des plasmas et astrophysiciens. Un de ces derniers, Lyman Spitzer (il vient de donner son nom à un télescope spatial) avait créé le Princeton Plasma Physics Laboratory.

Plasma ? Que vient faire ce mot alors que, jusqu'à présent, il n'a été question que de gaz ionisé ? Laissant en suspens le travail des chercheurs de Princeton, il est temps d'expliquer pourquoi le gaz ionisé s'est transformé en plasma dans le langage des astrophysiciens et des spécialistes de la fusion, puis dans tous les domaines de la science et de la technologie. Un gaz ionisé ne mérite la dénomination de plasma que dans certaines conditions, toujours satisfaites dans les expériences sur la fusion. Elles se traduisent, en particulier, par l'existence d'une échelle de longueur, dite « distance d'écrantage », qui doit rester très petite devant les dimensions caractéristiques du milieu. S'il en est ainsi, dans tout volume de dimension supérieure à cette distance d'écrantage, les charges positives équilibrent presque exactement les charges négatives. Le plasma est donc à peu près électriquement neutre, comme dans un gaz ordinaire à ceci près qu'il reste un très bon conducteur de l'électricité grâce à la mobilité des électrons qui se déplacent librement au lieu d'être attachés aux atomes. C'est cette sensibilité aux champs électriques et magnétiques qui donne aux plasmas leur spécificité. On devine que, derrière ces quelques phrases, se cache l'embarras d'une explication technique difficile, évitée jusqu'alors par le terme plus général de « gaz ionisé ».

Quelles équations décrivent l'interaction de ce plasma avec les champs électromagnétiques ? Telle aurait pu être la première interrogation à laquelle la théorie aurait dû apporter une réponse. Mais les astrophysiciens l'avaient donnée depuis longtemps. Ils avaient acquis une certaine familiarité avec les gaz ionisés, si répandus dans l'univers observable. Tous les livres sur les plasmas commencent par la phrase : « Dans l'univers, 99,99… % de la matière observable se trouve à l'état de plasma. » Les astrophysiciens avaient choisi le modèle le plus simple : un plasma est un gaz électriquement neutre, mais très bon conducteur de l'électricité. Il est facile de le vérifier. Le courant passe bien dans un tube fluorescent ; la foudre permet à d'énormes courants de circuler entre la Terre et un nuage ou entre deux nuages, dans un canal de plasma lumineux qui émet l'éclair ; l'étincelle court-circuite l'installation électrique et le disjoncteur saute ; l'arc électrique interdit l'approche d'un câble haute tension en provoquant l'ionisation de l'air et l'électrocution à distance.

L'équipe théorique de Princeton comportait des astrophysiciens qui connaissaient les succès remportés avec ce modèle simple. En particulier, Hannès Alfven avait découvert, par le calcul, un nouveau type d'ondes importantes pour l'astrophysique[5] puisqu'elles jouent, dans les milieux ionisés et magnétisés, le rôle des ondes sonores dans un gaz ordinaire. Ces ondes se propagent dans un plasma plongé dans un champ magnétique, et elles devaient en conséquence intervenir dans la dynamique des strictions stabilisées. Les équations utilisées décrivaient l'évolution d'un gaz compressible, sans résistance, parcouru par des courants électriques qui interagissent avec le champ magnétique en exerçant des forces sur la matière qui la mettent en mouvement, comme dans un moteur électrique. Ces équations sont celles de la magnétohydrodynamique idéale, une branche de la mécanique des fluides, souvent désignée par le sigle MHD. Dans le cadre de ce modèle, ces théoriciens américains purent donner une condition générale de stabilité d'un plasma torique, en équilibre, c'est-à-dire sans vitesse, dans un champ magnétique. Une expression, appelée « principe d'énergie[6] », devait rester positive pour tout déplacement virtuel. Ainsi se trouvait généralisée au plasma la théorie des systèmes indéformables qui demande à la position d'équilibre de correspondre à un minimum de l'énergie potentielle. Dans une configuration

---

5. H. Wilhelmsson, *Fusion, A Voyage through the Plasma Universe*, Éditions IOP, 1999, p. XVIII.

6. Voir l'énoncé du principe d'énergie au chapitre 4.

particulière, le principe d'énergie donnait l'expression dont il fallait chercher le signe pour tout déplacement virtuel du plasma, mais cette recherche demandait encore un travail considérable avant d'aboutir à une condition de stabilité explicite, portant sur les paramètres expérimentaux accessibles. Une mobilisation internationale intense conduisit à une connaissance précise de ces conditions de stabilité qui ont joué un rôle central dans les progrès de la fusion. En particulier, Claude Mercier, théoricien français, parvint, parmi les premiers, à se tailler une réputation internationale en découvrant une condition nécessaire de stabilité explicite applicable à toutes ces configurations toriques.

Bretzels, donuts, cigares et berlingots

Impressionnés par les déboires des strictions stabilisées qu'ils attribuaient logiquement à la forte intensité du courant passant dans le plasma, les théoriciens de Princeton cherchèrent des configurations magnétiques capables de confiner un plasma en équilibre, en minimisant les courants qui y circulent. Il fallait donc démontrer que des bobines, situées à l'extérieur du plasma, pouvaient créer un véritable piège magnétique dont les particules chargées ne pourraient s'échapper. L'idée la plus simple consistait à ne conserver de Zeta que le bobinage magnétique torique dans lequel on chercherait à confiner un plasma sans courant. Pour obtenir de hautes températures, en l'absence de striction, on utiliserait d'autres moyens, comme des accélérateurs de particules ou des systèmes analogues au four micro-ondes. L'idée n'était pas encore la bonne, mais elle allait conduire sur une nouvelle voie, celle des « stellarators ». Si l'analyse de ces machines repose sur l'assimilation du plasma à un fluide conducteur, la perception intuitive des phénomènes devient difficile et il est plus naturel de s'appuyer sur l'étude des trajectoires des particules composant le plasma. Les bases physiques du confinement reposent sur un principe simple : confiner le plasma dans un volume donné implique que les orbites des ions et des électrons n'en sortent pas.

Avant d'aborder les quelques notions de trajectographie nécessaires, il faut introduire la ligne de champ qui va caractériser la topologie magnétique. Un champ magnétique se définit par son intensité et son orientation, qui peuvent varier dans le temps et dans l'espace. Les compas magnétiques fonctionnent en utilisant la tendance d'une aiguille aimantée à s'orienter dans la direction du champ magnétique local. La ligne de champ permet de visualiser les variations de l'orientation du champ magnétique. C'est une ligne fictive dont la direction suit en chaque point celle du champ magnétique. Si la direction du champ est partout la même, toute ligne droite parallèle à cette direction est une ligne de champ. Si le champ a une direction variable dans l'espace, cette direction ne peut coïncider avec celle d'une droite en chacun de ses points, puisque la direction d'une droite ne varie pas. Dans ce cas, la ligne de champ se courbe pour épouser en chacun de ses points les variations de direction du champ. Au temps des leçons de choses, on apprenait à mettre en évidence les lignes du champ magnétique d'un aimant en le plaçant sous une feuille de papier sur laquelle on répandait de la limaille de fer. Les grains de limaille s'orientaient dans la direction du champ et formaient de beaux dessins. On appelait alors ces contours des « lignes de force », sans très bien savoir pourquoi.

Le champ magnétique le plus simple se trouve à l'intérieur d'un bobinage cylindrique, appelé « solénoïde droit » (Fig. 1). Il est constitué d'un tube sur lequel s'enroule un fil conducteur parcouru par un courant. À l'intérieur du cylindre, le champ magnétique est à peu près uniforme et dirigé dans l'axe du cylindre. Les lignes de champ sont donc des droites parallèles à l'axe du cylindre. C'est un tel champ qui était supposé stabiliser les strictions droites. Pourrait-il confiner un plasma sans courant à l'intérieur du tube ?

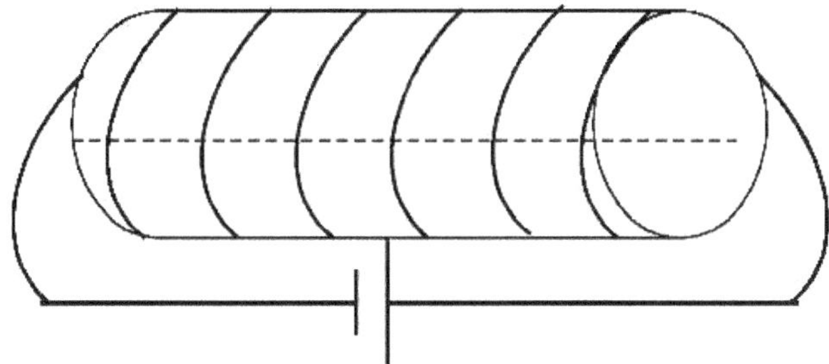

Fig.1. Solénoïde droit : la ligne de champ rectiligne est en pointillé.

Comment se comporteraient les particules chargées du plasma ? Le champ magnétique se manifeste par la force qu'il exerce sur ces particules. Si leur vitesse est parallèle au champ magnétique, donc dirigée suivant l'axe du solénoïde, la force est nulle. Les particules se déplacent à vitesse constante le long des lignes de champ et finissent par sortir du solénoïde ou heurter les parois aux extrémités du tube.

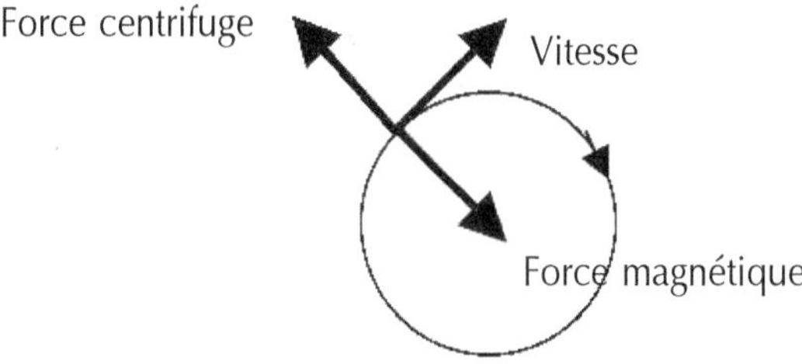

Fig. 2. Trajectoire pour un champ magnétique perpendiculaire au plan de la figure.

Si la vitesse de la particule chargée est perpendiculaire au champ (Fig. 2), la force est proportionnelle à l'intensité du champ et à la valeur de la vitesse. Sa direction est perpendiculaire à celle de la vitesse et ne change pas l'énergie cinétique de la particule. Elle est aussi perpendiculaire à la direction du champ, donc n'accélère pas la particule dans l'axe du cylindre. Cette force magnétique empêche ainsi la particule de se mouvoir en ligne droite, mais sans la freiner ni l'accélérer sur sa trajectoire. La particule n'a plus qu'une solution : tourner en rond sur un cercle tracé dans un plan de section droite du cylindre, avec une vitesse telle que la force centrifuge compense la force magnétique. Dans ce cas, la particule est bien confinée si le cercle reste contenu à l'intérieur du tube, ce qui suppose une intensité suffisante du champ magnétique. Dans le cas général où la vitesse a une direction quelconque, le mouvement axial se compose avec la rotation et les particules s'enroulent autour d'une ligne de champ en progressant à vitesse constante dans la direction du champ magnétique. Leurs trajectoires sont des hélices dont l'axe est une ligne de champ (Fig. 3). On comprend immédiatement que le champ magnétique uniforme confine facilement les particules du plasma dans les directions perpendiculaires à l'axe du cylindre, mais il ne parvient pas à les confiner dans la direction qui lui est parallèle.

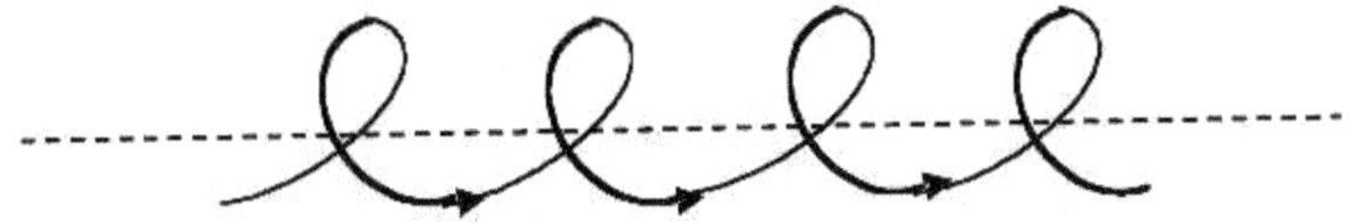

Fig. 3. Trajectoire pour un champ magnétique parallèle à la droite en pointillé.

On remédie à ce défaut en courbant le solénoïde jusqu'au moment où ses deux extrémités se rejoignent (Fig. 4). Cette même transformation avait déjà conduit aux strictions stabilisées toriques. Le cylindre s'est transformé en anneau. Le tube contenant le gaz ionisé devient lui-même un tore emboîté dans le bobinage torique. Les lignes de champ subissent la déformation, se referment sur elles-mêmes et deviennent des cercles.

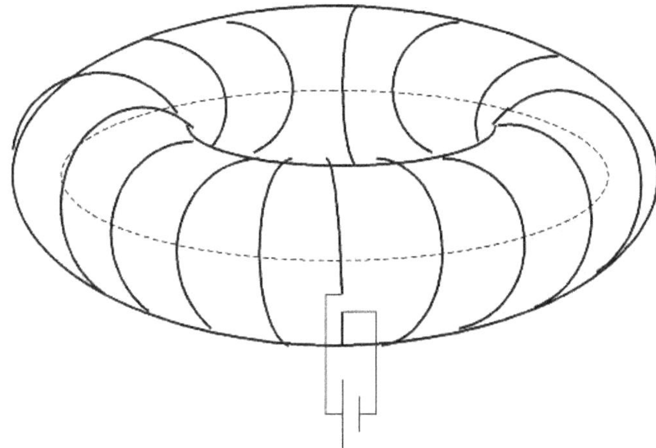

Fig. 4. Solénoïde torique, obtenu par déformation du solénoïde droit, avec une ligne de champ circulaire en pointillé.

Si les trajectoires s'obtenaient par la même transformation qui permet de passer du cylindre au tore, les particules circuleraient sur des hélices enroulées autour des lignes de champ circulaires et le confinement serait assuré dans toutes les directions. Ce serait trop simple.

Avant d'entrer dans ces nouvelles complications, quelques remarques générales. Les considérations précédentes s'appuient sur la description du mouvement d'une particule individuelle, alors que le champ magnétique est supposé en confiner un nombre gigantesque. Ces particules interagissent entre elles, heureusement, car, dans le cas contraire, les réactions de fusion ne se manifesteraient jamais. Comment passer de la trajectoire individuelle au comportement collectif de cette population ? Quel est l'effet de ces interactions sur le confinement ? Trouver la réponse à ces questions fait partie du programme que se sont fixé les physiciens des plasmas chauds. Pour relever ce défi, ils ont dû ouvrir un nouveau chapitre de la physique avec des méthodes originales et des résultats quelquefois déconcertants. L'énoncé de la tâche à accomplir laisse deviner la difficulté de l'entreprise. L'effort nécessaire peut conduire au découragement. Mais, si personne n'avait abordé ces aspects rebutants, la physique des plasmas chauds n'aurait jamais existé ou, du moins, n'aurait pas figuré parmi les sciences fondamentales. Gaston Bachelard avait déjà prodigué ces avertissements. « Cette difficulté de la science contemporaine est-elle un obstacle à la culture ou est-elle un attrait ? écrit-il. Elle est, croyons-nous, la condition même du dynamisme psychologique de la recherche. Le travail scientifique demande précisément que le chercheur se crée des difficultés. L'essentiel est de se créer des difficultés *réelles*, d'éliminer les fausses difficultés, les difficultés imaginaires[7]. » Il n'est pas interdit de se demander si, sans ce caractère ardu, la physique des plasmas chauds serait parvenue à attirer suffisamment de chercheurs et à prendre la place qu'elle occupe aujourd'hui. « En fait, tout le long de l'histoire de la science, ajoute Bachelard, on peut déceler une sorte d'appétit pour les problèmes difficiles. L'orgueil de savoir réclame le mérite de vaincre la difficulté de savoir. »

Mais, justement, un problème difficile vient rabattre l'orgueil d'avoir découvert un piège parfait en utilisant une striction stabilisée torique dans laquelle on a supprimé le courant. En effet, en suivant les lignes de champ circulaires, les particules sont maintenant soumises à une force centrifuge supplémentaire, induite par la courbure des lignes de champ. La force magnétique compense cette force centrifuge constante si la vitesse de la particule acquiert une autre composante constante, perpendiculaire au plan équatorial de l'anneau, appelée « vitesse de dérive[8] ». Si l'anneau est posé sur une table, la trajectoire hélicoïdale ne sera plus guidée par une ligne de champ circulaire donnée, comme avait pu le faire croire l'analyse

---

7. G. Bachelard, *Épistémologie*, PUF, 1971, p. 191.

8. À cette dérive de courbure des lignes de champ, vient s'ajouter une autre dérive, parallèle à la précédente, du même ordre de grandeur, mais proportionnelle à l'énergie cinétique transverse au champ magnétique et non à l'énergie cinétique parallèle comme c'est le cas pour la dérive de courbure. Elle ne change rien aux raisonnements qui suivent.

sommaire précédente, elle va monter ou descendre lentement, selon le signe de sa charge électrique, en tournant autour du tore. En refermant les lignes de champ sur elles-mêmes, on a pallié le défaut de confinement parallèlement aux lignes de champ, mais on a perdu tout confinement dans la direction verticale.

Bachelard aurait-il pu choisir cette déception pour illustrer la faillite du sens commun dans la science lorsqu'il vilipende les pédagogues qui veulent « faire sortir lentement, doucement, les rudiments du savoir scientifique » en répugnant « à faire violence au sens commun[9] » ? Le sens commun commande cette idée de supprimer les électrodes gênantes à l'aide de cette gentille déformation des bobines qui fait passer de la configuration droite à la configuration torique. Mais elle intervient dans le cours d'un travail scientifique déjà très élaboré où le sens commun évoqué par Bachelard n'a plus sa place. Les Anglo-Saxons y verraient plutôt une approche naïve, sans connotation péjorative, car ils considèrent que cette idée constitue souvent la première étape sur la voie d'une véritable découverte qui demandera des investigations plus complètes et plus rigoureuses. Les physiciens de l'époque ne s'y trompèrent pas et ne se laissèrent pas leurrer par l'apparente simplicité du raisonnement. Le problème relevait des techniques développées pour l'astronomie, où triomphait la mécanique classique, et dont ils connaissaient parfaitement les résultats. Ils remédièrent rapidement aux défauts des tores.

Le confinement du plasma exigeait la neutralisation des effets de cette dérive verticale. Lyman Spitzer, en 1951, eut l'idée d'effectuer une nouvelle transformation géométrique, répétant ainsi l'opération qui avait permis de passer du solénoïde droit au tore, avec la même naïveté apparente. En effet, si l'on saisit l'anneau et qu'on le tord à nouveau en forme de 8, le plasma prend l'apparence d'un bretzel,

---

9. G. Bachelard, *Épistémologie, op. cit.*, p. 189.

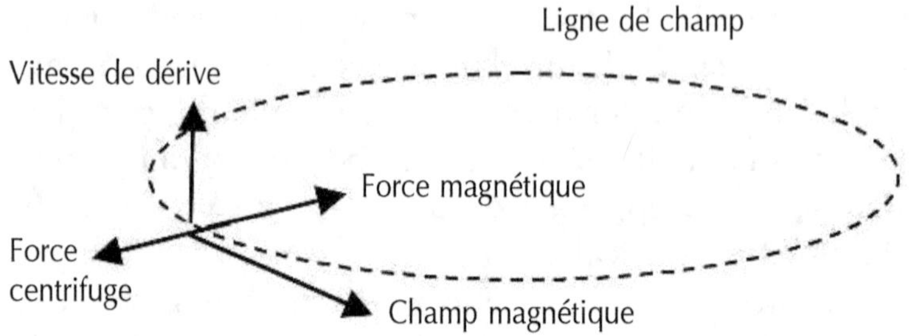

Fig. 5. Dérive d'une particule dans le champ d'un solénoïde torique.

comme l'indique Spitzer lui-même. Sur la figure 6, une ligne de champ met en évidence la manière dont le champ magnétique se transforme.

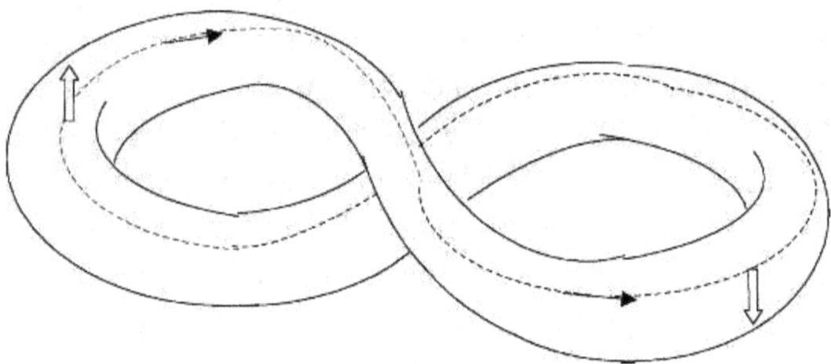

Fig. 6. Forme du plasma dans le stellarator de Lyman Spitzer. La ligne en pointillé matérialise une ligne de champ sur laquelle les flèches minces indiquent la direction du champ magnétique. Les deux flèches épaisses représentent les vitesses de dérive d'une même particule en deux points de la ligne de champ.

Cette figure montre aussi que la configuration magnétique obtenue ressemble à celle que généreraient deux solénoïdes toriques dans lesquels circuleraient des courants de sens opposé, ces deux tores étant reliés par les deux parties presque droites qui se croisent et qui permettent aux lignes de champ des deux tores de se connecter les unes aux autres. Les deux tores quasi circulaires se déduisent l'un de l'autre par le même retournement qui a permis de générer le 8 à partir du tore simple initial. Le retournement du solénoïde torique entraîne l'inversion du champ magnétique, comme le laisse deviner la déformation de la ligne de champ. La vitesse de dérive subit le même sort. Une particule dérive verticalement en sens opposé sur les deux parties quasi circulaires de la configuration. Le déplacement vertical résultant s'annule sur un tour complet. La dérive ne provoque plus qu'une oscillation de faible amplitude de part et d'autre d'une ligne de champ. Le confinement est rétabli dans la direction verticale. Cette configuration magnétique bizarre, en forme de bretzel, signait l'acte de naissance de ce que Lyman Spitzer nomma les « stellarators[10] ». Ce n'était que la première idée. Elle fut perfectionnée par la suite et reste aujourd'hui l'une des options possibles de la fusion par confinement magnétique. À la fin des années 1950, la plus grande machine des États-Unis reposait sur ce principe et portait les espoirs de l'Université de Princeton. Cette fois, l'approche naïve avait donné toute satisfaction.

Les physiciens soviétiques ne nourrissaient pas la même aversion que Lyman Spitzer pour le courant du plasma, et ils hésitaient à sacrifier la forme ronde et symétrique du solénoïde torique. Deux d'entre eux, Andrei Sakharov et Igor Tamm, se demandèrent, en 1951, quelles seraient les trajectoires des particules dans le cas où le champ magnétique créé par ce courant viendrait s'ajouter à celui du solénoïde torique en anneau. Le champ du courant a pour effet d'enrouler les lignes du champ total en hélice autour du plasma. Elles forment alors un anneau de fils toronnés qui passent alternativement au-dessus et au-dessous du tore

---

10. Dans une note de 1957 du projet Matterhorn, déclassifiée aujourd'hui, Lyman Spitzer donne une explication un peu différente pour justifier les qualités de son stellarator. Elle repose sur une description magnétohydrodynamique qui met en évidence l'intérêt de choisir une configuration dont les lignes de champ s'enroulent autour du tore sans jamais se refermer, ce qui permet d'annuler la dérive verticale en moyenne. Cet argument, beaucoup plus élaboré, demanderait un long exposé qui sortirait du cadre de cette introduction.

(voir en annexe 1 une telle ligne de champ dans une configuration du type d'Iter). Lorsque la dérive verticale s'ajoute au guidage de la particule par la ligne de champ, la trajectoire résultante passe alternativement au-dessus et au-dessous de la ligne de champ, ce qui réduit son déplacement à une simple oscillation. Le confinement est rétabli dans la direction verticale. La solution pouvait paraître beaucoup plus simple que celle de Lyman Spitzer, mais la menace des instabilités de courant subsistait.

Pendant ce temps, un physicien soviétique de l'Institut Kurtchatov, Vitalii Dmitievich Shafranov, ainsi que Martin Kruskal, un des théoriciens de Princeton très proche des astrophysiciens, avaient trouvé une condition de stabilité pour les strictions toroïdales du type de Zeta. Elle imposait de limiter le courant à des valeurs assez basses de sorte que les lignes de champ ne s'écartent pas trop vite de celle du solénoïde torique. Autrement dit, le courant ne devait pas enrouler les lignes de champ trop rapidement autour du cordon de plasma. Lorsque la ligne avait effectué un grand tour du tore, elle ne devait pas avoir tourné plus d'une fois autour de l'anneau de courant[11]. Cette limite était largement dépassée dans Zeta, ce qui expliquait son échec. Au contraire, si le courant reste inférieur à cette limite, la stabilité est assurée mais la striction n'a plus lieu. Pour chauffer le plasma, il fallait compter sur sa résistance électrique ou sur les moyens envisagés pour les stellarators. Conjuguée à la découverte d'Andrei Sakharov et d'Igor Tamm, cette bonne nouvelle ouvrait la voie à des configurations bien rondes, faciles à construire, confinant correctement un plasma stable. Il fut décidé, à Moscou, de lancer une série de machines, fondées sur ces considérations théori-

---

11. Dans le cas du stellarator dessiné sur la figure 6, on peut remarquer que la ligne de champ tracée correspond précisément à cette limite. D'une manière générale, il est difficile d'obtenir une vitesse de rotation plus grande en utilisant des champs extérieurs : l'absence d'instabilités dans les stellarators ne leur donne pas de supériorité marquée à ce point de vue.

ques : les tokamaks entamaient leur brillante carrière. Ils eurent droit assez vite à la une des journaux anglo-saxons où, plutôt que les désigner par le terme obscur et un peu guerrier de « tokamak », on préférait les comparer à des pâtisseries danoises adorées des enfants américains, les donuts, dont la forme rappelait celle du plasma.

Il reste à évoquer une dernière classe de machines, les miroirs magnétiques. Il s'agit, au départ, du plus simple des pièges magnétiques. On sait déjà que, dans un champ magnétique uniforme, une particule chargée est animée d'un mouvement à vitesse constante dans la direction du champ et d'une rotation rapide autour d'une ligne de champ. Si le champ n'est plus uniforme, son intensité peut varier lorsque la particule avance le long de la ligne de champ. Alors, son mouvement le long de cette ligne ralentit si l'intensité augmente[12]. Pour une intensité suffisamment élevée, la particule est réfléchie et repart dans la direction opposée. Cet effet, découvert aussi par Hannes Alfven, apporta un autre remède au défaut de confinement par un champ magnétique uniforme dans la direction des lignes de champ. Un renforcement local de l'intensité du champ en deux endroits entraînait le confinement des particules dans toutes les directions, entre ces deux miroirs à particules, sans avoir à subir les complications des configurations toriques.

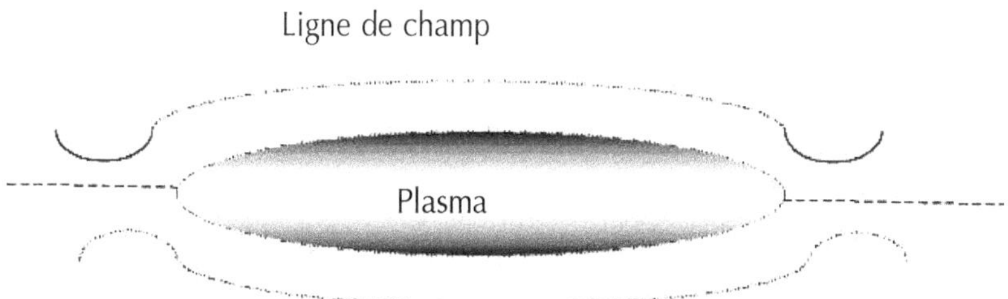

Fig. 7. Forme du plasma et lignes de champ dans un piège à miroirs magnétiques instable.

---

12. Voir Paul-Henri Rebut, *L'Énergie des étoiles*, Odile Jacob, 1999.

Malheureusement le champ magnétique doit obéir aux dures contraintes découvertes par James Clerk Maxwell au XIXe siècle. L'une d'elles impose aux lignes de champ de se rapprocher les unes des autres si l'intensité du champ augmente. Les premiers miroirs étaient réalisés à partir de bobinages circulaires plats, ayant tous le même axe, créant ainsi un champ magnétique essentiellement dirigé le long de cet axe. Si deux miroirs magnétiques sur l'axe définissaient le piège, les lignes de champ devaient se rapprocher de l'axe dans leur voisinage (Fig. 7). Avec cette convergence vers les miroirs, les lignes de champ ne peuvent plus rester des droites, comme dans un champ uniforme. Elles prennent une courbure et le plasma forme une espèce de cigare. Mais surtout, avec la courbure, la force centrifuge refait son apparition. Cette fois, elle ne perturbe plus le confinement des trajectoires, mais la stabilité du plasma. Elle a le même effet qu'un champ de gravité sur le plasma et, dans le cas présent, la gravité est dirigée de l'intérieur du plasma vers l'extérieur. Or, depuis Lord Rayleigh et Sir Geoffrey Ingram Taylor, on sait que, dans un champ de gravité, on ne peut pas soutenir un fluide par un autre fluide plus léger. Une instabilité se déclenche immédiatement, tendant à déplacer le fluide lourd sous le fluide léger. Les théoriciens virent immédiatement l'analogie et montrèrent que le confinement stable était impossible. Encore une fois, des expérimentateurs observèrent des neutrons à Livermore, ce qui leur redonna confiance et jeta un doute sur la validité de la théorie. Mais, scénario désormais classique, il fut vite démontré que ces neutrons ne prouvaient pas du tout la stabilité du confinement.

Fort heureusement, une bonne nouvelle vint de Moscou, une fois encore. Mikhail Ioffé et son équipe étaient parvenus à stabiliser un miroir magnétique à l'aide d'un système simple autant que génial : les barres de Ioffé. En disposant des conducteurs parallèlement à l'axe des bobines en dehors du plasma, il était possible de conserver les miroirs magnétiques tout en maintenant les lignes de champ courbées vers l'intérieur du plasma et non vers l'extérieur comme c'était le cas dans les anciennes conceptions. La cause de l'instabilité disparaissait. Ioffé avait eu l'audace de briser la symétrie des bobines. Avant son intervention, les lignes de champ restaient tracées dans des plans passant par l'axe et n'étaient pas modifiées si le plan tournait autour de cet axe. Le plasma prenait la forme sympathique d'un cigare. Dans la nouvelle configuration magnétique, on ne pouvait penser qu'en trois dimensions. Le plasma n'était pas facile à visualiser. Il s'écrasait en lame de couteau à une des extrémités, puis, entre les miroirs, reprenait approximativement la forme en cigare, et, en approchant de l'autre extrémité, s'écrasait à nouveau pour former une lame perpendiculaire à celle de l'autre miroir. L'image la plus proche était celle d'un berlingot[13]. Chacun éduqua son intuition et les miroirs se transformèrent partout en suivant les idées de Ioffé avec des améliorations. Un grand programme se préparait à Livermore.

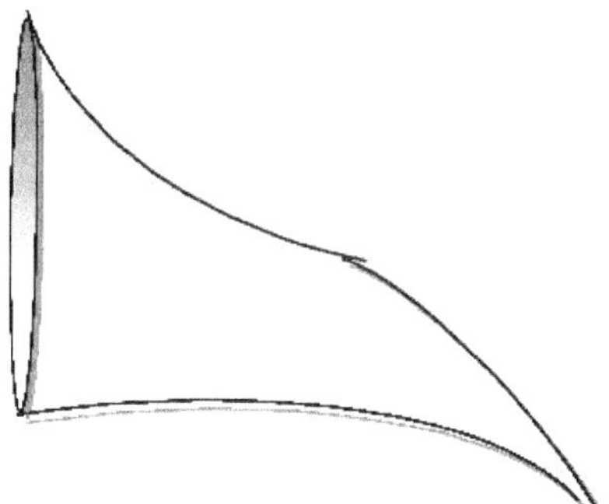

Fig. 8. Forme du plasma dans une configuration à miroirs magnétiques stable.

---

13. On hésite à évoquer ici une curieuse association d'idées entre la pâte à berlingot que manipulent les forains dans les foires de province et le plasma dont la plasticité rappelle l'étirement lent de ce sucre fondu autour d'une barre métallique chauffée. Bien que le bretzel soit d'une autre farine, la pâte à berlingot conviendrait bien pour illustrer le passage du tore au stellarator et, bien sûr, celle du miroir simple au miroir stabilisé.

L'année 1958 vit la fusion changer de dimension. La déclassification totale des travaux sur la fusion est proclamée au cours de la conférence de Genève sur l'utilisation de l'atome à des fins pacifiques. Tous les travaux sont publiés à cette occasion, qu'ils viennent de laboratoires situés à l'Est ou à l'Ouest. Le monde entier découvre les tokamaks, les stellarators, les strictions stabilisées, les miroirs magnétiques et bien d'autres dispositifs surprenants, comme l'astron de Christoffilos, les théta-pinchs ou les canons à plasma. La plupart de ces dispositifs ne sont plus considérés comme des options pour la fusion, certains subsistent comme sources de plasma chaud pour d'autres configurations ou d'autres applications. Cette année est aussi celle de la création d'Euratom où la fusion va devenir le seul programme scientifique européen vraiment intégré.

Le triomphe de l'Institut Kurtchatov

Le début des années 1960 vit se succéder une série de nouvelles, déprimantes pour les expérimentateurs pressés, mais exaltantes pour les théoriciens en quête d'inspiration. Le stellarator de Princeton ne parvenait pas à confiner un plasma de haute température. Celui-ci s'échappait beaucoup plus rapidement que ne le prévoyait la théorie. Plus grave, ces fuites semblaient suivre une loi empirique, observée dans la plupart des petites expériences sur les plasmas dilués en champ magnétique. Il semblait bien que cette loi caractérisait des conditions de confinement particulièrement rudimentaires, comme on en trouvait dans beaucoup de petits laboratoires. Les performances du stellarator donnaient donc une piètre idée de ses capacités en matière de confinement. Mais surtout, si cette loi, dite « loi de diffusion de Bohm », avait une valeur universelle, on pouvait dire adieu à la fusion par confinement magnétique.

Les pertes, calculées avec cette hypothèse, interdisaient l'accès aux conditions minimales nécessaires au fonctionnement d'un réacteur.

En 1963, Harold Furth, John Killeen et Marshall Rosenbluth découvraient les instabilités résistives et montraient l'insuffisance du principe d'énergie magnétohydrodynamique qui suppose une résistivité électrique du plasma négligeable. Cette résistivité, bien que très faible dans des plasmas de haute température, permet le développement de perturbations magnétiques, interdites dans un fluide de résistivité nulle. Certaines de ces nouvelles instabilités joueront un rôle très important dans les tokamaks et seront bien identifiées dans les machines à conducteur central qui vont bientôt entrer en scène. Presque simultanément, une autre découverte allait plonger le confinement magnétique dans l'incertitude et longtemps semer la discorde entre théoriciens et expérimentateurs. Leonid Rudakov et Roald Sagdeev, en 1961, mettaient en évidence de nouvelles instabilités que ne pouvaient expliquer ni le principe d'énergie ni la magnétohydrodynamique résistive. Baptisées « micro-instabilités », elles avaient la propriété redoutable de se manifester en présence d'une variation de densité ou de température du plasma. Comme toute méthode de confinement implique nécessairement de telles variations, elles furent déclarées universelles. Pouvaient-elles expliquer les performances décevantes du stellarator ? Les théoriciens ne pouvaient pas donner de réponse définitive, mais la plupart penchaient pour la négative.

Bientôt des résultats expérimentaux commencèrent à intriguer les tenants des machines toriques. Sous la direction de Lev Artsimovitch, les tokamaks progressaient rapidement. Le nettoyage préliminaire des parois par des décharges ayant amélioré la pureté du plasma, les valeurs des températures atteintes commencèrent à retenir l'attention. Quand, en 1968, les Moscovites annoncèrent avoir atteint une température de dix millions de degrés, les Américains ne purent cacher leur scepticisme. Comment un résultat si impressionnant pouvait-il être obtenu dans une machine qui ressemblait furieusement à une striction stabilisée de si mauvaise réputation ? Si cette température était confirmée, cela impliquait une diffusion beaucoup moins rapide que la diffusion de Bohm. En avait-on réellement fini avec cette limite absurde, qui n'avait même pas de justification théorique et qui compromettait l'avenir des configurations toriques ? On envoya une équipe britannique vérifier les valeurs annoncées et bientôt le triomphe de Lev Artsimovitch fut total.

En peu de temps, le stellarator se transforma en tokamak. On ne comprendra jamais complètement l'origine des pertes trop rapides du stellarator. L'hypothèse la plus convaincante, c'est qu'elles résultaient d'une imperfection de construction. Les stellarators construits ultérieurement auront des pertes proches de celles des tokamaks et ils les rejoindront dans le camp des machines éligibles pour un réacteur. Ces événements s'étaient déroulés dans l'atmosphère internationale très tendue des années 1968-1970. Il faut rendre hommage aux scientifiques et surtout à Lev Artsimovitch dont la sagesse et l'intelligence ont levé tous les obstacles que la politique aurait pu semer sur la voie de cette collaboration internationale exemplaire qui allait donner le départ d'une marche beaucoup plus confiante vers la fusion, même si les difficultés et les dissensions n'en furent pas absentes.

La mariée est trop belle

En Europe, et plus spécialement en France, l'année 1968 ne fut pas des plus calme. Quelques années auparavant, on y avait pris le parti de se lancer dans un grand projet de fusion. Le choix s'était porté sur une machine originale. Elle peut se décrire, grossièrement, comme un tokamak dont le plasma formerait un tube torique entourant un conducteur annulaire métallique parcouru par un courant qui flottait dans le vide. Il s'agissait de la version torique de configurations droites dont le principe avait été proposé initialement par Stirling Colgate et Harold Furth, les strictions inverses[14]. Le premier s'était fait un prénom en astrophysique et s'était ensuite passionné pour la fusion ; le second dirigera le plus grand tokamak jamais construit aux États-Unis. Un chercheur français promis à un brillant avenir dans la fusion par confinement magnétique, Paul-Henry Rebut, se rendit célèbre en expliquant et en maîtrisant les instabilités résistives de ces strictions inverses. La configuration torique, inspirée par des considérations théoriques, pouvait être stable, à l'exception des micro-instabilités. Elle devait permettre leur étude et leur stabilisation éventuelle. Elle était handicapée par la lévitation de l'anneau dont la stabilité était discutée et par la présence de ce conducteur interne qui prenait beaucoup de place dans la chambre d'expérience.

Le projet fut défendu avec vigueur par le CEA et il allait être signé par les plus hautes autorités de l'État lorsque les étudiants accaparèrent toute leur attention. Après le retour au calme, comme le raconte Anatole Abragam dans *De la physique avant toute chose*[15], les difficultés techniques de construction conduisirent à l'abandon du projet. Démocratisation oblige, une consultation générale précéda les décisions concernant le programme de fusion français. Trois projets étaient en compétition. Le premier, un miroir magnétique très sophistiqué, plaisait à certains théoriciens par le contrôle précis de tous les paramètres et la possibilité de confronter l'expérience aux calculs ; le second suivait la tendance générale en proposant un tokamak ; le troisième était une version simplifiée et modeste du grand

---

14. *Hard-core pinch* pour les Anglais.

15. Anatole Abragam, *De la physique avant toute chose*, Odile Jacob, 2ᵉ édition, 2001.

dessein, victime des barricades. La consultation plaça les propositions dans l'ordre où elles étaient présentées. Quant aux autorités hiérarchiques, il leur restait à prendre leurs responsabilités. Michel Trocheris, théoricien et chef du département de recherche sur la fusion du CEA, en supportait la plus grande part. Marshall N. Rosenbluth balaya les hésitations en découvrant, par la théorie, une nouvelle et redoutable micro-instabilité dans les miroirs magnétiques. La construction d'un tokamak fut confiée à Paul-Henri Rebut. C'était le coup d'envoi de l'aventure européenne qui mènera au Jet et à Iter. C'était le coup de grâce pour les miroirs qui subsistèrent encore quelques années aux États-Unis, pour finir par une gigantesque expérience, construite et placée en réserve sous plastique avant sa mise en service.

Cette série d'événements amorce le déclin de l'influence des théoriciens, phénomène qui n'était pas limité au territoire national. Ils avaient ouvert la boîte de Pandore des instabilités universelles. Chaque conférence en apportait de nouvelles. Les machines à miroirs avaient été leurs premières victimes et les tokamaks étaient menacés. Certaines de ces micro-instabilités semblaient rebelles à toutes les méthodes de stabilisation et les effets engendrés, très difficiles à calculer avec précision, variaient d'un auteur à l'autre, mais aboutissaient, le plus souvent, à des prédictions inquiétantes pour l'avenir de ces configurations. Le théoricien était un oiseau de malheur.

Pendant ce temps, la machine française avait pulvérisé les records des tokamaks soviétiques et les constructeurs étaient chaleureusement et publiquement félicités par leurs homologues du Kurtchatov lors d'une conférence internationale à Moscou en 1973. Cependant, une fois de plus, l'optimisme se dégradait : si les premières expériences russes avaient exorcisé la diffusion de Bohm, il n'avait jamais été possible d'obtenir des lois de diffusion conformes aux calculs classiques, effectués en négligeant les micro-instabilités. Le transport de chaleur par les électrons était « anormal », c'est-à-dire anormalement élevé. Aucune piste n'était privilégiée pour en trouver l'origine, comme disent les procureurs de la République lorsqu'ils ne savent encore rien. Dans les premières expériences, le chauffage du plasma provenait du passage du courant dans ce milieu faiblement résistif. Avec l'augmentation de la température, la résistance du plasma s'effondrait et ce chauffage perdait toute son efficacité. D'autres techniques prirent le relais, mais on constata, alors, que le caractère anormal des pertes de chaleur s'aggravait. Les tokamaks prenaient de plus en plus l'allure du tonneau des Danaïdes. Une prophétie de Lev Artsimovitch, datant de 1961, revint à la mémoire de tous : devant une assemblée un peu interloquée, il présentait la fusion comme le paradis de la religion catholique ; mais, rappelait-il, avant de gagner ce paradis, les pécheurs doivent d'abord passer au purgatoire, qui ne semble pas un endroit très agréable ; ce séjour pourrait bien durer très longtemps et être pavé d'obstacles. Il avait cru pouvoir annoncer, en 1969, que la porte du ciel était en vue, mais elle semblait se dérober une fois de plus au milieu de la décennie suivante.

Pendant les dernières années de sa vie, Lev Artsimovitch comprit que les théoriciens devaient retrouver la place qui était la leur au temps du principe d'énergie où ils constituaient le recours pour sortir d'une impasse et la principale source d'inspiration pour les concepteurs de machines. Il parcourait les laboratoires en les exhortant à adopter une attitude plus positive, à ne pas annoncer de résultats douteux qui répandaient un pessimisme néfaste ou les décrédibilisaient. Chargé de prononcer une des allocutions finales d'une grande conférence, il comparait l'expérimentateur et la théorie à deux jeunes gens, solides et en bonne santé, qui avaient tout pour être heureux ensemble et qui ne parvenaient pas à se parler. Il demandait que des entremetteurs se mobilisent afin que cette union se réalise et porte ses fruits. Michel Trocheris prit la parole après lui. Il approuva, bien entendu, ces propos constructifs, mais il ajouta une mise en garde : le succès n'était pas assuré, car, en France, on sait bien que le danger principal menaçant un mariage, c'est que la mariée soit trop belle. Sa métaphore semblait bien demander un peu plus d'attention pour les théoriciens si l'on ne voulait pas les voir déserter la fusion en étant attirés par des problèmes plus séduisants.

Le Soleil se lève à l'ouest

Comme on peut le constater, au début des années 1970, les physiciens de la fusion disposaient d'une panoplie de solutions dont les avantages et les inconvénients restaient à déterminer. Des voix demandaient déjà une concentration des moyens sur les dispositifs les plus prometteurs et les tokamaks prenaient la tête de la compétition. C'est dans cette ambiance qu'une nouvelle direction de recherche fit irruption. Baptisée « fusion par confinement inertiel », elle ne pouvait se comparer aux machines à confinement magnétique, tant ses principes et ses objectifs différaient. La coexistence pacifique mettrait du temps à s'installer.

En 1972, un an avant la disparition de Lev Artsimovitch, une étonnante nouvelle vint secouer la communauté de la fusion nucléaire contrôlée. Elle figurait dans une publication d'un groupe de théoriciens, appartenant au laboratoire national Lawrence de Livermore et qui travaillaient sur les armes nucléaires. Ils affirmaient qu'il était possible de déclencher la fusion dans une petite cible contenant un mélange de deutérium et de tritium en l'irradiant à l'aide d'un laser. Le laser devait délivrer une impulsion d'énergie très élevée, bien sûr, mais il était déjà pratiquement disponible. Peu de temps après, un industriel promettait de produire de l'énergie dans les deux ans et chacun d'envisager une petite usine électrique sur ce principe dans son garage. Un certain scepticisme restait de mise, mais l'excitation gagnait du terrain. La fusion inertielle prenait son envol.

Le premier contact avec la fusion conduit souvent à des constatations naïves mais instructives. Par exemple, on peut se demander pourquoi on ne se contente pas de chauffer un mélange de deutérium et de tritium à 100 millions de degrés le plus rapidement possible et sans confinement pour récupérer l'énergie de fusion correspondant à la combustion du mélange. Mais le mélange chauffé ne conservera pas ses propriétés initiales pendant bien longtemps. La pression provoquera son expansion dans le vide et son refroidissement, interrompant ainsi la combustion nucléaire. La taille du mélange intervient donc dans la quantité d'énergie produite. Elle doit atteindre une valeur assez élevée car la dissociation ne doit pas survenir trop tôt. Pour un gaz initialement à la pression atmosphérique et à la température ordinaire, on constate qu'il faut l'énergie d'une bombe atomique pour porter le mélange à la température de 100 millions de degrés et aboutir à un bilan énergétique positif. Or, d'après l'article de *Nature* où, en 1972, John Nuckolls, Lowell Wood, A. Ronald Thiessen et George Zimmerman exposaient leurs résultats, il suffit d'investir l'énergie d'un carré de chocolat pour déclencher la combustion thermonucléaire et obtenir un gain net. Où est le tour de passe-passe ?

La méthode de Nuckolls, Wood, Thiessen et Zimmerman, très sophistiquée, utilise l'expertise acquise dans les études sur les armes nucléaires. Première étape, ils remarquent simplement que la vitesse de réaction est d'autant plus élevée que la densité initiale est forte, puisque les rencontres entre noyaux de combustible seront plus nombreuses pendant un temps donné. Donc, en élevant la densité, le temps de réaction diminue, permettant ainsi la réduction de la taille et de la masse du combustible. En conséquence, le niveau d'énergie à injecter initialement baisse également. Par exemple, lorsque le mélange initial est un glaçon, il descend à un millionième de la bombe atomique nécessaire dans l'hypothèse précédente. C'est un progrès, mais insuffisant pour avoir un gain d'énergie.

Second volet de la méthode, l'augmentation de la densité au-delà de celle d'un glaçon s'effectue en comprimant une coquille sphérique de ce mélange glacé. Un laser peut y parvenir. Il est absorbé sur une mince couche à la surface extérieure de la coquille ; dans cette couche, la matière est portée à des températures de plusieurs millions de degrés. Elle devient un plasma et se détend dans le vide à une vitesse très élevée en propulsant la coquille vers son centre, par réaction, comme une fusée où les gaz brûlés du moteur remplacent le plasma. En fin de compression par ablation d'une couche superficielle, la densité peut alors atteindre des valeurs mille fois plus élevées que celle du glaçon. Mais, bien sûr, la coquille comprimée et de très petite dimension reste froide. Comment la chauffer à 100 millions de degrés ? Il suffira d'amorcer les réactions en un point et d'espérer que la combustion se propage à toute la cible avant qu'elle ne se dissocie, ce qu'autorise sa forte densité. C'est la troisième étape, celle de la formation du point chaud.

La fusion par confinement inertiel exige trois exploits scientifiques et techniques. Le premier, la fabrication de la cible, demande des compétences très spécifiques. Le deuxième, la compression à des densités de plusieurs centaines de grammes par centimètre cube, sera rapidement réalisé, dès que des lasers de haute énergie seront disponibles. Le dernier, la formation du point chaud, correspond à l'entrée dans le domaine thermonucléaire. Le scénario envisagé donne déjà une idée de la qualité des performances exigées. Pendant l'implosion, un peu de mélange gazeux s'est évaporé à l'intérieur de la coquille et subit la compression ; la chronologie de l'implosion est réglée pour que ce mélange gazeux, moins dense que la coquille comprimée, ne soit porté à haute température qu'en fin de compression. Le mouvement se freine jusqu'à l'équilibrage de la pression dans la coquille et dans le point chaud. La température et la densité du gaz permettent de très nombreuses réactions de fusion, générant des neutrons et des noyaux d'hélium de très haute énergie. Ces noyaux sont chargés. Ils interagissent fortement avec la matière et vont eux-mêmes chauffer le gaz ; les réactions s'emballent, les noyaux d'hélium produits se plantent dans le combustible solide comprimé et font monter la température de la matière dense en contact avec le gaz en combustion. Les réactions de fusion se déclenchent dans cette zone et la combustion se propage dans tout le volume de combustible.

Déjà, en irradiant des cibles non comprimées avec des lasers, des neutrons avaient été observés aux États-Unis et en France. D'abord attribués à tort à la fusion, puis identifiés sans ambiguïté, leur nombre restait insignifiant. Le schéma théorique de Livermore modifie profondément la situation. Considérée jusqu'alors comme totalement irréaliste, la fusion par confinement inertiel devient un concurrent crédible du confinement magnétique. Il reste à mettre en œuvre la méthode, régler les différentes étapes avec soin et, surtout, surmonter le handicap redoutable du secret militaire partiel appliqué à ces recherches.

Les temps modernes

Une grande mutation de la fusion se prépare au début des années 1970. Après une adolescence un peu désordonnée, elle va s'installer dans l'âge adulte avec une vision de l'avenir, de puissants moyens et la sollicitude des pouvoirs politiques. Il faut dire qu'elle n'a pas démérité en parvenant à ouvrir des voies d'exploration convaincantes, avec des moyens limités et une opinion indifférente dans le meilleur des cas. Cependant, la plupart des commentateurs lient l'envolée des budgets aux deux chocs pétroliers de 1974 et 1979, même s'ils reconnaissent que les bons résultats ont facilité l'évolution en arrivant au bon moment. La relation de cause à effet n'est pas démontrée, mais elle est fortement suspectée.

Du côté des tokamaks, au début de cette période, quatre grandes questions dominent les recherches. La première s'est posée dès les premières expériences soviétiques. Sans raison apparente, le courant du plasma s'interrompait soudainement. Le phénomène était accompagné d'une chute brutale de la température du plasma et d'une contamination par les parois. Des instabilités résistives, localisées sur le bord du plasma, furent désignées comme les coupables, bien que la théorie peinât à reproduire l'ensemble de cette disruption et surtout ses conditions précises d'apparition. Les expérimentateurs engagèrent des campagnes de mesure pour déterminer les conditions garantissant l'absence de ces phénomènes.

La seconde question se posa à Princeton lorsque des mesures fines d'émissions de rayons X montrèrent que la température centrale du plasma oscillait régulièrement en présentant une évolution en dents de scie. Il s'agissait encore d'une instabilité hydrodynamique, mais localisée au centre du plasma. Malgré des travaux théoriques très élaborés effectués en URSS, aux États-Unis, en Europe et particulièrement en France, il fallut une fois encore établir empiriquement les lois caractérisant ces disruptions internes, leur période, leur amplitude, leur extension. Là encore, on parvint à trouver des critères pour qu'elles ne détériorent pas le confinement du plasma.

Quant au transport de la chaleur, il ne cessait de récuser son qualificatif d'« anormal » en affichant des valeurs inexplicablement élevées dans toutes les conditions. Robert Goldston, s'appuyant sur toutes les mesures disponibles, montra que les résultats n'étaient pas dispersés au hasard. Il existait donc une loi permettant de calculer les pertes de chaleur dans un tokamak, dans des conditions expérimentales données, en fonction de paramètres physiques globaux comme le champ magnétique, la puissance de chauffage, le courant total, etc. Il ne s'agissait pas de la première tentative de ce type : les physiciens de l'Institut Kurtchakov avaient déjà introduit une loi empirique, le transport pseudo-classique, pour classer les résultats de leurs machines. Robert Goldston disposait d'un échantillon beaucoup plus étendu. En particulier, il pouvait intégrer les résultats provenant de plasmas chauffés par plusieurs méthodes alors que les Soviétiques n'utilisaient que le courant et la résistance du plasma pour augmenter son contenu énergétique. La nouvelle loi connut très vite un grand succès en raison de son aptitude à prévoir les résultats de la plupart des tokamaks existants. Surtout, elle n'était pas catastrophique, car elle conduisait à une taille de réacteur encore réalisable.

Enfin, la dernière préoccupation faisait suite aux progrès en matière de chauffage du plasma. La cohabitation du plasma et d'une paroi matérielle devenait de plus en plus intolérable. Une première solution avait conduit à limiter leur contact à un mince anneau métallique situé le long de l'équateur du tore. Mais les conditions de pureté du plasma apparaissant de plus en plus importantes, il devenait indispensable d'aller plus loin. Il fallut remettre à l'honneur un concept au nom curieux, le divertor, inventé plus de dix ans auparavant pour le malheureux stellarator de Lyman Spitzer. Le principe consistait à dérouter les lignes de champ situées au bord du plasma et à les intercepter par un collecteur métallique situé dans une enceinte pompée, presque isolée du plasma chaud. On évitait ainsi que les impuretés générées par l'interaction plasma-paroi ne viennent contaminer le plasma chaud.

La maîtrise acquise et l'urgence de la situation énergétique mondiale conduisirent les Américains, d'une part, et les Européens, d'autre part, à proposer la construction de machines capables de produire des puissances importantes à partir de la fusion du tritium et du deutérium afin de crédibiliser les recherches et d'étudier des plasmas dans des conditions proches de celles d'un réacteur. La machine américaine, un tokamak classique à section circulaire, bénéficia d'une décision rapide et produisit son premier plasma de deutérium en 1982. Il fallut attendre 1993 pour que le tritium soit introduit. La machine, baptisée Tokomak Fusion Test Reactor (TFTR), fonctionna dans ces conditions jusqu'en 1997 en atteignant des puissances crêtes de 10 mégawatts pendant de courts intervalles de l'ordre de la seconde. La machine européenne, le Joint European Torus (Jet) était un tokamak à section allongée dans la direction verticale. Il commença à fonctionner en 1984, brûla la politesse au TFTR en produisant 1,7 mégawatt crête en 1991 et reprit son record du monde au TFTR avec 16 mégawatts en 1997. Conséquence des réductions budgétaires imposées par la volonté politique de réduire les déficits publics, TFTR ferma ses portes peu après. Le Jet poursuit sa carrière en préparant le programme de la future machine Iter, dont il sera question plus loin. Et la Russie soviétique ? Avec la machine T10, elle a suivi le mouvement, mais la fusion ayant perdu son statut de domaine prioritaire en URSS, celle-ci n'a pu se maintenir à sa place de leader dans le domaine expérimental.

De cette période, les médias retiendront essentiellement la forte puissance produite par la fusion dans les grands tokamaks, performances nécessaires pour démontrer qu'elle n'était pas une curiosité de laboratoire. Les spécialistes, eux, seront beaucoup plus impressionnés par les progrès réalisés dans les domaines du chauffage du plasma, de la stabilité et du confinement. Des méthodes nouvelles ont révolutionné la génération du courant nécessaire à l'équilibre d'un tokamak. Dans les premières machines, comme on l'a indiqué plus haut, une variation de flux magnétique induisait le courant dans l'anneau de plasma. Un fonctionnement en régime permanent interdit l'emploi de cette technique puisqu'elle implique une augmentation continue du champ dans un circuit magnétique et conduit aux phénomènes de saturation bien connus des électrotechniciens. De plus, elle ne donne pas les moyens de contrôler le profil de répartition du courant. Il fallait trouver autre chose pour pousser les électrons et remplacer ainsi la force électromotrice induite par le circuit magnétique. Les physiciens des particules avaient depuis longtemps découvert qu'il était possible d'accélérer des particules chargées en recourant à des champs oscillant rapidement dans le temps. Dans leurs accélérateurs, ils induisaient ces champs dans des cavités résonnantes, excitées de l'extérieur, à la manière d'un flûtiste soufflant dans son instrument. Dans les tokamaks, ce sont des ondes qui transporteront ces champs à l'intérieur du plasma jusqu'au point où se produiront des phénomènes de résonance qui amplifient leur intensité, favorisant ainsi l'accélération des particules. Cette méthode de génération non inductive du courant donne accès au régime permanent et, surtout, au profilage du courant dans l'espace. Les expérimentateurs disposent alors d'un bouton de contrôle très fin dont ils feront bon usage.

Dès 1973, les théoriciens avaient attiré l'attention sur l'intérêt d'allonger la section droite d'un tokamak dans la direction verticale. Cette idée se conjugua, sur le Jet, aux contraintes technologiques de fabrication des bobinages formant le solénoïde torique pour aboutir à un plasma en forme d'olive dénoyautée. Les physiciens exploiteront remarquablement les possibilités ainsi offertes, atteignant des courants bien supérieurs aux valeurs nominales ainsi que des pressions de plasma très élevées. De plus, dans une telle configuration, les lignes de champ les plus extérieures peuvent diverger naturellement en s'écartant du plasma. Il suffit alors de placer des collecteurs de particules sur le trajet de ces lignes pour former un divertor[16] qui ne perturbe pas la symétrie du système et où le plasma s'échappant du piège magnétique se refroidit et se neutralise loin du cœur à très haute température. Ces perfectionnements aboutirent à des résultats de plus en plus spectaculaires : régimes

---

16. Dispositif déjà introduit à propos du stellarator et qui permet d'empêcher le contact direct du plasma avec une paroi matérielle en guidant magnétiquement vers l'extérieur les particules chargées avant qu'elles n'atteignent les parois de la chambre à vide.

à confinement amélioré, températures records, plasmas dans des conditions proches de celles d'un réacteur, extraction de l'hélium produit par les réactions de fusion. Tous ces enseignements ont affermi la confiance dans les possibilités offertes par les tokamaks et ont ouvert la voie à la conception d'Iter.

Du côté de la fusion par laser, les estimations ont été rapidement révisées. L'énergie laser nécessaire s'est vue multipliée par un facteur 1 000 en atteignant un mégajoule, et la taille de l'installation est passée du garage au terrain de football. Ces nouvelles données n'étaient une surprise que pour ceux qui avaient examiné le problème superficiellement. Deux contraintes contradictoires limitaient étroitement le domaine des paramètres. D'une part, la compression par ablation entraîne inévitablement une instabilité de Rayleigh-Taylor : en effet, le gaz chauffé en expansion accélère la coquille dense vers l'intérieur de la cible et, dans le repère accéléré où l'interface entre les deux milieux est immobile, la position relative du gaz et du solide correspond à celle où un matériau lourd soutient un matériau léger dans un champ de gravité. Par bonheur, l'instabilité ne se développe pas instantanément. En conséquence, il faut accélérer pendant un temps assez court pour qu'elle n'ait pas le temps d'amplifier les rugosités de surface ou les inhomogénéités d'éclairement. Il faut donc des puissances laser assez élevées. Mais, si la puissance laser est trop forte, des instabilités se produisent dans le plasma qui interagit avec le laser et l'absorption en est perturbée. Les domaines de fonctionnement se précisèrent rapidement grâce aux campagnes expérimentales sur de puissantes installations laser, surtout aux États-Unis mais également en France, en Grande-Bretagne et au Japon.

La fusion par confinement inertiel devait recevoir un cadeau de la part des concepteurs d'armement nucléaire. Au début des années 1990, les physiciens américains révélèrent l'existence d'un programme de recherche classifié, commencé en 1978 et terminé depuis 1988, portant sur la validation du concept de John Nuckolls et de ses collègues qui proposaient de déclencher la combustion d'une cible par implosion. Au lieu d'un laser, une explosion nucléaire souterraine produisait le rayonnement nécessaire à l'implosion par ablation. La validation de la méthode d'allumage par implosion apportait une confirmation très attendue. Le cadeau se révélera quelque peu empoisonné lorsque la classification de l'énergie minimale nécessaire à l'allumage entraînera des controverses publiques aux États-Unis sur les conclusions à tirer de ces résultats pour la faisabilité de la fusion par laser.

Deux décisions importantes sont venues couronner ces progrès : la France et les États-Unis se sont engagés dans la construction de lasers délivrant des énergies supérieures au mégajoule. Ils devraient faire la démonstration de l'allumage et de la combustion d'une cible en laboratoire. Toutefois, ces deux programmes ne sont pas directement liés à la production d'énergie. Leur objectif principal est la validation des codes de calcul d'armes nucléaires, rendue nécessaire par l'arrêt total des essais dans ces deux pays. Les ressources financières et humaines proviennent donc essentiellement des budgets de la Défense. Cependant, également dans les deux cas, un programme civil modeste est venu compléter celui de la défense. Il permettra de mieux rentabiliser l'investissement en mettant ces équipements exceptionnels à la disposition des chercheurs motivés soit par la production d'énergie, soit par des expériences sur des états de la matière impossibles à étudier autrement.

Durant cette période, la communauté des théoriciens a quelque peu souffert. Ils ont pourtant contribué directement au succès des tokamaks. Ils sont à l'origine de la méthode de génération du courant non inductive. En déterminant les paramètres dont dépend la pression maximale au-delà de laquelle le plasma devient violemment instable[17],

---

17. Voir le critère de Troyon au chapitre IV.

ils ont donné un outil rassurant aux concepteurs de nouvelles machines. Ils ont élucidé complètement les instabilités liées à la présence d'ions de haute énergie, conséquence du chauffage énergique du plasma et plus tard produit des réactions de fusion. Malgré tout, les théoriciens ont rapidement constaté que les méthodes sophistiquées de la physique théorique n'étaient pas assez puissantes pour produire des résultats satisfaisants lorsque le plasma devenait turbulent, c'est-à-dire le plus souvent. Beaucoup se tournèrent vers des domaines où leur goût de l'élégance mathématique et de l'innovation conceptuelle trouverait plus de satisfactions. Ils contribuèrent, en particulier, à l'élaboration de la théorie du chaos déterministe et à la dynamique non linéaire. D'autres cherchèrent à appliquer leurs connaissances et leurs méthodes aux plasmas naturels, pensant peut-être à tort que l'astrophysique ou l'espace poseraient des problèmes moins exigeants. La mariée faisait des infidélités. Mais la place libre fut rapidement occupée par une discipline plus jeune, sinon plus séduisante : la simulation numérique. Déjà, les études de stabilité, comme le critère de Troyon, reposaient sur une exploitation de la puissance des ordinateurs pour aller au-delà de ce que pouvaient résoudre les calculs manuels. La simulation numérique poussait l'ambition beaucoup plus loin. Elle permettait, en principe, de véritables expériences virtuelles répondant à toutes les questions des expérimentateurs. Les théoriciens américains allèrent jusqu'à lancer une opération au nom révélateur : le « tokamak numérique ». Dans la géométrie réelle du tokamak, la dynamique du plasma est décrite numériquement de la manière la plus économique possible. Mais elle doit rester assez précise pour traiter correctement la turbulence microscopique inévitable qui est responsable du transport anormal. Si les lois empiriques ont encore de beaux jours devant elles, ces simulations ont d'ores et déjà éclairé la physique de bon nombre de phénomènes et se rapprochent d'un modèle prédictif. L'efficacité est acquise au détriment des coûts qui font perdre à la théorie son statut de denrée bon marché. Par ailleurs, on a déjà noté que la simulation numérique justifiait en grande partie les deux grandes expériences de fusion par laser en construction en France et aux États-Unis.

Dieu physicien des plasmas

Que retenir de cet historique ? D'abord, évidemment, les progrès accomplis en moins de cinquante années. Il faut rappeler le scepticisme narquois avec lequel étaient accueillies, dans les années 1960, les prétentions démesurées de ces physiciens des plasmas qui se croyaient capables de confiner de la matière portée à 100 millions de degrés. Plus personne ne met en doute cette possibilité. Les objections se sont déplacées sur la rentabilité de la fusion comme source d'énergie électrique, aspect important, certes, mais qui ne peut entamer la fierté de ceux qui ont permis cette évolution. Pour mesurer le chemin parcouru, il n'est pas besoin de remonter jusqu'aux décharges toriques dans un tube en verre suspendu par des morceaux de chambre à air de bicyclette, tels qu'on pouvait les découvrir dans les laboratoires du CEA il y a cinquante ans. Il suffit de comparer les performances des premiers tokamaks soviétiques avec les machines actuelles. Les températures ont été multipliées par 50 dans des volumes 100 fois plus grands, soit 100 mètres cubes environ dans le Jet. Les instabilités les plus dangereuses sont sous contrôle et les disruptions de courant, plaies des premières machines, ne menacent plus la résistance mécanique de l'assemblage par les efforts électrodynamiques qu'elles pourraient engendrer. En confinement inertiel, des densités de plusieurs centaines de grammes par centimètre cube ont été atteintes. L'optique à très haut flux et la technologie des lasers ont suffisamment progressé pour envisager sans appréhension la réalisation d'installations qui mettront en œuvre un grand nombre de faisceaux dont le pointage doit être assuré avec une précision extraordinaire pour atteindre une cible minuscule.

Plus que ces tours de force techniques et scientifiques, l'observateur est fasciné par l'obstination, presque l'acharnement, à surmonter chaque nouvelle difficulté, sans se laisser décourager par la série de surprises désagréables qui se succèdent depuis le début des recherches. La première réaction ressemble parfois à un refus de se rendre à la réalité, comme le suggèrent les réticences à admettre la présence des instabilités dans tous les systèmes proposés. Mais la mobilisation a presque toujours conduit à un nouveau succès, sans que tout soit parfaitement clair dans les raisons qui l'ont permis. Ces progrès, apparemment à l'aveuglette, ont de quoi étonner. Est-ce seulement l'intuition qui évite l'égarement sur des chemins sans issue ? William Kruer, grand théoricien de la fusion par confinement inertiel, cherche une explication ailleurs, en demandant dans un grand éclat de rire : « Dieu est-il physicien des plasmas ? » Est-ce vraiment une plaisanterie ? Le hasard peut-il seul expliquer ce sens de l'orientation mystérieux qui a déjoué toutes les chausse-trapes des plasmas ? Voilà un sujet de réflexion moins banal que le classique « Dieu est-il mathématicien ? ». Mais il est certain que la tradition laïque et rationaliste française oblige à chercher des raisons plus terre à terre. On peut en trouver dans la concentration des énergies, obtenue grâce au sacrifice des voies de recherche les moins prometteuses comme les miroirs magnétiques ou les lasers à dioxyde de carbone. Plus probablement, en maintenant des machines de taille moyenne à côté des grandes installations phares, des domaines de paramètres étendus devenaient accessibles plus rapidement et la reproductibilité des observations se contrôlait facilement. Les tokamaks de San Diego, Austin, Boston, Munich, Cadarache, Lausanne, Moscou ont apporté une aide inestimable aux grands tokamaks américains, européens et japonais. Surtout, avec beaucoup d'autres, ils ont permis d'établir une banque de données qui servira de base à la conception de l'étape suivante. De même, à une moindre échelle, les lasers construits en France, en Grande-Bretagne et au Japon compléteront heureusement les lasers géants de Livermore.

Il n'empêche qu'on ne peut repousser la comparaison avec la quête acharnée des chevaliers de la Table ronde. La même impatience d'accéder à la connaissance les aveugle ou les égare par moments. La fusion, d'ailleurs, est souvent qualifiée de « Graal énergétique ». Le titre du livre de T. Kenneth Fowler, *The Fusion Quest*, évoque cette épopée mystérieuse. L'auteur y raconte ses souvenirs de scientifique rigoureux qui a consacré sa vie à la fusion et y a exercé d'importantes responsabilités. D'autres semblent plutôt avoir en tête la joyeuse épopée de Tom Jones qui, sans oublier sa Sophie, regarde autour de lui, prend du bon temps, surmonte coups du sort et malveillance avec gaieté, soutenu par la certitude qu'une scène finale de retrouvailles festives récompensera héros et lecteur pour leur endurance.

Le rationalisme cartésien des explications simples est bien incapable de rendre compte du dynamisme de la fusion et des réactions qu'elle provoque. La subjectivité pourrait bien jouer un rôle non négligeable chez ceux qui la font comme chez ceux qui en parlent. La méthode scientifique, l'esprit critique et la probité intellectuelle triomphent toujours au bout du compte, mais des considérations moins rationnelles peuvent seules expliquer les engouements comme les dénigrements.

Ce n'est pas Gaston Bachelard qui serait surpris de ce diagnostic, lui dont une des ambitions fut de révéler le rôle de la rêverie nécessairement présente dans toute démarche scientifique. « On ne peut étudier que ce qu'on a d'abord rêvé. La science se forme plutôt sur une rêverie que sur une expérience et il faut bien des expériences pour effacer les brumes du songe », écrit-il dans *La Psy-*

chanalyse du feu[18]. Et saisir le mouvement de l'esprit scientifique demande une véritable psychanalyse. « Par une douce torture, la Psychanalyse doit faire avouer au savant ses mobiles inavouables. » Ici, la psychanalyse ne servira que de toile de fond commode pour se laisser guider par les idées de Gaston Bachelard et tenter de démêler l'embrouillement des jugements et des appréciations portés sur la fusion. Il ne sera pas nécessaire de choisir entre Jung et Freud. On ne conservera que l'image du psychanalyste écoutant son client avec empathie, sans condamner, ni louer. Puis, ayant diagnostiqué les complexes responsables du comportement, l'apprenti praticien ouvrira des voies de réflexion qui peuvent faire évoluer ou atténuer la souffrance du patient. Il reste à déterminer qui joue le rôle du malade et qui mérite le titre de soignant. Toutes les hypothèses restent ouvertes, une réponse claire semble hors d'atteinte dans les conditions actuelles.

---

18. Gaston Bachelard, *La Psychanalyse du feu*, Gallimard, « Folio essais », 1985, p. 48.

À LA RECHERCHE DU SENS PERDU

CHAPITRE 1

L'OBJET DU DÉSIR

Le préambule a mis en évidence les ambiguïtés de la recherche sur la fusion. Elle constitue « un projet scientifique mais de motivation non scientifique, qui n'appartient pas en tout état de cause au domaine de la science fondamentale », comme le dit Roger Balian. Ni projet purement technologique et utilitaire ni recherche motivée par la seule quête de la vérité, la fusion sort des cadres habituels qui permettent de ranger les activités humaines dans des catégories définies. Les organismes de recherche et les universités peinent à lui trouver une place dans leurs classifications. Dans les universités américaines, ce sont tantôt les départements d'ingénierie, tantôt ceux de physique ou d'astrophysique qui l'abritent. Quelques spécialistes de la fusion sont membres de la National Academy of Sciences, mais répartis dans trois sections différentes (sciences physiques appliquées, sciences de l'ingénieur et physique), et la National Academy of Engeneering en a recruté un plus grand nombre, dont des théoriciens. En France, le département de recherche sur la fusion contrôlée du Commissariat à l'énergie atomique fait encore partie de la division des sciences de la matière, à vocation plutôt fondamentale. Au Centre national de la recherche scientifique, les chercheurs se partagent entre sciences de l'ingénieur et sciences fondamentales. Ces quelques exemples montrent l'indécision régnante. Elle n'entrave pas le bon déroulement des recherches, mais elle pose parfois des problèmes de territoire quand il s'agit de choisir le budget ministériel chargé de les financer.

Cette double appartenance n'a rien d'original dans la science moderne. En revanche, au début de l'ère scientifique, elle étonnait davantage les scientifiques et les philosophes. Le XVIIIᵉ siècle les a vus s'interroger, par exemple, sur la nature du feu, en essayant d'en comprendre les propriétés et les aspects contradictoires. En particulier, dès les premiers âges de l'humanité, le feu a aussi démontré son ambivalence entre technique et poésie. D'un intérêt purement pratique pour cuire les aliments, se défendre contre les animaux sauvages et le froid, passer de l'âge de la pierre à celui des métaux, c'est aussi un objet de rêverie, de contemplation et même d'adoration pour son apparence vivante, ses vertus purificatrices et la rapidité de sa propagation. Aujourd'hui encore, ces deux images du feu se superposent lorsque l'esprit vagabonde sans discipline. Les premiers travaux sur le feu n'ont donné aucun résultat, mais cet échec n'a pas empêché Gaston Bachelard de les choisir comme sujet d'une psychanalyse de la connaissance objective « pour donner un exemple des doubles perspectives qu'on pourrait attacher à tous les problèmes posés par la connaissance d'une réalité particulière, même bien définie ».

Ces réflexions de Bachelard guideront utilement notre démarche, d'autant que la fusion et le feu ne se ressemblent pas seulement par ce double caractère utilitariste et idéaliste. Ils partagent la propriété de déclencher des attitudes psychologiques bien particulières qui nuisent à l'objectivité mais participent aussi à la motivation du chercheur. Elles forment autant d'obstacles épistémologiques, au sens où l'entendait Gaston Bachelard. Balibar, Pomeau et Treiner les dénoncent dans un article intitulé « La France et l'énergie des étoiles[1] ». Ces physiciens avertis s'inquiètent de la

---

1. *Le Monde* du 24-25 octobre 2004.

survalorisation poétique qui peut naître des liens superficiels entre l'agréable chaleur du Soleil, la substitution de l'eau au pétrole déficient et une coûteuse installation de fusion, Iter en l'occurrence. Cet avertissement est à rapprocher de la déclaration de Gaston Bachelard, à propos du feu[2] : « Nous allons étudier un problème où l'attitude objective n'a jamais pu se réaliser, où la séduction première est si définitive qu'elle déforme encore les esprits les plus droits et qu'elle les ramène au bercail poétique où les rêveries remplacent la pensée, où les poèmes cachent les théorèmes[3]. »

Autre point commun, le feu et la fusion se présentent tous deux sous des aspects tantôt séduisants, tantôt menaçants. Le feu apporte le bien au foyer et le mal dans l'incendie ; la fusion promet la prospérité et peut terroriser l'humanité si elle devient une arme. Les mots de Gaston Bachelard s'appliquent au feu comme à la fusion. « Parmi tous les phénomènes, il est vraiment le seul qui puisse recevoir aussi nettement les deux valorisations contraires : le bien et le mal. Il brille au Paradis. Il brûle en Enfer. Il est douceur et torture. Il est cuisine et apocalypse… Sans cette valorisation première, on ne comprendrait ni cette tolérance du jugement qui accepte les contradictions les plus flagrantes ni cet enthousiasme qui accumule sans preuve les épithètes les plus louangeuses[4]. »

Qu'on s'intéresse au feu comme à la fusion, ces contradictions et ces confusions finissent par dérouter et décourager les esprits les mieux disposés. « Quand on demande à des personnes cultivées, voire à des savants, comme je l'ai fait maintes fois : Qu'est-ce que le feu ? On reçoit des

---

2. Gaston Bachelard, *La Psychanalyse du feu*, Gallimard, « Folio essais », 2002, p. 12.

3. De nos jours, la combustion continue à se développer comme domaine de la physique et de la chimie modernes, mais Gaston Bachelard traite du feu en tant qu'élément constituant de l'univers, obsédant chimistes et poètes jusqu'à la fin du XVIIIe siècle.

4. Gaston Bachelard, *La Psychanalyse du feu, op. cit.*, p. 23.

réponses vagues ou tautologiques... La raison en est que la question a été posée dans une zone objective impure, où se mêlent les intuitions personnelles et les expériences scientifiques[5]. » Avec la fusion, la même déception attend le questionneur comme le questionné. L'attention s'échappe devant l'étrangeté et la complexité de l'explication scientifique ou technique et il faut revenir à la mer, au Soleil et aux étoiles, pour se faire écouter. Un grand danger réside dans cette séduction primaire qui neutralise la critique mais qui cède trop vite.

Devant tant de ressemblances, il semble indiqué de faire l'économie d'un diagnostic approfondi et suivre les prescriptions de Gaston Bachelard concernant le feu. « Si, dans une connaissance, écrit-il, la somme des convictions personnelles dépasse la somme des connaissances qu'on peut expliciter, enseigner, prouver, une psychanalyse est indispensable. » Même si la fusion n'en est pas encore à ce stade, le traitement sera préconisé à titre préventif. Gaston Bachelard trace la route à suivre. « En fait, l'objectivité scientifique n'est possible que si l'on a d'abord rompu avec l'objet immédiat, si l'on a refusé la séduction du premier choix, si l'on a arrêté et contredit les pensées qui naissent de la première observation. » Il a simplement rappelé la règle d'or de l'esprit scientifique et il ajoute : « Loin de s'émerveiller, la pensée objective doit ironiser. Sans cette vigilance malveillante, nous ne prendrons jamais une attitude objective. » Il faut donc le suivre dans sa tentative « de psychanalyser l'esprit scientifique, de l'obliger à une pensée discursive qui, loin de continuer la rêverie, l'arrête, la désagrège, l'interdit[6] ». Première étape de l'analyse, cette mise en ordre devrait déjà rapprocher de la guérison. Un retour en arrière de près d'un siècle conduira à la naissance de la fusion avec l'espoir de la retrouver dans son état originel. C'est par la relativité d'Einstein que s'ouvre cette explora-

____

5. *Ibid.*, p. 13.
6. *Ibid.*, p. 108.

tion qui se risquera dans des escalades vertigineuses et des plongées profondes.

Einstein trouve la clef d'un trésor

Qui ne connaît la relation d'Einstein établissant l'équivalence entre masse et énergie ? Très probablement, aucune autre formule mathématique n'a atteint une telle notoriété, aucune n'a subi de si nombreux détournements. Dans un des plus récents, associée à une image du *Metropolis* de Fritz Lang, la fameuse équation illustre un supplément du journal *Le Monde* consacré aux montres à la mode, mais la quantité E représente l'élégance, M, le mouvement et C, la créativité qui est au carré, bien entendu. Il n'est pas nécessaire d'approfondir cette nouvelle interprétation, ni de s'offusquer de cette appropriation d'un des joyaux de la physique par les bijoutiers. Au contraire, par son association avec des signes de richesse, elle suggère l'existence de ressources cachées derrière ces quelques signes mathématiques. L'exploitation de la fission nucléaire le démontre tous les jours ; la fusion prétend révéler un gisement de beaucoup plus grande ampleur, enfoui dans les océans et des minerais très répandus.

La formule d'Einstein a, en effet, deux conséquences bouleversantes. La première est bien connue. L'énergie d'un système isolé dépend du repère où elle est mesurée, comme le montrent les accidents entre véhicules en mouvement relatif. Cette formule reliant l'énergie à la masse, celle-ci devient variable avec le repère. La masse n'est donc plus une constante caractéristique d'un objet. Pour s'y retrouver, la masse d'un corps ou d'une particule sera définie par sa valeur au repos. La seconde conséquence est plus technique. Si un corps composite stable ne se décompose pas spontanément, c'est que des forces de liaison maintiennent la cohésion entre ses parties. Leur séparation fait travailler ces forces et demande donc au milieu extérieur d'apporter une quantité d'énergie suffisante pour permettre ce travail. La dissociation entraîne une augmentation de l'énergie totale du système et, en conséquence, suivant Einstein, la somme des masses des éléments dissociés est supérieure à la masse du corps composite. La différence de masse entre les éléments dissociés et le corps composite constitue le défaut de masse du composite par rapport à ses constituants. Il s'exprime en pourcentage de la masse totale. Par exemple, le noyau de deutérium est composé d'un proton et d'un neutron. On constate qu'il présente un défaut de masse de 0,12 %, ce qui implique une énergie de liaison par nucléon équivalente à 0,12 % de leur masse. Le noyau de l'hélium 4 contient deux protons et deux neutrons avec un défaut de masse de 0,75 % ; il est donc beaucoup plus stable que le deutérium puisque son énergie de liaison par nucléon est six fois plus grande.

Ces considérations s'appliquent au bilan énergétique d'une réaction nucléaire, à condition d'y ajouter le principe de la conservation de l'énergie, donc de la masse totale du système. Si deux noyaux de deutérium pouvaient fusionner (fusion D-D) en donnant un noyau d'hélium 4, la réaction ferait donc disparaître 0,63 % de la masse des réactifs, qui se transformerait en énergie cinétique du noyau d'hélium. Malheureusement, cette énergie cinétique impliquerait que le centre de gravité du système, immobile avant la réaction, se mette soudain en mouvement dans une direction arbitraire sans qu'aucune force extérieure ne soit appliquée. Il y aurait création de quantité de mouvement sans force appliquée pendant la réaction, ce qu'interdisent les lois de la mécanique. Cette réaction est donc impensable. Si, en revanche, la fusion D-D donne deux nouveaux noyaux, une répartition judicieuse de l'énergie cinétique entre les deux produits de réaction maintiendra immobile le centre de gravité de l'ensemble et autorisera la réaction. Les noyaux stables disponibles ne laissent que deux solutions qui conservent le nombre de protons et de neutrons. L'une produit un noyau de tritium et un proton, l'autre un noyau d'hélium 3 et un neutron. Ces deux réactions ont la même chance de se produire. Les défauts de masse du tritium et de l'hélium 3 sont respectivement de 0,3 et 0,27 %. Par différence avec les défauts de masse du deutérium, on trouve que 0,09 % de la masse de deutérium se transforme ainsi en énergie cinétique.

Ces comptes d'apothicaire attirèrent l'attention des physiciens dès 1930. La fusion nucléaire faisait entrevoir la solution d'une énigme concernant le Soleil. La physique et les observations de l'époque permettaient d'avoir une bonne idée de la quantité d'énergie rayonnée par notre étoile, de sa masse ainsi que de son temps de vie. Si le rayonnement avait pour origine une combustion chimique, le Soleil aurait épuisé son combustible depuis longtemps. D'où venait cette énergie ? La fusion offrait une issue : elle changeait l'énergie disponible par unité de masse de tant d'ordres de grandeur qu'il devenait possible d'envisager un temps de vie du Soleil compatible avec la cosmogonie.

Aujourd'hui, le même raisonnement élémentaire conduit à nourrir l'espoir de résoudre dans le futur la crise énergétique qui menace : l'équation d'Einstein montre que 90 grammes de deutérium, extraits de 4 500 litres d'eau de mer, alimenteraient en électricité, tout au long de sa vie, un consommateur moyen d'un pays industrialisé. Grâce à la fusion nucléaire, l'humanité pourrait subsister confortablement dans les siècles à venir. Le rapprochement audacieux entre la relativité et le luxe à la mode pourrait y trouver une justification. L'équivalence masse énergie ouvre soudain la porte à une abondance illimitée et fait reculer le spectre de comportements observés dans la nature lorsque la disette menace. « Quand un groupe de primates supérieurs – chimpanzés ou gorilles – commence à manquer de nourriture, les mâles adultes sont pris de folie dévoratrice, de gloutonnerie apocalyptique. Ils engloutissent toutes les bananes et toutes les baies qui restent sur le territoire du groupe. Et, quand il n'y a plus de bananes et de baies, ils envahissent le territoire de leurs voisins et s'en rendent maîtres par la violence[7]. »

La formule d'Einstein permet donc de calculer l'énergie produite dans une réaction nucléaire par simple comparaison des masses avant et après la réaction. L'énergie chimique serait-elle d'une nature différente ? Pourquoi ne relèverait-elle pas aussi de la même généreuse transmutation ? La combustion de 4 grammes d'hydrogène avec 32 grammes d'oxygène libère 83,6 kilojoules. Comme dans le cas des réactions nucléaires, l'énergie libérée peut se calculer en faisant la différence entre les énergies de liaison des molécules avant et après la réaction. Rien n'empêche de convertir cette énergie en masse et d'affirmer que la masse du mélange aura diminué après combustion. Mais le calcul se révélerait d'une piètre utilité puisque la variation de masse obtenue ne dépasserait pas 25 nanogrammes, soit 25 milliardièmes de gramme. Dans la combustion chimique, il y a bien transformation de masse en énergie, mais en si petite quantité qu'elle n'est pas mesurable. En conséquence, la comparaison des masses des réactifs ne permet aucune prévision sur la production de la réaction. De la combustion chimique à la réaction nucléaire, le saut des ordres de grandeur ne pouvait que provoquer la stupéfaction et l'excitation de ceux qui, les premiers, firent ces estimations simples.

---

7. *Le Monde des livres*, vendredi 15 octobre, article de Russel Banks, traduit par Pierre Furlan.

Mr Tomkins sauve la fusion

Les physiciens du début du XXe siècle n'imaginaient pas encore les besoins de la société industrielle en énergie, mais ils s'inquiétaient des dépenses énergétiques effrayantes du Soleil, en se demandant où l'astre pouvait trouver de quoi rayonner aussi intensément pendant si longtemps. Les réactions de fusion nucléaire leur offraient au moins une piste qu'il fallait explorer. Tout indiquait la présence d'éléments légers dans le Soleil dont la fusion des noyaux donnait assez d'énergie pour alimenter son rayonnement. Mais la fusion n'a lieu que si les deux noyaux s'approchent l'un de l'autre suffisamment pour que les forces nucléaires à courte portée puissent les arrimer l'un à l'autre. Avant que ces forces n'entrent en jeu, les deux noyaux interagissent par la force électrique que leur charge exerce et qui tend à les écarter l'un de l'autre d'autant plus violemment que leur distance diminue. Celle-ci ne doit pas dépasser environ le cent millième de la taille d'un atome pour que les forces nucléaires agissent sur les noyaux et provoquent leur fusion. Dans ces conditions, les charges ont été portées à une tension électrique de plusieurs centaines de milliers de volts. Cette énorme énergie potentielle des noyaux s'acquiert aux dépens de l'énergie cinétique qu'ils possédaient avant de se rencontrer. Les accélérateurs ont précisément pour fonction de donner aux particules de telles énergies cinétiques et ils y parviennent sans aucune difficulté. Mais les premiers physiciens nucléaires avaient un autre but. Ils voulaient trouver la source de l'énergie solaire, or il n'y a pas d'accélérateur dans le Soleil !

En levant le nez, on avait l'intuition qu'il règne, dans cet astre, une température très élevée. Dans ce cas, l'énergie cinétique des particules ne serait-elle pas suffisante pour surmonter la barrière du potentiel électrique d'interaction ? Cet espoir ne survécut pas longtemps : la température devait atteindre des milliards de degrés. Or la pression augmente avec la température et, dans un milieu si chaud, elle devenait trop forte pour que la gravitation puisse l'équilibrer. C'est alors qu'intervint George Gamow, le créateur de *Mr Tomkins*. Il venait de découvrir l'effet tunnel avant d'inventer le Big Bang (avec Alexandre Friedmann et Georges Lemaître). Quant à *Mr Tomkins*, les aventures de cet employé de banque tranquille allaient susciter de nombreuses vocations de physicien. Ses rêves le projetaient dans des univers où la vitesse de la lumière était proche de celle d'une bicyclette et où il chassait des tigres quantiques. On le retrouve, aujourd'hui, dans *Le Nouveau Monde de Mr Tomkins* de George Gamow et Russel Stannard ; Mr Tomkins y découvre, en particulier, les conséquences troublantes de l'effet tunnel sur les objets de tous les jours. Plus poétique, *Le Passe-Muraille* de Marcel Aymé n'a aucune prétention scientifique, son auteur serait certainement surpris de voir son œuvre associée à la mécanique quantique. Pourtant, on y pense en le lisant et en découvrant les merveilleux effets de la magie qui donne au héros le pouvoir de traverser les murs. Mais il s'agit avant tout d'un prétexte pour inciter lectrices et lecteurs à se plonger dans cette fantaisie afin de se distraire des sévères considérations qui vont suivre.

Sans chercher de nouvelles analogies, on se contentera d'évoquer les causes et les conséquences de l'effet tunnel sur l'interaction de deux noyaux de deutérium qu'il est commode d'appeler « deutons ». Que dit la dynamique classique ? Lorsque ces deutons se précipitent l'un vers l'autre avec la même vitesse, la répulsion de leurs charges électriques perturbe leur approche. Si, initialement, les trajectoires sont exactement alignées, elles le restent. L'énergie cinétique diminue et l'énergie potentielle croît, maintenant ainsi leur somme constante. L'énergie cinétique finit par s'annuler, les deutons s'arrêtent et repartent en arrière en s'éloignant l'un de l'autre de plus en plus vite. Plus l'énergie initiale des deutons est élevée, plus ils seront proches l'un de l'autre au moment du retournement de vitesse. Si cette énergie dépasse le seuil déjà cité de plusieurs centaines de milliers de volts, les forces nucléaires attractives entreront en jeu avant le demi-tour et la fusion se produira. Mais, si la distance des deux noyaux dépasse toujours la portée de ces forces, la dynamique classique conclut à l'absence de réaction nucléaire. Dans ce dernier cas, le potentiel électrostatique répulsif se comporte comme un mur, isolant les deux noyaux et laissant chacun hors de portée des forces attractives. La mécanique quantique ouvre un passage à travers ce mur par un mécanisme qui méritera bien son nom d'« effet tunnel ».

En effet, la version quantique du même événement conduit à des résultats sensiblement différents. Aux deutons, elle associe une fonction d'onde qui, en première approximation, devrait se réfléchir là où les trajectoires classiques rebroussent chemin, conservant une amplitude nulle dans la zone où la distance entre les deux particules est inférieure à la distance minimale d'approche. En fait, en physique, l'amplitude d'une onde ne peut jamais disparaître d'un coup. Elle s'atténue exponentiellement sur une distance qui peut être faible, mais elle ne s'annule pas brutalement. L'amplitude de la fonction d'onde s'étale dans la région interdite par la mécanique classique, en diminuant rapidement : c'est le phénomène de l'onde évanescente, bien connu des opticiens. Or, partout où la fonction d'onde n'est pas nulle, le deuton a une chance de se trouver. C'est le cas, en particulier, dans la zone où les forces nucléaires agissent. Donc, contrairement aux prédictions classiques, quelle que soit l'énergie cinétique initiale, la réaction nucléaire peut avoir lieu. Cependant, lorsque l'énergie cinétique diminue au-dessous du seuil classique, la mécanique classique élargit de plus en plus la zone interdite. À l'endroit où agissent les forces nucléaires, la fonction d'onde et, par conséquent, la probabilité de présence des deutons se seront beaucoup atténuées. Il en sera de même de la probabilité de la réaction de fusion. S'il est vrai que la réaction n'exige plus des températures qui se chiffrent en milliards de degrés, néanmoins, si elles descendent trop en dessous de ces valeurs, la probabilité de la réaction chute et devient ridiculement petite. L'ensemble de ce phénomène quantique constitue l'effet tunnel.

La variation très rapide de l'effet tunnel avec l'épaisseur du mur à traverser a permis d'expliquer de nombreux phénomènes dont la sensibilité semblait mystérieuse, à commencer par la radioactivité. Dans le cas de la désintégration radioactive, la dispersion étonnante des temps de vie n'a pu trouver une explication qu'avec l'effet tunnel dont Gamow trouva ici la première application. Le cas le plus simple concerne certaines désintégrations radioactives qui, à l'inverse de la fusion, se manifestent par l'émission spontanée d'une particule alpha. Cette particule n'est autre qu'un noyau d'hélium 4, formé de deux protons et deux neutrons, qui a reçu ce nom des physiciens nucléaires lors des premières observations de désintégration radioactive. L'analyse classique du mouvement de la particule alpha dans le noyau montrerait que les forces nucléaires de celui-ci la confinent, l'ensemble formant un noyau stable. Mais la mécanique quantique fait la loi à ces échelles de longueur. En conséquence, par effet tunnel, la fonction d'onde de cette particule alpha s'étend un peu au-delà de la portée des forces nucléaires, dans la zone où ne subsiste que le champ électrique répulsif exercé par les charges du noyau. Il existe alors une probabilité non nulle de trouver la particule alpha dans une zone où elle n'est plus soumise qu'au champ de répulsion électrostatique qui l'éjecte hors du noyau. La probabilité de cette désintégration radioactive, donc le temps de vie du noyau, devient une fonction très sensible du niveau d'énergie de la particule alpha dans le noyau. En effet, une variation modérée de l'énergie de la particule alpha élargit ou rétrécit la zone interdite par la mécanique classique et peut faire varier la probabilité de présence à l'extérieur du noyau de plusieurs ordres de grandeur en raison de l'atténuation exponentiellement rapide de la fonction d'onde avec la distance. Ainsi s'expliquent des temps de vie variant d'un tiers de microseconde pour le polonium 212 à des milliers d'années pour le plutonium, alors que les forces d'interaction en jeu sont de même nature. Le caractère aléatoire de la désintégration est la conséquence directe de la nature probabiliste de la mécanique quantique. Bien d'autres domaines ont profité des remarquables propriétés de l'effet tunnel, en témoignent les prix Nobel de 1986 et de 1973 qui, dans des domaines non nucléaires, ont utilisé l'effet tunnel des électrons entre la surface d'un solide et une pointe ou à travers un isolant dans un semi-conducteur pour inventer l'un la microscopie à effet tunnel et l'autre les diodes à effet tunnel[8]. Il a aussi probablement sauvé la fusion de l'oubli. Sans lui, elle n'aurait jamais acquis la popularité qui l'a transformée en nom commun usuel. Il a fallu pour cela mobiliser conjointement le résultat le plus spectaculaire d'Einstein et l'une des manifestations les plus originales de la mécanique quantique. Un tel parrainage doit se mériter.

Ayant ainsi levé l'objection dirimante à la fusion de deux noyaux de deutérium à basse énergie, le théoricien doit relever un autre défi, plus coriace : comment calculer l'action des forces nucléaires qui provoquent la fusion ? Lorsqu'il proposa sa théorie de l'énergie des étoiles en 1939, Hans Bethe n'avait pas le choix. Il n'existait pas de théorie des forces nucléaires et il dut s'appuyer sur les résultats expérimentaux obtenus avec les accélérateurs. Qu'en est-il aujourd'hui ? Un retour en arrière fera mieux comprendre la situation.

Après la Seconde Guerre mondiale, la matière nucléaire ayant fait la preuve de ses capacités, les physiciens se montrèrent déterminés à approfondir sa nature et à élucider

---

8. Il faudrait citer aussi les jonctions Josephson.

l'origine des forces de cohésion du noyau. Après quelques vicissitudes, leur travail a débouché sur une théorie dont l'expérience a vérifié toutes les conséquences calculables. Créée par Murray Gell-Mann, elle décrit les forces nucléaires comme résultant des interactions entre les quarks qui composent les nucléons. Dans la version initiale, il suffisait de trois quarks pour faire un proton ou un neutron, ce qui pouvait donner l'espoir de calculer effectivement leurs interactions. Mais, rapidement, ces interactions entre quarks se sont révélées aussi bizarres que le nom dont Murray Gell-Mann avait affublé ces particules. D'abord, contrairement aux particules habituelles, ils interagissent peu à courte distance et, dans ce cas, des calculs quantitatifs sont possibles. Mais, à des distances correspondant aux dimensions du noyau, les difficultés s'accumulent et finissent par créer une situation inextricable. D'une part, il devient impossible de considérer le couplage de ces particules comme une faible perturbation de leur état libre, ce qui rend les calculs difficiles. D'autre part, les médiateurs de l'interaction entre les quarks, les gluons, sont à cette théorie ce que sont les photons à l'électrodynamique, mais, contrairement à ceux-ci, ils interagissent entre eux. Enfin, non contents de compliquer les choses, ces gluons trouvent le moyen de se matérialiser en paires de quarks et antiquarks qui forment une véritable mer de particules, impossible à prendre en compte même avec les ordinateurs les plus puissants. Cette théorie, la chromodynamique quantique, a rapporté une extraordinaire moisson de résultats aux hautes énergies, mais elle se montre rétive si on lui demande d'expliquer quantitativement l'interaction entre nucléons dans la gamme des énergies de liaison. Tout en gardant l'espoir de surmonter cette difficulté, les physiciens ont abandonné les noyaux à leur triste sort pour orienter leurs recherches vers les hautes énergies qui correspondent à des interactions à courte distance et s'adaptent donc mieux aux calculs théoriques, laissant la fusion dans l'incertitude.

Alors, faut-il clamer, comme Faust, « Ô bienheureux qui peut encore espérer surnager dans cet océan d'erreurs ! On use de ce qu'on ne sait point, et ce qu'on sait, on n'en peut faire aucun usage[9] » et aller vendre son âme au diable ? Par bonheur, l'expérimentateur existe, et son mariage avec la théorie engendrera une information incomplète, mais suffisante aux besoins de la fusion. Dès 1932, l'équipe de Lord Rutherford accélérait des deutons qui bombardaient des sels dans lesquels le deutérium avait été substitué à l'hydrogène. Il identifia très vite deux réactions de fusion et nota une variation très rapide du nombre d'événements avec la tension d'accélération entre 20 000 et 100 000 volts, en accord avec les calculs d'Atkinson, Houtermans et Gamow sur l'effet tunnel. Il découvrait le second isotope de l'hydrogène produit dans la réaction, le tritium, dont le noyau contient deux neutrons et un proton et qui allait faire une grande carrière. De peu d'importance pour l'énergétique des étoiles, la découverte du tritium ouvrait la perspective de la fusion thermonucléaire en laboratoire, comme on le verra. C'était le départ en fanfare de la physique nucléaire. Il lui fallait une théorie pour devenir une discipline et, en l'absence d'autre chose, un modèle d'interaction entre nucléons par l'intermédiaire d'un potentiel donna satisfaction. La forme générale du potentiel intégra tous les acquis de la physique atomique et les résultats expérimentaux fixèrent les valeurs des paramètres inconnus. Cette méthode semi-empirique permettait des prédictions précises. D'autres modèles tiennent une place intermédiaire, en faisant intervenir des médiateurs divers. Les travaux les plus récents permettent d'envisager un rapprochement avec la chromodynamique quantique, en particulier grâce aux expériences destinées à déterminer la structure fine du nucléon, cet objet beaucoup plus composite que ne le pensaient les pionniers.

---

9. Goethe, *Faust*, trad. Gérard de Nerval, Garnier-Flammarion, 1964.

Il est temps de dévoiler les raisons de ce détour par une physique réputée étrangère à la fusion. Les présentations habituelles de ce sujet ne s'embarrassent pas de tous ces détails sur les données nucléaires. Aucune ambition didactique n'a motivé cette digression, sa raison d'être réside plutôt dans cette citation de Michael Atiyah, médaille Field et ancien président de la Royal Society : « Ce qu'on appelait recherche pour la plus grande gloire de Dieu s'appelle aujourd'hui recherche éthérée ; ce n'est pas aussi glorieux, mais elle garde un parfum céleste. C'est là que le chercheur place sa foi. (...) Retranchons cela, et nous n'attirerons plus les esprits créatifs dont nous avons besoin[10]. » Cette petite excursion vers les quarks et les gluons voulait d'abord apporter à la fusion une bouffée de ce parfum céleste. Pas de bonne cuisine sans bonnes épices, disent les habitants de Tunis et, avec eux, tous les chefs du monde. Un peu de physique fondamentale relève opportunément le goût de la physique des plasmas que beaucoup auraient tendance à repousser vers la cuisine lourde.

La gastronomie n'est pas la seule à justifier cette insistance sur les aspects nucléaires. D'abord, la physique des interactions élémentaires offre un bel exemple de la dialectique des obstacles épistémologiques selon Bachelard, qui aurait probablement aimé le commenter s'il en avait eu connaissance. Il ne semble pas discutable d'attribuer l'engouement initial pour la physique nucléaire à l'aura de puissance qui entoura la naissance de ce qu'on appelait l'« ère atomique ». Le physicien s'en défendra, mais, consciemment ou non, partisan ou adversaire, il ne pouvait échapper à l'obsession collective, née de cette nouvelle conquête de la science, qui faisait peser les craintes les plus folles et engendrait les espoirs les plus exaltants. Cependant, les contraintes propres à la physique prirent le dessus. Le physicien ne peut se contenter d'observer et d'enregistrer

---

10. Discours de Sir M. Atiyah, cité par Gérard Toulouse dans *Regards sur l'éthique des sciences*, Hachette Littérature, 1998.

les caprices de la nature. Afin de mettre en évidence des effets, il lui faut utiliser ses mécanismes et ses lois et, par conséquent, il lui faut les comprendre et les maîtriser. Le noyau ne s'y prêtant pas, l'aile marchante de la physique se déplaça vers les hautes énergies où se trouvait la clef des énigmes. Le champ expérimental des hautes énergies demandait une nouvelle source d'inspiration, un nouvel obstacle épistémologique, aurait dit Bachelard. Une substitution s'opéra petit à petit. L'antique question fondamentale « D'où venons-nous ? Où allons-nous ? » remplaça la fascination de la toute-puissance, en prenant comme nouveaux horizons le Big Bang et l'évolution de l'Univers. Toutes proportions gardées, la même fuite en avant menace la fusion si bien que l'expérience de la physique nucléaire peut servir de référence.

Ensuite, l'évocation de la physique nucléaire permet au physicien de la fusion de se rassurer lorsqu'il a recours à l'empirisme. En effet, le transport de l'énergie à travers les champs magnétiques, l'interaction d'une onde laser avec un plasma n'ont pu recevoir une description complète *ab initio*. Le recours nécessaire à des lois empiriques a considérablement dégradé le prestige scientifique de la fusion. La situation de la physique nucléaire à cet égard offre une consolation et, surtout, démontre que la théorie, même incomplète, mais utilisée conjointement à l'expérimentation, conduit à des lois extrapolables en dehors des domaines où elles sont établies, constatation rassurante pour les concepteurs de nouvelles machines.

Enfin, comme la physique nucléaire, la physique des plasmas chauds se nourrit inlassablement de modèles approchés. La chromodynamique quantique contient tous les éléments et les lois élémentaires nécessaires à la physique du noyau. De même, l'électromagnétisme classique, associé à la physique statistique, fournit à la fusion un cadre complet et rigoureux, adapté à l'étude du confinement magnétique et de l'interaction d'une onde laser avec un plasma. L'expérimentateur, et plus généralement le physicien, ne peut se contenter de ces lois générales. Seules des formulations approchées apporteront des réponses aux questions que soulèvent les observations dans les situations particulières qu'ils ont créées ou qui existent dans la nature. Pour calculer le mouvement des planètes et de leurs satellites, la loi de la gravitation universelle donne une approximation presque toujours suffisante de la relativité générale, quitte à introduire des corrections si l'on veut expliquer certains détails, comme l'avance du périhélie de Mercure. L'approximation se justifie par des évaluations d'ordres de grandeur, même si la détermination précise des limites de validité n'est pas toujours possible.

Mais il existe aussi des cas où la justification du modèle approché repose plus sur l'intuition que sur une technique d'approximation systématique. Dans le domaine de la supraconductivité, par exemple, London, Pippard, Ginsburg et Landau n'ont pas attendu la théorie microscopique de Bardeen, Cooper et Schrieffer pour proposer de très utiles équations macroscopiques qui sont encore de précieux outils. La rigueur mène à coup sûr à la vérité, mais le voyage peut durer une éternité. La certitude attend au bout du chemin, au risque de ne jamais le voir. Alors, le talent du théoricien réside dans l'art de découvrir des raccourcis sans se perdre. C'est la fonction du bon modèle. La physique nucléaire en utilise de nombreux : le potentiel nucléaire, l'interaction par échange de mésons, le modèle en couche, le modèle optique, etc. Les physiciens des plasmas substituent à la description microscopique les modèles à un fluide, multifluides, hybridés entre fluide et particules, gyro-cinétiques, etc. Comme pour les physiciens nucléaires, tout se termine le plus souvent par des calculs numériques qui poussent dans leurs retranchements les ordinateurs les plus avancés.

Niels Bohr invente
la fusion thermonucléaire

Dès 1933, les expériences de Lord Rutherford répondaient au problème scientifique soulevé par les travaux d'Atkinson, Houtermans et Gamow : les forces nucléaires autorisaient la réaction de fusion entre deux noyaux de deutérium avec une libération d'énergie correspondant exactement au défaut de masse et dans les conditions prévues par l'effet tunnel. On aurait pu en rester là et la fusion n'aurait jamais quitté le cadre orthodoxe de la physique nucléaire. Werner Heisenberg rapporte une conversation tenue entre Niels Bohr, Lord Rutherford et lui-même dès 1935-1936. Il évoquait, l'idée d'« exploiter l'énergie de liaison des noyaux à peu près comme on utilise l'énergie de liaison chimique lors de la combustion ». Niels Bohr fit remarquer, si la mémoire d'Heisenberg est fidèle, que la fusion n'avait aucune chance car, dans les expériences où les noyaux sont accélérés, la plupart ne font pas de réaction nucléaire et leur énergie est perdue. « Ce serait naturellement tout à fait autre chose, dit-il, si l'on pouvait amener une certaine quantité de matière à une température telle que l'énergie des particules individuelles suffirait à vaincre les forces de répulsion entre les noyaux atomiques, et si en même temps on pouvait maintenir une assez grande densité de matière pour que les collisions ne soient pas trop rares. Mais il faudrait disposer de températures de l'ordre, disons, du milliard de degrés ; et, à de telles températures, il n'existe plus de vases dans lesquels on pourrait enfermer la matière ; car leurs parois seraient évaporées depuis longtemps. » Quant à Lord Rutherford, il confirme les dires de Bohr et conclut ainsi : « Du point de vue énergétique, les expériences sur les noyaux atomiques constituent jusqu'à présent une affaire purement déficitaire. Parler d'une exploitation technique de l'énergie des noyaux atomiques est pure absurdité[11]. » Ces trois gloires de la physique avaient jeté les dés qui allaient faire de la fusion « un projet scientifique mais de motivation non scientifique », comme l'a merveilleusement qualifié Roger Balian devant les parlementaires.

Niels Bohr avait parfaitement posé le problème : produire de l'énergie utilisable à partir de l'interaction de noyaux accélérés avec une cible suppose que le faisceau de particules génère plus d'électricité qu'il n'en faut pour alimenter l'accélérateur. L'énergie libérée à chaque réaction de fusion compense l'accélération de plusieurs centaines de noyaux, mais, malgré ce rendement remarquable, le bilan reste catastrophique. La plupart des noyaux se freinent sur les électrons de la cible en produisant de la chaleur. Quelques-uns passent assez près d'un noyau de la cible pour que des réactions nucléaires aient lieu, mais en nombre si faible que l'énergie de fusion ne peut compenser le rendement de conversion de la chaleur en électricité. Dans les études de physique nucléaire, l'interaction d'un faisceau de particules accélérées avec une cible froide donne d'excellents résultats, mais la méthode reste totalement inefficace pour une production d'énergie. Ainsi se trouve consommée la rupture entre la fusion et la physique nucléaire. En revanche, si tous les électrons et les noyaux ont la même température, assez élevée pour permettre les réactions de fusion, les noyaux ne se freineront plus sur les électrons. Si le confinement est d'assez longue durée, tous les noyaux finiront par se rencontrer avec des vitesses relatives suffisantes pour que la réaction nucléaire se produise, en libérant une énergie dont quelques millièmes suffiraient pour chauffer le gaz à la température

---

11. Werner Heisenberg, *La Partie et le Tout*, Albin Michel, 1993, p. 216-218.

nécessaire. Cet excès autorise certainement la production d'énergie électrique.

Niels Bohr avait inventé la fusion thermonucléaire. On sait déjà comment les physiciens ont résolu le problème de l'évaporation du vase avec les pièges magnétiques et comment ils ont appris à s'en passer avec le confinement inertiel. Encore fallait-il allonger suffisamment la durée du confinement et tracer la route en identifiant quelques jalons qui aideraient à juger les performances atteintes et à mesurer la distance de l'objectif.

La dernière remarque de Lord Rutherford mérite une courte méditation sur les compétences des grands savants en matière de prophétie scientifique. La condamnation sans appel de toute application technique de l'atome est d'autant plus piquante qu'en 1938 Otto Hahn, Lise Meitner et Fritz Strassmann annonçaient la découverte de la fission de noyaux d'uranium par bombardement de neutrons. Hahn fut, paraît-il, très surpris d'apprendre, après la guerre, que la fission avait eu des applications et qu'il avait reçu le prix Nobel en 1944. En matière d'avancée scientifique ou technique, les chercheurs devraient pouvoir anticiper avec plus de succès qu'un citoyen quelconque, mais, d'une part, la rigueur scientifique limite le vagabondage de l'esprit qui donne l'audace de parier sur l'avenir et, d'autre part, la nature obligatoirement très inattendue de la découverte rend sa prévision difficile. Ces remarques valent aujourd'hui pour la fusion. Des changements importants peuvent encore survenir avant que tout ne soit figé par les contraintes de l'industrialisation. La sagesse commande de juger la fusion sur son état actuel ou son évolution immédiate et non en invoquant des réussites ou des écueils dont la réalité ne pourra se vérifier que dans cinquante ou cent ans.

Qu'est-ce que « *faire la fusion* » – *Lawson* ?

Avant d'expliquer comment « faire la fusion », il faut préciser la signification de cette expression. Il ne suffit pas de faire fusionner des noyaux en laboratoire pour réaliser la fusion. Lord Rutherford y parvenait déjà en 1933. La détection de quelques réactions ne démontre en rien la faisabilité de la fusion. La définition la plus contraignante demande de produire de l'énergie économiquement rentable à partir des réactions de fusion, sans impact environnemental et dans des conditions de sûreté absolue. Comme le rappelle le rapport de l'Office parlementaire, c'est bien pour cet objectif que les pouvoirs publics acceptent de financer ces recherches coûteuses. Cette formulation a le mérite de la clarté, mais elle repousse l'appréciation des résultats à une date très lointaine qui dépend de facteurs économiques imprévisibles, à forte dose de subjectivité. Elle ne convient pas à un pilotage de cette recherche complexe dont l'évaluation doit se faire à partir des résultats obtenus aujourd'hui et non au terme d'extrapolations hasardeuses.

John Lawson, le premier, proposa un critère simple, qui pouvait constituer un jalon intermédiaire, en comparant pertes et production d'énergie. Dans sa version moderne, cette condition fait appel à la notion de « temps de confinement de l'énergie ». D'un point de vue macroscopique, celui-ci peut se définir comme le temps caractéristique auquel décroîtrait la densité d'énergie du milieu réactif si tous les apports en énergie disparaissaient d'un coup. Dans un plasma du confinement magnétique, cette densité d'énergie décroîtrait parce qu'un flux d'énergie irait se perdre sur les parois du système de confinement. Ce flux provient de la conduction thermique du milieu, de son rayonnement ou des particules qui s'échappent du piège. Un temps de confinement infini correspondrait à un confinement parfait sans pertes ; plus il est court, plus le confinement laisse à désirer. Il est passé d'un dix millième de seconde à plusieurs secondes en trente ans. Cette progression spectaculaire reflète les perfectionnements en matière de pureté du plasma, de contrôle des instabilités et de méthode de chauffage, mais elle traduit aussi l'augmentation de la taille des machines.

Dans le cas du confinement inertiel, le temps de confinement se réduit au temps nécessaire pour que la cible comprimée par implosion se dissocie et se détende dans le vide, provoquant l'arrêt des réactions par la chute de la température et de la densité.

En suivant les idées de Lawson, on estime alors que les conditions thermonucléaires sont obtenues si l'énergie produite par la fusion pendant le temps de confinement compense ou dépasse l'énergie thermique totale du milieu réactif, ce qui correspond à l'énergie perdue par ce milieu pendant la même durée. Cette condition ne demande que la fusion d'une faible fraction des noyaux pendant le temps de confinement pour que l'énergie de fusion produite compense l'énergie thermique de tous les noyaux. Niels Bohr avait donné une condition plus stricte. Il voulait que tous les noyaux une fois chauffés participent à une réaction de fusion avant de perdre leur énergie. La production d'énergie par la fusion correspondrait alors à des centaines de fois l'énergie nécessaire pour porter les noyaux à la bonne température. Le critère donne simplement l'assurance que l'énergie produite par la fusion peut maintenir les conditions de la réaction, sans tenir compte des facteurs de rendement.

Ce critère de Lawson ne garantit pas une production d'énergie utilisable. D'ailleurs, la notion d'énergie utilisable manque de précision. Faut-il prendre en compte les coûts ?

La seule forme d'énergie utilisable est-elle l'électricité ? Quels rendements de conversion de la chaleur en électricité faut-il choisir ? Quelle valeur faut-il attribuer à une production intermittente comme dans les machines actuelles ? Comment évaluer la consommation des servitudes et des auxiliaires d'une centrale électrique ? L'énergie produite dans les réactions nucléaires induites par les neutrons fait-elle partie de l'énergie de fusion ? Faut-il traiter de la même manière les neutrons et les particules alpha ? On trouvera souvent des critères de Lawson tenant compte grossièrement d'une partie de ces facteurs. Ils n'améliorent pas beaucoup l'information qu'ils prétendent contenir et introduisent une dispersion inutile. Il semble préférable de s'en tenir au critère élémentaire défini ci-dessus. Son sens physique simple donne une information sur la réalisation des conditions minimales demandées par la fusion, mais il ne parvient pas à donner un sens précis à l'expression « faire la fusion ».

Les modalités d'utilisation du critère de Lawson diffèrent selon qu'il s'applique au confinement magnétique ou au confinement inertiel. Les expériences du confinement magnétique comportent un système de chauffage qui injecte dans le milieu réactionnel l'énergie nécessaire pour maintenir sa température et compenser les pertes dans les transformations. Dans un tel cas, le régime de fonctionnement devient presque permanent et se caractérise par la puissance de chauffage, c'est-à-dire la quantité d'énergie injectée par seconde dans le milieu réactif. La puissance de fusion, c'est-à-dire l'énergie produite par seconde, doit dépasser la puissance de chauffage pour que ce critère de Lawson soit rempli. Au-delà de cette limite, le critère devient plus difficile à appliquer. Les particules alpha commencent à participer au chauffage du plasma et d'autres méthodes d'évaluation s'avèrent nécessaires. Dans le cas du confinement inertiel, l'application du critère de Lawson se complique par l'intervention de rendements faibles entre l'énergie effectivement injectée dans la cible et l'énergie prélevée sur le réseau. Que faut-il alors comparer à l'énergie de fusion produite ? La question sera abordée plus loin dans ce chapitre. On y verra que le critère de Lawson s'efface devant un autre outil d'évaluation, le gain en énergie. La suite concernera donc seulement le confinement magnétique.

Le critère de Lawson peut aider à choisir la réaction de fusion la plus appropriée, en éliminant celles qui conduiraient à des impasses technologiques ou financières. L'introduction du temps de confinement de l'énergie permet de lui donner son énoncé classique : l'énergie de fusion produite pendant le temps de confinement doit surpasser le contenu énergétique du plasma. La taille de celui-ci détermine le temps de confinement, simplement parce que l'énergie d'une particule met d'autant plus de temps à atteindre la paroi qu'elle en est éloignée. Si le critère implique des temps de confinement trop longs, la machine se heurtera à une impossibilité technique ou budgétaire, en raison du volume dans lequel il faudrait générer des champs magnétiques intenses. Le choix se portera donc sur les réactions les plus rapides et demandant le contenu énergétique le plus faible possible, afin de minimiser le temps de confinement nécessaire. Les températures très élevées et les faibles probabilités des réactions D-D ont donc conduit à les abandonner au profit de la fusion d'un noyau de tritium avec un noyau de deutérium (réaction D-T) dans les premiers réacteurs électrogènes. Cette réaction a pourtant de sérieux inconvénients. Le tritium se désintègre sur une période de douze ans environ et n'existe pratiquement pas sur Terre à l'état naturel. Il faut donc le fabriquer par irradiation neutronique d'un isotope du lithium, heureusement abondant. La simplicité et la poésie du deutérium sortant de la mer se retrouvent bien compromises par les problèmes d'extraction, de protection et de pollution radioactive qui vont résulter de ce choix. Mais toutes ces difficultés s'effacent devant les deux ordres de grandeur gagnés sur le temps de confinement grâce auxquels la fusion devient possible.

La réaction D-T tient dorénavant une position centrale dans la problématique de la fusion thermonucléaire contrôlée et, à ce titre, elle mérite un examen approfondi. La fusion d'un deuton avec un noyau de tritium ne peut former qu'un noyau d'hélium 4, appelé « particule alpha », avec émission d'un neutron d'énergie élevée. La très grande stabilité de la particule alpha explique l'importante quantité d'énergie libérée par la réaction. Dans le système formé par le deuton et le noyau de tritium, la somme des énergies de liaison correspond à 0,23 % de la masse totale. Après la réaction, pour la particule alpha et le neutron, cette fraction devient 0,60 %, soit une transformation de 0,37 % de la masse en énergie à comparer aux 0,09 % de la réaction D-D. La conservation de la quantité de mouvement explique la répartition de cette énergie à raison de 80 % pour le neutron et 20 % pour la particule alpha.

Le destin des produits de la réaction présente des différences considérables. Étant chargée électriquement, la particule alpha est confinée par un champ magnétique et reste piégée dans le plasma où elle forme une population dont la température atteint plusieurs centaines de fois la sienne, qui dépasse déjà la centaine de millions de degrés. Le neutron, porteur de la plus grosse part de l'énergie produite, n'interagit pas avec le plasma. Il est ralenti et capturé dans une paroi épaisse, la couverture, où il dépose son énergie sous forme de chaleur. On lui demande aussi de régénérer le tritium en interagissant avec du lithium 6. Une extraction continue ou périodique du lithium alimente une usine de séparation immédiatement voisine. Un noyau de tritium produit un seul neutron de fusion qui ne peut générer qu'un seul noyau de tritium par la transmutation d'un noyau de lithium. Pour renouveler le stock de tritium, il est impératif de compenser les pertes inévitables en neutrons. Un matériau multiplicateur de neutrons est donc présent avec le lithium dans la couverture.

La réaction D-T libère des neutrons dont l'énergie est près de dix fois supérieure à celle des neutrons produits dans la fission de l'uranium 235. D'un côté, cette forte énergie pourrait être une qualité, car elle augmente la gamme des réactions possibles avec des noyaux lourds, ce que recherche l'industrie nucléaire par exemple pour incinérer des déchets ou utiliser des combustibles nouveaux. Mais ces propriétés concernent la fission et les deux domaines collaborent peu lorsqu'ils ne se combattent pas. Cette haute énergie des neutrons de fusion devient un handicap lorsqu'il faut transformer leur énergie en chaleur. En effet, l'industrie nucléaire des neutrons rapides a mis au point des matériaux adaptés à l'impact des neutrons de fission et, si l'on avait pu choisir les réactions D-D dont les émissions de neutrons tombent dans la même gamme d'énergie, toute l'expérience acquise aurait profité à la fusion. Malheureusement, la technologie disponible et l'état de la recherche scientifique ont conduit à adopter la réaction D-T comme la seule solution compatible avec les températures et les temps de confinement réalisables aujourd'hui. Mais elle demande des matériaux dont la technologie n'existe pas encore. Aux problèmes spécifiques du confinement d'un plasma de très haute température s'en ajoute un autre, impliquant la science des matériaux, sans lien direct avec le plasma, mais décisif pour l'exploitation finale, puisqu'il conditionne la récupération de l'énergie des neutrons de fusion.

Faut-il considérer les matériaux, dès maintenant, comme faisant partie du domaine de la fusion ? Ou bien est-il plus sage d'attendre d'avoir la certitude de la faisabilité scientifique avant de lancer un programme de recherche parallèle qui relève de l'optimisation économique et dont les matériaux ne constituent qu'une des composantes ? Les considérations budgétaires ont dicté le choix en interdisant de mener de front les deux approches, l'une scientifique, l'autre technologique. Abandonner le confinement aurait signifié la fin des recherches sur la fusion, car personne n'aurait accepté d'optimiser la technologie d'un mode de production d'énergie dont les conditions de fonctionnement n'auraient même pas été établies. Le confinement du plasma, dès les premières années, a délibérément capté l'essentiel des efforts et du financement. Si les expériences avaient déjà apporté la preuve de la faisabilité scientifique, la question du choix entre la physique et la technologie se poserait en termes nouveaux et la direction suivie jusqu'à présent pourrait être remise en cause.

La condition de Lawson a longtemps servi de balise sur le chemin de la fusion. Initialement, la température n'y apparaissait plus. En effet, l'énergie de fusion reste négligeable au-dessous de 100 millions de degrés et cette valeur avait été retenue une fois pour toutes. Le critère de Lawson se réduisait alors à fixer une borne inférieure au produit de la densité par le temps de confinement. Certains se mirent à crier victoire en annonçant le franchissement du seuil, mais ils oubliaient que la température n'avait atteint que le centième de celle qui avait été choisie pour évaluer la condition de Lawson. Grâce aux progrès des tokamaks, il vint un temps où ces températures devinrent banales. On s'aperçut qu'il existait une formulation simple du critère, valable à des températures comprises entre 100 et 200 millions de degrés. Il suffisait de fixer une borne inférieure au triple produit de la densité, de la température et du temps de confinement. Mais, utilisée en dehors de cet intervalle de température, la condition perd toute signification. On eut alors la surprise de voir ce triple produit adopté comme mesure du chemin parcouru par la fusion depuis le début des recherches quand la température ne dépassait pas quelques centaines de milliers de degrés. Ainsi, cette quantité, à la signification physique mystérieuse, servit à promouvoir la réussite du confinement magnétique en montrant que, en trente ans, elle avait effectué une progression spectaculaire que seuls les composants électroniques avaient égalée en suivant la fameuse loi de Moore. Cette remarque ne remet pas en cause la vigueur de la progression pendant cette période, mais elle indique combien l'appréciation des performances est difficile en l'absence d'une étape scientifique, comme ce fut le cas des premières piles à fission avec la divergence de la réaction. Certains verront une pointe de méchanceté dans ces arguties. C'est Gaston Bachelard qui en porte la responsabilité, lui qui nous somme de manier l'ironie et la vigilance malveillante si nous voulons approcher de la pensée objective.

Rien de plus facile que de retrouver la sympathie de la lectrice et du lecteur en ravivant leur enthousiasme. Il suffit de définir un nouvel indice de qualité du plasma dont le sens physique soit transparent. Par définition, pendant un temps de confinement, le plasma perd une quantité d'énergie égale à son contenu énergétique. Dans le même temps, les réactions de fusion libèrent de l'énergie récupérable. Le gain théorique[12] se définit alors comme le rapport entre la quantité d'énergie produite pendant le temps de confinement et le contenu énergétique du plasma. La valeur de ce gain donne une bonne idée de son aptitude à faire fonctionner un futur réacteur. Si cet indice est proche de l'unité, le plasma entre dans la catégorie des plasmas thermonucléaires ; mais il devra atteindre des valeurs beaucoup plus élevées pour recevoir le label « plasma de réacteur ». En effet, dans un réacteur, la production d'énergie de fusion aura à compenser les pertes intervenant dans la récupération de l'énergie et sa transformation en électricité.

A priori, cette méthode d'évaluation n'a d'intérêt qu'appliquée aux plasmas de deutérium-tritium. Or, jusqu'aux années 1980, les expérimentateurs se contentaient de plasmas d'hydrogène ou de deutérium. L'absence de radioactivité et leur coût faisaient pardonner leur réactivité nucléaire insignifiante. Dans ces expériences, le calcul du gain ne présente aucun intérêt. Plus tard, le tritium n'appa-

---

12. Dans la fusion par confinement inertiel, on lui donne plus souvent le nom de gain thermonucléaire.

rut que très temporairement dans le Jet et le TFTR de Princeton. La progression de ce gain théorique au cours du temps donnerait une indication importante des progrès accomplis, mais il faut éviter une trop grande rigueur qui conduirait à écarter presque toutes les expériences passées. Pour les expériences sans tritium, on se contente donc du critère de Lawson ou du gain théorique, en déterminant l'énergie de fusion que produirait un plasma fictif de deutérium-tritium dont la densité, la température et le temps de confinement prendraient les mêmes valeurs que celles observées expérimentalement. On admet ainsi que les performances resteraient inchangées en passant du gaz réellement utilisé à un mélange de deutérium et de tritium.

La méthode s'applique, par exemple, à l'estimation des progrès du confinement magnétique depuis les fameux résultats obtenus sur les tokamaks de l'Institut Kurtchakov, à Moscou, en 1968. En les annonçant, Lev Artsimovitch n'avait pas convaincu, il avait surtout reçu des conseils sur la manière de débusquer son erreur, mais leur confirmation ultérieure par des équipes occidentales marqua le premier grand succès de la fusion, scellant la prééminence de cette configuration. Les temps de confinement atteignaient dix millisecondes et la température cinq millions de degrés. Malgré ces prouesses pour l'époque, le gain théorique ne dépassait pas un millionième. Les expérimentateurs s'engagèrent dans la trouée avec le sentiment que la route serait encore longue et qu'Artsimovitch avait annoncé la fin du purgatoire un peu trop tôt. En 1973, le tokamak de Fontenay-aux-Roses atteignait environ un dix millième. Au début des années 1980, la grande machine de Princeton franchissait le pour cent. Enfin, trente ans après le triomphe du Kurtchatov, les machines européenne et japonaise, après le TFTR de Princeton, confinent un plasma thermonucléaire, sans l'ombre d'un doute, avec des gains proches de l'unité[13].

---

13. C'est le cas du Jet, par exemple, pour la meilleure décharge étudiée dans l'article de P. R. Thomas *et al.*, « Observation of alpha heating in Jet DT

La progression n'a pas faibli au long de ces trente années avec une saturation des performances dans les machines vieillissantes et un saut en avant avec chaque nouvelle installation.

Harold Furth se chauffe au bois mouillé

Quand les expériences approchèrent des conditions de la fusion, le critère de Lawson cessa de jouer son rôle de point de repère : le marin ne peut plus se laisser guider par le phare lorsque son bateau navigue au pied de l'ouvrage et, s'il s'obstine, il tutoiera le rivage et risquera l'échouement. La condition de Lawson ne correspondait pas à un seuil de nature physique qu'il aurait été possible de vérifier dans une expérience, comme un changement d'état physique ou une émission caractéristique. Que signifie-t-elle ? Elle compare l'énergie produite par la fusion à l'énergie perdue par le plasma. Elle aurait un sens clair si toute l'énergie produite par la fusion était utilisable dans les mêmes conditions et si toute l'énergie perdue par le plasma ne pouvait donner lieu à aucune récupération. Une condition plus précise aurait fait appel aux rendements de la conversion en énergie électrique et à bien d'autres facteurs, impossibles à évaluer, qui prendraient en compte les aspects particuliers de la récupération de l'énergie des neutrons, comme le caractère exothermique de la réaction tritigène. De plus, ces considérations techniques se seraient trouvées mêlées à un objectif de nature scientifique. Or c'est bien en écartant soigneusement les aspects technolo-

---

plasmas », *Physical Review Letters*, 1998, vol 80, n° 25, p. 5548. La puissance de fusion atteint 9 MW, le temps de confinement est voisin de la seconde et le contenu énergétique du plasma est de 9 MJ.

giques qu'on avait pu faire porter l'effort sur la physique, avec le succès que l'on sait. Il fallait trouver un autre endroit où la fusion irait planter son drapeau, mais, cette fois, en poussant le cri de la victoire. Ce sommet devait éviter le piège de la technologie et cependant apparaître comme une preuve de faisabilité.

Gaston Bachelard l'aurait apprécié : le feu apporta la solution évidente. Comme ligne d'arrivée, la fusion aurait à franchir la frontière qui sépare le combustible chauffé de sa combustion autoentretenue. Une fois cette démonstration faite, les physiciens n'auraient plus qu'à passer le relais à la technologie. La langue anglaise dispose du mot « *ignition* » qui désigne cette transition dans un combustible chimique : la transposition à la fusion se produisit naturellement. Le même mot, en français, crée une ambiguïté puisque l'ignition désigne plutôt « l'état des corps en combustion vive, se manifestant par un dégagement de lumière[14] ». Le terme « allumage » conviendrait mieux, d'autant que le plasma des tokamaks, malgré sa température démesurée, n'émet que très peu de lumière visible. Cependant, on se pliera à l'usage en vigueur dans la communauté du confinement magnétique en désignant par « ignition » ce passage à l'état où il n'est plus nécessaire d'injecter de l'énergie dans le plasma pour compenser les pertes.

L'ignition est possible grâce aux particules alpha. On sait déjà que les réactions D-T génèrent ces particules électriquement chargées que le champ magnétique capture et qui se mélangent au plasma. Elles forment une population beaucoup moins dense mais beaucoup plus chaude, puisqu'elles sont émises avec une énergie environ cinquante fois plus grande que l'énergie moyenne d'un électron ou d'un ion du plasma. L'intensité du champ magnétique, sa géométrie, les dimensions de l'enceinte de confinement doivent assurer leur confinement. Par exemple, ces conditions

---

14. *Larousse* en trois volumes.

ont largement participé à la détermination des paramètres du Jet. Comme dans le cas des deutons accélérés de Lord Rutherford, cette population très chaude se refroidit en freinant sur les électrons qui, très vite, partagent cet excès d'énergie avec les ions majoritaires de deutérium et de tritium. L'énergie des particules alpha ne sert qu'à apporter de la chaleur au plasma[15]. Ignorant le champ magnétique, les neutrons emportent le reste de l'énergie de fusion et sortent du plasma. Par définition, dans un plasma d'ignition, l'apport de chaleur par les particules alpha compense les pertes. Ce seuil avait le mérite de la clarté. Il n'impliquait aucune évaluation d'efficacité technique et se présentait comme un pur objectif scientifique.

Comment traduire la condition d'ignition en termes de gain ? Le gain théorique, avec la définition donnée plus haut, ne tient pas compte des rôles différents que jouent neutrons et particules alpha dans le bilan énergétique. Les neutrons s'échappent du plasma et leur énergie est convertie en chaleur dans la couverture extérieure, alors que les particules alpha restent piégées dans le champ magnétique où leur énergie compense une partie des pertes. À l'ignition, cette compensation est totale et les particules alpha doivent, à elles seules, déposer assez d'énergie dans le plasma pour maintenir sa température, assurant ainsi le remplacement de la puissance qui s'en échappe par conduction, convection ou rayonnement. L'énergie de fusion se répartit à raison d'un cinquième pour les particules alpha et quatre cinquièmes pour les neutrons. La puissance totale de fusion doit donc valoir cinq fois la puissance perdue, ce qui implique un gain théorique de cinq. De même, il faudra porter le triple produit densité, température, temps de confinement à cinq fois la valeur du critère de Lawson (en s'assurant que la température reste dans les limites précisées plus haut).

---

15. Ce transfert d'énergie des alpha aux électrons a été bien mis en évidence dans le Jet (voir l'article cité plus haut de P. R. Thomas *et al.*).

Après bien des tergiversations[16], le premier projet Iter se vit doté d'un objectif ambitieux : réaliser l'ignition. Seule la perspective d'une telle avancée semblait capable de mobiliser les énergies, surmonter les difficultés diplomatiques et vaincre les réticences des ministres des Finances. En effet, à l'époque, l'ignition semblait un passage obligé sur la voie du réacteur et se voyait souvent qualifiée de défi scientifique le plus audacieux jamais relevé. Il est instructif de comparer quelques caractéristiques d'une machine d'ignition avec les plus grandes installations de confinement magnétique jamais construites. La machine Jet a fonctionné avec un mélange de deutérium-tritium en obtenant 16 MW de puissance de fusion pendant 2 secondes et 22 mégajoules en 5 secondes. Dans le premier cas, la brièveté de la décharge rend difficile un calcul de gain. Dans le cas de la décharge longue, si le gain n'a pas dépassé 0,2, soit un facteur 25 en deçà de l'ignition, il ne s'agissait plus d'un résultat de calcul à partir d'un plasma fictif, mais d'un gain bien réel en watts et en joules de fusion sous forme de neutrons et de particules alpha. Le tokamak de Princeton (TFTR) a obtenu des résultats comparables avec 23 500 décharges en mélange deutérium-tritium, une énergie de fusion de 7,6 mégajoules par décharge, une puissance crête de 10 MW et un gain de 0,3, même si les conditions physiques n'étaient pas celles d'un réacteur[17]. Il faut signaler que, dans ces calculs de gain, les pertes n'incluent pas l'énergie consommée dans les bobinages en cuivre des aimants, car cette consommation disparaîtra à l'avenir grâce aux aimants supraconducteurs. Par rapport aux tokamaks de l'époque, ces résultats représentaient un progrès considérable. Comme on l'a déjà noté, pour aller plus loin, la méthode la plus sûre consiste à jouer sur les dimensions. L'enceinte du Jet contenait un volume de plasma cent fois plus grand que celui du premier tokamak construit à

---

16. Voir Paul-Henri Rebut, *L'Énergie des étoiles*, Odile Jacob, 1999.
17. *Ibid.*

Fontenay-aux-Roses (TFR). Dans une machine d'ignition, il faut gagner encore un ordre de grandeur et arriver à près de 2 000 mètres cubes de plasma à une température de 150 millions de degrés dans lequel circulent 24 millions d'ampères. La puissance de fusion atteindrait 1,5 gigawatt pendant 1 000 secondes. La machine ferait 25 mètres de hauteur sur 20 mètres de rayon. Des bobinages supra-conducteurs créeraient le champ magnétique. La première machine internationale, l'International Thermonuclear Experimental Reactor (Iter), aurait pu être ce géant.

Cette machine d'ignition restera probablement toujours à l'état de projet. En effet, à la suite d'une forte opposition interne et d'une réduction de leur budget pour la fusion, les Américains se retirèrent du consortium international, laissant les Européens, les Japonais et les Russes avec une charge financière trop lourde. La fusion par confinement magnétique traversa une passe difficile. Washington semblait se désintéresser du problème au profit des autoroutes de l'information et apposa une nouvelle étiquette sur son programme qui prit le nom de « Science for fusion », mieux adapté à la maigreur du financement. Les physiciens de Princeton et du MIT choisirent une nouvelle voie de recherche qui les distinguait de la doctrine européenne, strictement appuyée sur les configurations volumineuses à champs magnétiques modérés, comme le Jet. Ils se proposaient d'atteindre l'ignition en augmentant le champ magnétique et en réduisant la taille des tokamaks. Les projets intitulés Compact Ignition Tokamak, Ignitor et Fusion Ignition Research Experiment affichaient le même objectif que Iter avec une taille et un budget très séduisants. En revanche, ils se privaient de l'étude sur des temps longs. Une extrapolation valida le concept jusqu'à l'usine de production d'électricité. La forte densité de puissance était présentée comme un atout important pour l'exploitant.

L'Europe, de plus en plus préoccupée par les questions environnementales, se trouvait dans une disposition d'esprit favorable à la relance des recherches sur une forme d'énergie réputée sans nuisances dramatiques. Un Iter réduit s'imposa rapidement comme une proposition susceptible de rallier un suffrage international très large. Avec l'aide de sympathisants japonais, américains et russes, l'accord sur les aspects techniques se fit sans difficulté. La sélection du site demanda des négociations plus délicates, comme ce fut le cas pour le Jet, avec une décision finale d'implantation à Cadarache, dans le sud de la France. Le nouvel Iter garde les aimants supraconducteurs. Une diminution des dimensions linéaires entraîne une économie de 50 % sur l'investissement initial. Le volume de plasma reste impressionnant avec 800 mètres cubes. Un courant nominal de 15 millions d'ampères garantit un bon confinement. L'accent est mis sur la longue durée des impulsions, supérieure à 300 secondes, avec une puissance de fusion de 500 MW, ce qui en fait un plasma de réacteur quasi permanent. Que perd-on par rapport au premier projet ? La recherche en technologie nucléaire et la régénération du tritium disparaissent presque complètement, et surtout l'ignition n'apparaît plus dans le cahier des charges. Cet objectif simple et spectaculaire cède la place à l'étude et au contrôle d'un plasma en combustion nucléaire. Certains tombent de haut et ont peine à reporter leur enthousiasme sur cette cible un peu vague et limitée. D'autres jouent avec les mots. Dans l'ascenseur qui ramenait à l'air libre les participants à une réunion de l'Euratom, on entendit l'un d'eux demander d'une voix angoissée comment expliquer à sa petite-fille que, dorénavant, on allait faire brûler les plasmas sans y mettre le feu.

Harold Furth, poète à ses heures, trouva une image très convaincante. En deçà de l'ignition, dit-il, le plasma se comporte comme du bois mouillé. Porté à sa température de combustion, le bois brûle, mais, mouillé, il ne parvient pas à une combustion autonome car l'évaporation de l'eau entraîne une perte de chaleur qui abaisse la température au-dessous du point d'allumage et le feu s'éteint. Néanmoins, la combustion de la bûche mouillée peut s'entretenir en produisant de la chaleur, à l'aide d'un feu de bois sec ou d'une autre source auxiliaire qui compense cette chute de température en apportant en permanence une énergie additionnelle. Dans la nouvelle version d'Iter, les 150 millions de degrés nécessaires à la combustion se maintiendront, d'une part, grâce aux particules alpha piégées dans le champ magnétique et, d'autre part, en injectant en continu de l'énergie dans le plasma avec les moyens habituels de chauffage, comme les ondes haute fréquence ou des particules accélérées. Lors des expériences passées sur le Jet ou sur TFTR, avec un mélange de tritium et de deutérium, ce chauffage mixte existait déjà, mais le gain restait trop faible pour que les particules alpha interviennent réellement dans la physique du confinement et qu'il soit possible de parler de combustion. À partir de quel gain le plasma entre-t-il en combustion ? La limite est imprécise, mais on s'accorde généralement à considérer qu'un chauffage à parts égales est suffisant, soit un gain théorique de 2,5. La performance nominale d'Iter visera largement au-delà, puisque la qualité du confinement et la puissance de chauffage disponible doivent conduire à un plasma où la puissance injectée ne représentera que 10 % de la puissance totale produite par la fusion, soit seulement la moitié du chauffage par les particules alpha. Le gain théorique atteindra alors 3,3. Mais c'est bien le chauffage majoritaire par les particules alpha qui peut seul s'énoncer comme objectif scientifique.

Où situer cette expérience sur le chemin menant au réacteur ? Celui-ci peut-il se contenter d'un régime d'amplification de l'énergie injectée comme Iter, en deçà de l'ignition ? Il semble aujourd'hui que rien n'oblige à faire fonctionner un réacteur en combustion entièrement autonome, comme on le croyait auparavant. Cette idée pourrait n'être qu'une survivance des temps anciens où les effets de la turbulence sur le confinement n'étaient pas connus. En effet, si par un coup de baguette magique, ou par ignorance, les pertes ne résultaient plus que des phénomènes microscopiques qui tendent à faire retourner le système à l'équilibre thermodynamique, sans excitation de la moindre instabilité, sans phénomènes anormaux, un petit tokamak atteindrait l'ignition en produisant une puissance de fusion de quelques centaines de millions de watts, ce qui serait considéré comme insuffisant par les utilisateurs. Dans cette hypothèse, un réacteur de production impliquerait nécessairement l'ignition et celle-ci constituerait un passage obligé dans le déroulement des recherches. En 1993, Roy Bickerton, ancien responsable du programme britannique, décrivait ainsi le fonctionnement d'un réacteur : d'abord démarrer, ioniser le gaz et augmenter le courant jusqu'à sa valeur finale ; ensuite, chauffer le plasma avec un chauffage auxiliaire jusqu'à l'ignition ; enfin, en maintenant l'ignition, faire évoluer les paramètres du plasma jusqu'à leurs valeurs nominales où la production d'énergie atteint le niveau demandé (autour de 3 gigawatts).

La réalité expérimentale a tout changé. Pour l'ignition, en régime quasi stationnaire, la turbulence impose la taille de la première version d'Iter avec une puissance de fusion supérieure à 1 milliard de watts. Fort heureusement, le dieu de la physique des plasmas a laissé subsister un créneau où peut exister un plasma assez stable et assez peu turbulent qui puisse atteindre l'ignition, mais la taille et le coût de l'expérience dépassent les limites tolérables par la déesse financière. La nouvelle version d'Iter fonctionnera donc en amplificateur avec une multiplication de l'énergie injectée par un facteur 10. En montant à trente ou quarante, le tokamak remplirait les conditions d'une exploitation économique en tant que générateur d'électricité. Il n'est donc question que d'une forte amplification et non plus d'ignition, même dans la forme finale d'un réacteur industriel. La présence d'un chauffage additionnel résoudra les problèmes de contrôle de la combustion et du courant qui se présenteront déjà dans Iter et qui rendent illusoire un fonctionnement à l'ignition, comme on le concevait auparavant.

Dans ce chapitre, l'objectivité et la raison doivent impérativement guider la réflexion. Pourtant, le chemin suivi par le confinement magnétique suscite un léger trouble de la conscience. Dans les années pionnières, rien ne laissait supposer les contraintes et les limitations qu'imposeraient les instabilités et la turbulence microscopique. Les études de réacteurs aboutissaient à des machines plus modestes que le Jet. Les problèmes difficiles semblaient devoir naître des trop bonnes qualités du confinement qui entraîneraient l'accumulation des impuretés dans le cœur du plasma et rendraient impossible l'extraction des cendres de la combustion. La place risquait de manquer pour la couverture absorbant les neutrons et régénérant le tritium. Le comportement des matériaux de première paroi faisait lever les yeux au ciel. Or ce sont des difficultés imprévues qui ont guidé l'évolution des machines en imposant, comme seule stratégie, de remédier à leurs conséquences néfastes. Entre les instabilités magnétohydrodynamiques, le transport anormal et des limitations de densité d'origine obscure, il n'était pas évident qu'il resterait un domaine de paramètres disponibles où le plasma conserve des propriétés compatibles avec les contraintes d'un réacteur. Non seulement ce domaine existe, comme le prouvent les expériences les plus récentes sur les grandes machines européennes, japonaises et américaines, mais les inquiétudes initiales s'estompent. Les disruptions internes semblent jouer le rôle de machine à laver en empêchant l'accumulation des impuretés et des cendres au cœur de la machine ; des barrières thermiques se créent spontanément et inopinément en provoquant l'augmentation providentielle du temps de confinement dont on avait besoin ; le transport anormal impose une dimension de machine et une puissance de fusion correspondant à la gamme souhaitée par l'utilisateur. Serait-ce encore une intervention de cette divinité tutélaire veillant sur les plasmas ou, plus simplement, n'est-ce pas la conséquence d'une mise en réseau de milliers d'intelligences, réparties dans le monde entier, gérant leur domaine sans tutelle, partageant toutes leurs connaissances sans réserve, aimantées par la certitude d'une mission supérieure ? Cette interaction internationale désintéressée existe dans la recherche fondamentale, mais elle est très exceptionnelle dans les activités utilitaires, sauf, bien sûr, en médecine.

Il reste certainement un immense travail technique à mener pour passer des instruments de recherche actuels à un véritable réacteur. À cet égard, bien des malentendus naissent d'une utilisation abusive du mot « réacteur » dans les noms de baptême des machines. La dernière lettre de l'acronyme Iter en donne un exemple : malgré une tentative pour donner à ces quatre lettres le sens du mot latin *iter* (*itineris*), le chemin, l'ancienne signification revient systématiquement, répandant l'idée que la machine sera bientôt couplée au réseau électrique. Or la fonction d'Iter n'a rien à voir avec celle d'un réacteur. Il n'en a même pas les performances en termes de facteur d'amplification de l'énergie. Il risque de ne pas pouvoir fonctionner en régime permanent, compte tenu de ses performances nominales. Il n'est pas conçu pour résister aux neutrons pendant des années d'utilisation. Il ne régénérera pas le tritium qu'il aura brûlé. Les expériences actuelles sont là pour répondre à la seule question de l'existence ou non d'un obstacle physique irrémédiable conduisant à l'échec de la fusion sans autre forme de procès. On ne doit juger Iter que sur son aptitude à apporter cette réponse. Ensuite, selon l'urgence, des solutions techniques devront permettre de franchir les obstacles subsistant pour aboutir enfin au véritable réacteur.

Y a-t-il un pilote pour la fusion ?

Des pages précédentes, seules les considérations générales sur les réactions de fusion se transposent facilement au confinement inertiel. Au moins dans un premier temps, le combustible restera le mélange deutérium-tritium. Les particules alpha servent de chauffage d'appoint, d'une manière plus déterminante que dans le cas du confinement magnétique. Générées dans le point chaud en fin d'implosion, elles doivent déposer leur énergie dans l'enveloppe de matière froide et dense pour y amorcer l'onde de combustion finale. L'apparente simplicité de l'implosion séduit celui qui s'en tient aux apparences. Les complications de la physique des plasmas n'interviennent pratiquement pas et, au premier abord, un bon ordinateur suffit à comprendre l'essentiel. Les mathématiciens prennent la main.

Depuis l'article fondateur sur la compression par implosion[18], l'objectif de la fusion par confinement inertiel se réduit à la formule déjà utilisée pour le confinement magnétique : atteindre l'ignition. Cependant, dans le confinement inertiel, le mot « ignition » recouvre une réalité bien différente. Au lieu d'un régime permanent, des petites explosions libéreront l'énergie après l'implosion qui aura mis la cible dans les conditions de l'ignition. Celle-ci sous-entend donc une série d'opérations complexes visant à comprimer la cible et à y déclencher la combustion thermonucléaire. Le préambule fait état des résultats acquis aux États-Unis entre 1978 et 1988 en irradiant des cibles avec le rayonnement émis par un engin nucléaire. Si les essais américains rassurent quant à la méthode générale, seules des expériences de laboratoire ont valeur de test pour une future utilisation à des fins énergétiques civiles. Les informations américaines ne donnant aucun détail, aucune certitude n'existe donc sur la valeur de l'énergie minimale nécessaire à l'allumage. Or ce paramètre conditionne la faisabilité. En effet, chaque explosion devra fournir une quantité d'énergie correspondant à cette valeur minimale, multipliée par un gain assez grand pour com-

---

18. John Nuckolls, Lowell Wood, A. Ronald Thiessen et George Zimmerman, « Laser compression of matter to super-high densities : thermonuclear (CTR) applications », *Nature*, 1972.

penser toutes les « pertes. Si les explosions sont trop puissantes, le coût des dommages infligés au système compromettra toute rentabilité. Les informations les plus précises sur les essais américains[19] font état de plus de cent mégajoules de rayonnement, issus d'une explosion nucléaire, faisant imploser des cibles de dimensions centimétriques. L'énergie libérée semble dépasser le millier de mégajoules. L'énergie des plus grands lasers en construction ne dépasse pas quelques mégajoules, avec des dimensions de cible trois ou quatre fois plus petites et un gain attendu du même ordre. Cette réduction considérable et nécessaire suppose une meilleure utilisation de l'énergie, grâce au profilage temporel du chauffage de la cible par le laser, alors que l'explosion nucléaire ne peut être contrôlée avec une grande précision. Si les essais américains ont raffermi la confiance dans le principe physique de l'implosion, ils n'ont pas donné la preuve de la faisabilité. Pour une utilisation civile du confinement inertiel, les contraintes les plus sévères porteront sur le seuil en énergie de l'ignition et le gain maximal obtenu dans des conditions compatibles avec une installation industrielle. Elles domineront le choix du pilote (*driver*), à savoir la source d'énergie capable de piloter l'implosion avec une efficacité acceptable du transfert énergétique.

La combustion de la coquille implosée n'a lieu que si le point chaud, formé par compression de la cavité interne, atteint des conditions physiques spécifiques. La dernière onde de choc devra porter le gaz de la cavité à une température d'environ cinquante millions de degrés, produisant ainsi une grande quantité de particules alpha. Leur énergie se dépose dans le point chaud lui-même, si sa densité est assez forte. Alors, la température s'élève encore, les réactions de fusion s'exaltent et l'énergie produite peut chauffer

---

19. M. H. Key, « Introduction to the physics and applications of laser produced plasmas », dans M. B. Hooper (dir.), *Lase-Plasma Interactions*, CRC Press, 1989, vol. 4, p. 1-17.

la masse de combustible froid qui entoure le point chaud et qui brûle à son tour. Le mécanisme peut donc se décomposer en deux phases. La première, la plus difficile, conduit à l'allumage du point chaud. La seconde, l'ignition de la cible elle-même, va produire une énergie supplémentaire par propagation de la combustion dans la masse du combustible solide comprimé. Ce dernier a donc deux fonctions bien distinctes : d'une part, après avoir été accéléré par l'effet fusée, comprimer le point chaud et équilibrer son énorme pression par inertie et, d'autre part, servir de réservoir de carburant pour augmenter la quantité d'énergie dégagée.

La simplicité n'est que relative. La compression se déroule en une dizaine de milliardièmes de seconde et l'ignition elle-même est près d'un millier de fois plus rapide, tout cela dans une sphère de quelques dizaines de microns. Le succès repose donc sur la précision de la chronologie et sur la maîtrise complète des détails de la compression. Si les grands lasers parviennent à l'ignition, les expériences seront considérées comme satisfaisantes, au moins pour la partie connue du programme. Un tel résultat serait à mettre au compte des expérimentateurs, mais il prouverait aussi la fiabilité des programmes numériques. Alors que, pour les tokamaks, les objectifs n'ont pas vraiment d'enjeu physique et constituent des étapes sur la route du réacteur, le confinement inertiel s'est donné comme but de mettre en évidence un phénomène physique, l'ignition, sans contrainte de gain énergétique ni de faisabilité industrielle. D'ailleurs, aux États-Unis comme en France, ces expériences entrent dans le cadre de la défense et, officiellement, ne font pas encore partie d'un programme de recherche sur de nouvelles sources d'énergie.

Cependant la connexion se fera inévitablement. L'approche de l'ignition se manifestera par une augmentation très rapide du flux de neutrons produits. Indépendamment du gain en énergie, ce sera un succès. Mais, les expérimentateurs chercheront d'abord à maximiser ce flux. D'ailleurs, dans les objectifs affichés, l'énergie de fusion devra atteindre au moins dix fois l'énergie délivrée par le laser. On devine, derrière ce chiffre, une autre préoccupation que la simple mise à l'épreuve des programmes de calcul. Pourrait-on définir un critère permettant de se positionner sur le chemin conduisant au réacteur, comme c'est le cas pour les tokamaks ? Dans une cible de confinement inertiel, outre la température, plusieurs facteurs déterminent la quantité d'énergie de fusion produite. En se limitant aux principaux, on en compte trois. D'abord, les particules alpha doivent déposer leur énergie dans le plasma. Pour cela, elles doivent rencontrer assez d'électrons en traversant l'épaisseur du plasma. On peut donc caractériser cette aptitude par le produit de l'épaisseur et de la densité du plasma, qui est aussi la densité par unité de surface. Ensuite, la dissociation de la cible ne doit pas arrêter les réactions nucléaires avant la fin de la combustion. La vitesse de dissociation est proche de la vitesse du son et ne dépend pas de la densité. À température donnée, le temps de dissociation est donc proportionnel au rayon de la cible ou du point chaud. Comme dans les tokamaks, la vitesse de réaction est proportionnelle à la densité. Le degré d'épuisement du combustible se caractérise par le produit de la vitesse de réaction et du temps de dissociation. Il est également proportionnel à la densité surfacique. Enfin, la combustion n'est pas complète, car le combustible se dilue par accumulation des noyaux d'hélium en provenance des particules alpha piégées dans le plasma. Les conditions d'allumage dans le point chaud se définissent alors par une densité surfacique et une température qui ont respectivement pour valeurs 0,3 g par centimètre carré et 50 millions de degrés. Il faut aussi que le combustible entourant le point chaud ait été comprimé à une densité suffisante pour arrêter les particules alpha en provenance de ce point.

L'ignition prend un sens très différent selon la nature du confinement. Dans le cas du confinement magnétique, l'injection initiale d'une certaine quantité d'énergie porte le plasma à une température assez élevée pour que les particules alpha produites maintiennent ces conditions indéfiniment, pourvu que l'alimentation en combustible soit assurée. Une situation analogue ne peut se concevoir dans le cas de l'implosion d'une cible et d'allumage par point chaud. En effet, après l'allumage du point chaud, le combustible dense et froid brûle en un temps très bref de sorte qu'il faut répéter l'opération avec une nouvelle cible et une nouvelle injection d'énergie. Ici, ignition signifie amplification de l'énergie injectée dans la cible. Les spécialistes du confinement inertiel utilisent la notion de gain thermonucléaire qui mesure le rapport de l'énergie de fusion libérée dans la combustion à l'énergie stockée dans la cible en fin d'implosion, avant le début de la combustion. Il a une certaine parenté avec le gain théorique introduit plus haut pour le confinement magnétique, en particulier par son indépendance vis-à-vis des paramètres techniques comme les rendements de conversion. Mais il s'en différentie par les valeurs qu'il atteint. On a vu que le gain théorique à l'ignition plafonnait à cinq dans les machines du confinement magnétique. Le gain thermonucléaire peut dépasser un millier car il ne prend pas en compte le dépôt d'énergie par les particules alpha dans la cible, mais seulement l'énergie injectée dans la cible nécessaire au déclenchement de la combustion. L'ignition de la cible se manifestera, entre autres, par une croissance très rapide de ce gain thermonucléaire.

Le réacteur à confinement magnétique n'exige plus l'ignition, mais seulement une multiplication de l'énergie injectée par un facteur de gain, dont l'évaluation repose sur une connaissance précise des divers rendements intervenant dans l'économie du réacteur. Dans le cas du confinement inertiel, seule l'amplification de l'énergie injectée peut se concevoir. L'efficacité de l'installation et de la cible se caractérise alors par le gain cible, défini comme le rapport de l'énergie de fusion produite à l'énergie que le pilote a dû envoyer vers la cible. Seule une faible fraction de l'énergie du pilote reste effectivement stockée dans la cible, ce qui explique les valeurs élevées du gain thermonucléaire recherché dans le LMJ pour un gain cible de dix. Mais ce gain ne donne pas d'indications sur les capacités de l'installation à produire de l'énergie électrique, car entre l'énergie du pilote, l'énergie de fusion et le réseau électrique, de nombreux rendements interviennent. Seuls ceux du LMJ seront évoqués.

Si le pilote est un laser, le réseau électrique charge d'abord des condensateurs. Puis ceux-ci se déchargent dans des lampes flash qui émettent un éclair de lumière ordinaire dont une partie sert à porter les composants du laser dans un état actif pour produire le rayonnement cohérent intense destiné à être focalisé sur la cible. Celle-ci absorbe entre la moitié et les deux tiers du rayonnement, chauffant ainsi la périphérie de la coquille où la pression se mesure en millions d'atmosphères. Les forces de pression provoquent la détente brutale de la couche extérieure dans le vide et simultanément la coquille de combustible implose à grande vitesse. Ce faisant, la coquille comprime le gaz contenu dans la cavité centrale où la température et la pression croissent à leur tour. Le travail contre ces forces de pression freine l'implosion et parvient, pour une compression suffisante, à stopper complètement le mouvement. À ce stade, appelé « stagnation », l'énergie cinétique de la coquille s'est convertie en énergie interne du point chaud et du combustible froid. Chacune de ces transformations se caractérise par un rendement. Jusqu'à la fin du XXe siècle, dans les lasers de haute énergie, le produit de tous ces rendements restait inférieur au centième de pour cent. Dans l'installation en construction à Bordeaux (LMJ), l'irradiation par les lampes flash excitera des atomes de néodyme contenu dans du verre. Leur désexcitation s'accompagnera de l'émission laser. Malheureusement, le spectre de la lumière, émise par les lampes flash, est plus large que la bande d'absorption du néodyme et une grande partie de ce rayonnement ne servira qu'à chauffer l'installation. En conséquence, le rendement s'en ressentira. Pour extraire les 1,8 mégajoule qui iront sur la cible du LMJ, il aura fallu stocker 400 mégajoules dans les bancs de condensateurs. En cas de succès complet, la combustion devrait produire 18 mégajoules, soit un gain de dix par rapport à l'énergie incidente sur la cible. Mais si cette performance est rapportée à l'énergie extraite du réseau, la fusion ne produit plus que 0,5 % de l'énergie électrique consommée. Ce chiffre n'enlèvera rien à la valeur de la réussite scientifique et technique, mais il indique clairement que l'ignition ne constitue qu'une étape vers la faisabilité et qu'une amélioration des rendements doit devenir prioritaire.

Aujourd'hui, aucune solution n'existe. Les plus grands espoirs de progrès se trouvent du côté des pilotes qui fournissent le flux d'énergie pulsée pour guider l'implosion vers les conditions d'ignition. Le laser à verre parvient seul, actuellement, à assurer cette fonction grâce à ses performances en quantité d'énergie rayonnée et en qualité de faisceau focalisable sur une petite cible. Mais la solution n'est valable que pour des expériences de validation du mécanisme de l'ignition. On a vu que le rendement énergétique global souffrait essentiellement du gaspillage énergétique que constitue le pompage par flash. La solution pourrait venir du pompage par diode laser qui, en contrôlant le domaine spectral de l'émission, permettrait d'atteindre des rendements de 10 %. En atténuant les problèmes de refroidissement des composants, cette méthode de pompage autoriserait une augmentation considérable du nombre de tirs par jour, qui passerait de quelques unités à des centaines de milliers, approchant les conditions d'un fonctionnement industriel. Mais, pour le moment, les programmes de développement de ces techniques se heurtent au coût très élevé des diodes laser. Cependant, cette technologie progresse très vite et les nombreuses innovations à l'étude nourrissent l'espoir d'une solution.

Les accélérateurs de particules offrent une autre source de flux intense d'énergie pulsée. Les ions lourds présentent de nombreux avantages comme particules véhiculant l'énergie. Leur charge électrique par unité de masse est faible, ce qui facilite leur focalisation sur la cible, et ils interagissent bien avec un plasma dense où leur énergie cinétique se convertit en rayonnement X. L'accélération se fait avec un rendement énergétique excellent. Il reste des incertitudes sur le comportement du faisceau dans la chambre d'expérience, mais le problème essentiel réside dans le coût d'un tel accélérateur, étant donné l'impossibilité de mettre à l'épreuve sérieusement le principe sur de petites installations.

Enfin, un autre pilote a surgi du lointain passé de la fusion : le vieux principe de la striction est mis à contribution pour comprimer, non pas un plasma, comme dans les années 1950, mais un tube métallique contenant un gaz. Devenu dense et chaud, celui-ci rayonne et cette émission, convenablement guidée, fait imploser une cible. L'avantage de la méthode réside dans les énormes quantités d'énergie que la striction peut mobiliser avec un bon rendement. Ses inconvénients viennent de sa lenteur par rapport à un laser et à l'encombrement du voisinage de la cible par l'installation électrotechnique.

Quels sont les résultats obtenus en laboratoire aujourd'hui ? Ils proviennent essentiellement de l'implosion par laser. Les cibles contiennent soit du deutérium, soit un mélange de deutérium et de tritium, soit un autre élément. La manipulation du tritium présente moins d'aspects contraignants que dans les tokamaks en raison des très faibles masses en jeu. En effet, pour chauffer 1 gramme de tritium à une température de 50 millions de degrés, il faut lui faire absorber 250 mégajoules. Les installations les plus puissantes ont permis d'envoyer une centaine de kilojoules sur la cible, qui n'en stocke que 10 %, soit 10 kilojoules. Cette énergie ne permet de porter à la température d'ignition que 40 microgrammes de tritium. Ce chiffre serait à multiplier par dix pour un laser délivrant 1 mégajoule. Malgré cette masse microscopique, la densité par unité de surface de la cible doit rester voisine de 0,3 gramme par centimètre carré, soit, pour de telles masses, 30 à 100 grammes par centimètre cube et des rayons de 100 à

30 microns en fin d'implosion. Ces conditions correspondent à celles du point chaud. Le combustible froid serait sensiblement plus dense, avec un taux de compression volumique de plusieurs milliers.

Aucun laser ne dispose encore de suffisamment d'énergie pour réaliser à la fois la densité et la température de l'ignition. Trois laboratoires ont cherché à estimer les performances maximales auxquelles donne accès un laser de 20 à 40 kilojoules. Osaka a d'abord porté ses efforts sur la haute température en utilisant une impulsion brève de forte puissance crête, générant une onde de choc forte qui chauffe efficacement le plasma à la température de l'ignition, mais compromet la compression. Les laboratoires américains, à Livermore et Rochester, ont plutôt recherché la haute densité en essayant de reproduire à petite échelle le scénario de compression froide proposé par Nuckolls *et al.* Ils ont mesuré des densités allant de 100 à 1 000 grammes par centimètre cube, mais sans jamais obtenir un cœur chaud, la cavité se remplissant de combustible froid par instabilité. L'énergie dégagée par les réactions de fusion est restée limitée à quelques pour cent de l'énergie injectée. Les performances mesurées, en termes de neutrons produits, s'interprétaient par comparaison avec la simulation d'une implosion parfaitement sphérique, ce qui constitue un test sensible de la présence ou de l'absence d'instabilité rompant la symétrie. Les deux grands lasers en construction à Livermore et à Bordeaux devraient achever la démonstration en obtenant l'ignition dans quelques années. Ils permettront de déterminer l'extension du domaine des paramètres où ce phénomène existe clairement. En particulier, l'expérience fournira la valeur minimale de l'énergie du pilote nécessaire à l'ignition. Ce résultat déterminera le pessimisme ou l'optimisme de ceux qui envisagent une exploitation du confinement inertiel à des fins industrielles civiles.

Quelques évidences découlent des analyses précédentes. D'abord, la faisabilité d'un plasma thermonucléaire en laboratoire ne fait plus de doute. Ensuite, les cinq dernières décennies ont permis d'affiner la notion de fusion thermonucléaire contrôlée. Les impératifs techniques laissent subsister deux conceptions architecturales radicalement différentes pour la mettre en œuvre. Le confinement magnétique conduit à des systèmes presque stationnaires, où tous les auxiliaires sont imbriqués et s'entassent aussi près que possible d'un plasma ténu de très grand volume. Le confinement inertiel, au contraire, produit l'énergie par bouffées, dans des plasmas aussi denses qu'une étoile et aussi petits qu'une tête d'épingle, au centre d'une vaste chambre vide vers laquelle convergent les rayonnements des pilotes disséminés dans la nature. Dans les deux cas, l'ignition offre un champ d'exploration scientifique exceptionnel, où une véritable combustion nucléaire contrôle les paramètres physiques du milieu. Aujourd'hui, cette performance a perdu sa priorité pour le confinement magnétique, alors qu'elle reste un défi redoutable pour le confinement inertiel. Les gains garantissent une appréciation objective des résultats en termes de progrès relatif, mais leurs valeurs absolues ne peuvent pas encore se comparer à un seuil au-delà duquel l'utilité de la fusion serait considérée comme démontrée. En effet, ces gains résultent d'énergies très disparates : électricité, chaleur, neutrons. Pour qu'un bilan ait un sens, les coûts et les rendements de conversion devraient entrer en ligne de compte. Or les neutrons porteront l'essentiel de l'énergie produite et aucune expérience passée ne garantit ne serait-ce que la faisabilité de la transformation en électricité dans les conditions d'une exploitation industrielle.

Rien ne contredit les certitudes de la Royal Society et de la Royal Engineering Society sur la possibilité de construire une machine produisant plus d'énergie qu'elle n'en consomme. Faut-il alors suspendre la construction de nouvelles machines pour se concentrer sur la technologie, en se contentant des connaissances acquises sur la maîtrise d'un plasma thermonucléaire ? La réponse négative s'impose pour le confinement inertiel, puisqu'il est impossible de se passer de l'ignition et que sa réalisation se présente comme un exploit encore hors d'atteinte, mettant à l'épreuve les compétences scientifiques et techniques les plus sophistiquées. Les tokamaks méritent une appréciation plus nuancée. Ce sont les seules machines qui justifient le jugement optimiste des deux sociétés savantes britanniques. Les performances des plus grandes confortent leur opinion. Pourquoi aller au-delà en poursuivant un programme de construction de machines ? Pour répondre, un retour sur les résultats des tokamaks apportera quelques précisions à la formulation de ces sociétés. Dans les machines qui ont brûlé du tritium, comme le Jet ou TFTR, les résultats mentionnent la puissance crête atteinte et la quantité d'énergie produite. Plus la durée de la décharge augmente, plus la quantité d'énergie croît et plus le gain décroît. Or les durées des décharges ne dépassaient pas quelques secondes. On ne peut donc garantir le maintien d'un bon confinement sur des temps longs. La démonstration d'un fonctionnement en continu, avec un bilan d'énergie positif, n'existe pas et n'est pas possible dans les installations existantes. Une détérioration possible des performances ne peut être exclue si des instabilités lentes ont le temps de croître, si l'équilibre du plasma se dégrade ou s'il subsiste une faible probabilité de disruption, obligeant à prendre une marge de sécurité plus importante contre le franchissement des limites de stabilité. De même, si les calculs et les simulations dans les machines actuelles sont rassurants quant aux effets délétères de la population de particules alpha, il subsiste une incertitude sur la situation à long terme, avec l'accumulation de l'hélium dont le transport dépendra des mécanismes turbulents. Le divertor lui aussi laisse beaucoup d'interrogations sans réponses. Ce dispositif assure la protection des parois en détournant le plasma chaud qui diffuse à travers le champ magnétique vers des plaques collectrices où il se neutralise et se refroidit. Mais, si le flux d'énergie dépassait ce que ces plaques peuvent évacuer, elles se détruiraient. Pour que ce divertor fonctionne dans Iter, le plasma devra rayonner une fraction importante de son énergie et ainsi se refroidir avant de les atteindre. Une concentration contrôlée d'impuretés s'en chargera, mais elles ne devront pas remonter dans le plasma thermonucléaire. L'écoulement du plasma d'hydrogène vers les plaques les en empêchera. Les simulations donnent confiance dans le succès de la méthode, encore qu'il s'agisse là d'une fonction essentielle qui ne peut se vérifier que dans une expérience en vraie grandeur comme Iter. Il ne faut pas oublier que tout le principe du confinement magnétique a pour objet de rendre compatible la cohabitation d'une paroi solide avec un plasma à des centaines de millions de degrés sans que l'un des deux ne détruise l'autre. Le divertor se trouve bien au cœur du défi. Pour afficher une confiance totale dans les qualités de la configuration magnétique et lancer un programme technologique d'envergure, une expérience doit allier des longues durées de décharge à une production significative de particules alpha, faute de quoi il subsisterait trop d'incertitude.

CHAPITRE 2

LE RÊVE APOLLINIEN

De Colomb à Spiderman

Grâce au chapitre précédent, le lecteur ou la lectrice sait où va la fusion, du moins où elle devrait aller, comment y parvenir le plus vite possible et où ont conduit cinquante années de recherches. Une discussion approfondie a porté sur la signification des étapes et des critères d'avancement. Elle a mis en évidence plusieurs indicateurs qui guident la progression et servent de boussole pour conserver le bon cap ou de sextant pour se localiser dans un environnement inexploré. Cette présentation assez technique faisait abstraction des questions d'ordre politique ou social qui peuvent naître à la frontière du monde scientifique et de la société civile ou dans la communauté même des acteurs du domaine. Or, à l'évidence, la fusion a pour seul objectif la satisfaction de besoins économiques vitaux en produisant une énergie abondante et propre. L'appréciation et l'évaluation de cette activité ne pouvaient donc rester confinées au sein de la communauté scientifique comme c'est le cas dans la recherche fondamentale. L'intervention d'opinions extérieures s'est vite fait sentir. Si celles-ci n'ont eu que des conséquences limitées sur les méthodes de travail, elles ont déterminé le niveau de financement et les affectations en personnel. Les États-Unis en ont donné l'exemple le plus flagrant avec le coup de frein brutal subi par la fusion en 1994 sous prétexte que cela « hypothéquait l'avenir[1] », vingt ans après une accélération fulgurante déclenchée par les chocs pétroliers. Cette pression du monde extérieur a généré en réaction des stratégies de communication destinées à s'assurer du soutien de l'opinion publique.

Le risque existe de voir le programme dénaturé ou détourné à cette occasion. Ce chapitre s'attache à détecter comment ce serait possible en explorant les motivations non scientifiques du projet que constitue la fusion nucléaire contrôlée[2]. Cet examen portera, d'abord, sur les méthodes envisageables pour affermir l'acceptation d'un tel programme à la fois par la société et par les acteurs impliqués, en s'efforçant de mettre en évidence ses ressorts profonds et parfois ancestraux. Sur ce plan, beaucoup de grandes entreprises historiques présentent des points communs avec la fusion et ont demandé des stratégies semblables. L'allusion précédente à la boussole et au sextant fait penser à l'astrolabe et au quadrant de Christophe Colomb se préparant à partir pour les Indes. En approfondissant un peu plus ce rapprochement, son expédition apparaît comme une bonne source d'inspiration pour réfléchir à la fusion, tant les deux aventures présentent de similitudes : conscience d'une mission supérieure chez les acteurs principaux, scepticisme des gens en place, impossibilité d'anticiper le bénéfice final, moyens matériels poussés aux limites de leurs capacités, mélange d'intérêts économiques et culturels. Le parallèle s'étend même aux mobiles religieux, très présents dans le royaume d'Isabelle de Castille et jouant un rôle déterminant dans l'engagement des monarques espagnols, plus cachés et archaïques mais bien visi-

---

1. « Mortgage for the future. »
2. Voir le rapport de l'Office parlementaire d'évaluation des choix scientifiques et technologiques cité dans le préambule.

bles dans les incantations solaires et stellaires accompagnant systématiquement les évocations de la fusion à l'usage des non-spécialistes. Grâce à la relative rareté de la documentation historique, le recul temporel procure beaucoup d'assurance et de liberté pour imaginer les méthodes et les motivations de Christophe Colomb, qui servira donc de mentor pour notre analyse.

Tout au long de ses périples, il a dû se confronter aux aléas de la navigation, et en premier lieu au choix du trajet le plus sûr. Dans un premier temps, aux abords immédiats du port d'attache, la connaissance des lieux donne assez d'informations pour tracer une route dépourvue d'écueils. Mais bientôt, sur la carte marine, les contours manquent de netteté et les zones inexplorées se font de plus en plus nombreuses. L'expérience et les récits des marins nourrissent l'imagination du navigateur tant et si bien qu'ils le préparent à affronter les dangers, sans les localiser avec précision, ni prévoir exactement la forme qu'ils prendront. La transposition de ces deux méthodes à la fusion a déjà permis, dans le précédent chapitre, d'esquisser les voies à suivre et les précautions à prendre dès aujourd'hui en mobilisant toutes les disciplines pouvant aider à prévoir les difficultés futures.

L'analogie ne se limite pas aux préparatifs du départ. Les ressemblances s'étendent au voyage lui-même, avec la traversée qui s'éternise, les marins qui s'énervent, certains d'avoir été trompés sur la durée du périple, et Colomb incapable de l'estimer et qui triche sur la distance restant à parcourir. Faut-il y voir le présage du succès final de la fusion ? Pousser aussi loin l'analogie serait déplacé. En revanche, cette célèbre aventure enrichira ce chapitre d'une expérience historique, en montrant comment des raisons obscures, fantasmatiques ou métaphysiques, parviennent à se mêler à des objectifs terre à terre, économiques ou politiques, et, dans les moments difficiles, viennent se substituer au prosaïsme de l'intérêt matériel.

Officiellement, Christophe Colomb s'embarque pour la plus grande gloire de Ferdinand d'Aragon et d'Isabelle de Castillle, mais, s'il a pu obtenir l'appui des souverains, c'est que le conseiller du roi y a vu les avantages économiques d'une nouvelle route des Indes et la véritable mission concerne le commerce des épices. L'explorateur marchand séduit Isabelle la Catholique en faisant miroiter l'évangélisation de peuplades païennes, qui la touchait plus que les considérations mercantiles. Comme le révèle son journal, lui-même nourrissait le secret espoir de découvrir le paradis terrestre biblique et d'en rouvrir les portes, bien que, à l'arrivée, ses premiers actes aient montré que l'or restait la première de ses motivations. Lorsque les caravelles s'encalminèrent et que l'équipage se révolta, il calma les marins avec des promesses d'éden et de fortune. Plus tard, il conservera ses obsessions, mais il laissera à d'autres le soin de découvrir les territoires fabuleux de ce qui deviendra l'Amérique.

À ce stade des réflexions, le parallèle entre la fusion et la découverte de l'Amérique peut tourner à la confusion. Il faut pourtant respecter les engagements d'empathie et de bienveillance pris avec les lecteurs et lectrices à la fin du préambule. Le vieux procédé pédagogique de la fable suggérera les raisons pour lesquelles l'objectif très pratique de la fusion a pu se mêler à des espoirs mythiques. La plupart des textes grand public font miroiter les bienfaits attendus de cette ressource, en y ajoutant un commentaire sur sa parenté mystérieuse avec le Soleil ou les étoiles. Veulent-ils suggérer que la fusion met à la disposition de l'humanité l'énergie fantastique qui les fait briller ? Cherchent-ils, involontairement ou non, à diriger sur elle la fascination qu'exerce le cosmos sur le grand public, sans définir de but précis, mais seulement en invoquant un mythe ancestral ? Le récit qui suit, totalement dénué de toute vérité historique, bien qu'il soit censé se dérouler sur un des navires de Christophe Colomb, tentera de transposer cette situation avec une distance suffisante pour désarmer les réactions indignées.

Septembre 1492, latitude 25° N, longitude 55° O, à bord de la Santa Maria

La longue houle de l'Atlantique berce le reflet du Soleil couchant. Sur la *Santa Maria*, navire amiral de Christophe Colomb, l'homme de barre garde les yeux fixés sur le spectacle. Il ne ressent pourtant aucune émotion esthétique devant ce tableau mouvant dont la gloire s'épanouit de minute en minute. Il devrait béer d'admiration, mais il n'en peut plus de cette navigation interminable. Le visage crispé par une colère rentrée, il insulte cette grosse lanterne qui dans quelques minutes fera disparaître le jour et tout espoir de découvrir le rivage tant attendu. Soudain, le timonier se redresse sur son banc de bois dur. Dans son regard, un peu d'intérêt a succédé à l'accablement. Le Soleil lui semble anormalement enflé et le disque habituel a pris une taille énorme, dans ce ciel limpide et immobile. Victimes d'une illusion d'optique banale, sans aucun élément pour déterminer une échelle, sans rien qui puisse borner le champ de vision, les neurones fatigués choisissent, pour le Soleil, une taille en rapport avec l'importance que l'observateur lui accorde. L'illusion va jusqu'à faire croire au barreur qu'il peut y distinguer des reliefs et même la forme d'une boule, suggérée par les ombrages des nuages lointains. Et pourtant, Galilée n'est pas encore né ! Il n'a donc pas encore vu au bout de son télescope les taches de notre astre. Le mirage se renforce lorsque le marin croit deviner des bouillonnements de matières brûlantes que son œil halluciné confond avec l'agitation apparente de la ligne d'horizon ourlée par les vagues.

Ses pensées basculent et s'échappent de ce bateau perdu entre Soleil et mer. Il imagine des jaillissements d'or en fusion, des fontaines de lumière et des amas de rubis. Une légère exaltation l'envahit. Il se sent soudain attiré par cette étoile si proche. L'éden et l'or, promis par Christophe Colomb, se trouveraient-ils sur cette île rouge qui semble surgir au-dessus de l'horizon, maintenant que le Soleil disparaît à moitié ? Mais l'amiral de la Flotte océane a bien senti le comportement anormal du bateau qui a changé de cap et fait route droit sur ce qui subsiste du Soleil au-dessus de l'horizon. Il dépêche un officier qui relève l'homme encore dans son rêve et a tôt fait de remettre le navire sur la bonne voie, en pestant intérieurement contre l'amiral avec ses calculs de distance erronés et ses promesses folles qui déboussolent l'équipage.

Il n'y a pas d'autre morale à cette fable qu'une mise en garde contre la tentation de parer d'attraits imaginaires un objet hors de portée mais séduisant, comme le Soleil, et de le substituer, même temporairement, au véritable but qui se dérobe. Mais qui est visé ?

Le contexte historique permet d'écarter toute allusion à des circonstances réelles. En revanche, le décor maritime pourrait faire croire à une mise en cause volontaire de ceux que la mer plonge dans un état second. Comme tous les hommes libres, bien des physiciens chérissent la mer à bon droit et aiment s'aventurer sur diverses embarcations, à commencer par les Curie, les Perrin et les Joliot, qui d'ailleurs n'ont jamais manifesté un intérêt passionné pour la fusion. Le plus illustre n'est autre qu'Albert Einstein dont la revue *Voiles et Voiliers* a rappelé récemment la passion pour le bateau à voile, à l'occasion de l'Année de la physique. Le journal apporte sa contribution à cette manifestation en détournant, une fois encore, la formule d'équivalence masse énergie qui devient : « Einstein égale marin cosmique au carré. » Ces cautions obligent l'enquêteur à trouver d'autres cibles. Précisément, à ce goût des physiciens pour la mer, s'ajoute la présence d'un Soleil romantique qui tient le premier rôle dans la fable et qui pousse à l'erreur lorsque l'inquiétude et l'impatience donnent libre cours aux divagations de l'imagination.

La contemplation du Soleil couchant et l'émotion qui l'accompagne auraient-elles une coloration obscurantiste incompatible avec la rigueur scientifique ? Il est vrai qu'autrefois certains estimaient que, pour devenir un bon astrophysicien, il fallait oublier la vision poétique du firmament, des étoiles, des planètes et de leurs satellites. L'analyse et l'interprétation des observations demandaient l'abandon de toutes les idées reçues qui ne s'appuyaient pas sur des vérifications quantitatives, incompatibles avec les rêveries. En serait-il de même aujourd'hui ? Peut-être pas à la lecture de la citation suivante, sachant les qualités de son auteur. Il s'agit de Pierre Léna, professeur à l'université Paris-VII-Denis-Diderot, membre de l'Académie des sciences, qui écrit, à propos du Soleil : « Célébré par les poètes, il est le paradigme de la lumière, la source des couleurs et des ombres aux yeux du peintre, du sculpteur ou de l'architecte, l'absence inconsolable pour l'aveugle... Aux *Soleils mouillés de ces ciels brouillés*, au *Soleil noir de la mélancolie*, au *grand Soleil complice de ma joie* répond cet incroyable laboratoire de physique, cette généreuse et inépuisable source d'énergie qui tout simplement s'appelle notre étoile le Soleil[3]. »

Il ne reste plus qu'à approfondir l'héliotropisme récent de la fusion, en laissant à chacun le soin d'identifier ses rapports avec la fable. Pendant la décennie qui a suivi le lancement des recherches sur la fusion contrôlée, les astrophysiciens ont apporté une aide considérable en diffusant sans compter les connaissances en physique des plasmas chauds qu'ils avaient déjà accumulées sur le plan théorique. Pourtant, on n'observe aucune confusion d'objectif ou de motivation entre la fusion et la science des étoiles

---

3. « Le Soleil et la Terre », *Clefs CEA*, 2004, n° 49.

pendant cette période. Aucune allusion au cosmos n'apparaît dans un titre d'ouvrage sur la fusion, qu'il soit destiné au grand public ou aux spécialistes. La perspective d'une réussite à court terme suffisait à attirer le lecteur, au moins dans l'esprit des éditeurs. Il faut attendre 1984 pour que Thomas Heppenheimer publie *The Man-made Sun*, un panorama des recherches sur la fusion jusqu'en 1983. En 1999, Paul-Henri Rebut baptise *L'Énergie des étoiles* le récit de son expérience personnelle comme chercheur et responsable de haut niveau dans le domaine de la fusion. En 2005, Garry McCracken et Peter Stott donnent à leur livre un titre impressionnant : *Fusion, the Energy of the Universe*. En 2003, le National Research Council, le plus haut conseil consultatif scientifique des États-Unis, intitule son rapport sur la fusion *Burning Plasma : Bringing a Star to Earth*. Sur un site Internet consacré aux activités d'un grand organisme de recherche national, la fusion se voit attribuer plusieurs paragraphes sous les en-têtes suivants : « La Terre sur les traces du Soleil », « À la recherche d'un Soleil sur Terre », « Au Soleil d'Iter ». Ces quelques exemples mettent en évidence une évolution étonnante dont le sens mérite d'être éclairci. S'agit-il simplement de substituer à un objectif purement utilitaire une motivation plus noble, plus durable et moins fragile ? Faut-il y voir une compensation des difficultés qui éloignent le succès définitif ? Cette présence du Soleil en gardien de la fusion ne cherche-t-elle pas à intimider ceux qui voudraient la faire disparaître complètement, comme ce fut le cas aux États-Unis où le programme n'a survécu que grâce au financement de « Science pour la fusion » ?

Gaston Bachelard pourrait ouvrir une autre piste avec la notion d'obstacle épistémologique : « C'est en termes d'obstacles qu'il faut poser le problème de la connaissance scientifique[4] », écrit-il. La science avance en surmontant

---

4. G. Bachelard, *Épistémologie*, PUF, 2001, p. 158.

des obstacles, mais ces obstacles inspirent le découvreur qui ne pourrait s'en passer. Elle ne se construit qu'en détruisant des idées communes, qui d'ailleurs ont pu appartenir à la science antérieurement. Par exemple, sont désignés comme obstacles, l'expérience première, c'est-à-dire sans critique, le réalisme non prouvé, écrasant le rêveur de sa certitude d'Harpagon, l'animisme, qui attribue une puissance sans limite à certains éléments. Dans ce rapprochement insistant entre la fusion et le Soleil, ne faut-il voir qu'un obstacle épistémologique, présent dès le début, mais sortant du non-dit et s'affichant d'autant plus facilement que l'engouement du public pour l'astrophysique lui permet de l'apprécier en connaissance de cause ? Le sens commun conçoit le Soleil comme un généreux pourvoyeur d'une énergie illimitée sans laquelle la vie terrestre n'aurait jamais atteint le stade actuel de son développement, que vient couronner l'humanité. Par une sorte d'animisme inconscient, certains lui auraient en quelque sorte voué la fusion, en espérant peut-être stimuler ainsi l'inspiration des chercheurs et impressionner les commanditaires.

Sous un tout autre angle et de manière originale, le cinéma aborde la question avec ses moyens et ses propres desseins, sans se préoccuper ni de rigueur ni d'exactitude scientifique et en ne recherchant que la distraction et l'amusement. En effet, dans le film *Spider-Man II*, la fusion ne joue que les seconds rôles, mais, dans cette lutte du bien contre le mal, elle n'est pas du bon côté. Elle symbolise plutôt la folie de l'appétit de puissance, l'imprudence de l'apprenti sorcier et le pouvoir destructeur de la nature déchaînée, vaincue par le bon homme araignée. Ce parti pris ne gâche pas pour autant le plaisir de se laisser prendre à ce festival d'effets spéciaux, une réaction au premier degré serait un contresens. Cependant, outre le choix de la fusion comme perversion de la science et du fusionneur comme nouveau Docteur Folamour, certaines évocations et images semblent bien indiquer un effet inattendu du message contenu dans les titres des livres et rapports cités plus haut. Lorsque Octavius, un savant fou, comprend qu'il a réussi à faire la fusion, il s'écrie, d'abord émerveillé, puis d'une voix caverneuse et menaçante : « The power of the sun in the palm of my hand ! » Avant l'expérience, il présente la fusion à ses invités comme une source d'énergie sûre, renouvelable et mettant l'électricité à la portée de tous. Puis il s'équipe de bras articulés qui lui donnent l'allure d'une étoile de mer ou d'une hydre cosmique et met en route un système hybride entre confinement magnétique et inertiel. Le succès le dédommage tout de suite des souffrances endurées en branchant les bras sur son système nerveux. Rapidement, une boule de plasma se forme, produisant 1 000 mégawatts, soit la puissance initialement prévue pour la première version de la machine Iter, comme par hasard. Le plasma en fusion ressemble de plus en plus à un petit Soleil et, par un effet magnétique tout à fait nouveau, attire tous les matériaux métalliques et s'en nourrit. Le processus devient instable, des protubérances surgissent du système de confinement. Octavius croit qu'il peut encore contrôler cet enfer, mais, sans l'intervention de Spiderman, une catastrophe n'aurait pas manqué de se produire.

Sans vouloir donner au sujet plus d'importance que ses auteurs ne l'ont voulu, un message subliminal frappe le spectateur attentif. Le savant vante les merveilleuses propriétés de la fusion, la prenant comme exemple des bienfaits que l'intelligence, utilisée à bon escient, peut procurer à l'humanité. Mais, en fait, il s'est trompé, comme Spiderman l'a d'ailleurs deviné : Octavius n'a pas prévu l'instabilité et refuse d'écouter le séduisant jeune homme. Il ne veut pas reconnaître sa défaite et son acharnement le perd. Il découvre alors qu'amener une étoile sur Terre ne provoque que cataclysmes et malheurs, à commencer par la mort de son épouse bien aimée. Spiderman le convainc de renoncer à son rêve qu'il fait disparaître avec lui, noyé comme un rat dans les eaux du fleuve. Qu'on le veuille ou non, ce film ne peut que semer le doute sur les vertus et les beautés de la fusion comme source d'énergie et comme exploit scientifique. La confusion s'accroîtra des nombreuses allusions à des éléments réels comme les instabilités, le champ de confinement, l'action des lasers, le tritium, l'analogie avec le Soleil, poussée jusqu'au ridicule. Quant au cinéphile averti, il passera un agréable moment en admirant l'inventivité des techniciens et le charme des acteurs ; il se réjouira de constater que la fusion devient un thème ainsi banalisé. Mais il s'interrogera sur l'efficacité du procédé consistant à prendre le Soleil et les étoiles comme porte-drapeaux de la fusion.

La réaction proton-proton

Deux ou trois minutes du film *Spider-Man II* font vivre en accéléré l'évolution apparente des arguments justifiant les recherches sur la fusion. Avant l'expérience, la fusion ne cherche que l'amélioration de la condition humaine grâce à l'électricité pour tous. Dès la première lueur émise par le plasma, le docteur Octavius se trouve fasciné par l'idée de tenir la puissance du Soleil au creux de sa main et oublie totalement de célébrer le grand pas pour l'humanité. Apollon l'a emporté sur Prométhée. Sur quelles bases scientifiques repose cette appropriation du dieu de Delphes et ce dédain du malheureux Titan ? Qu'y a-t-il de commun entre les tokamaks et l'énergie de l'Univers ? Les lasers mettent-ils les étoiles sur les paillasses des laboratoires ? Avant de pouvoir répondre à ces questions, quelques précisions s'imposent sur la véritable nature des réactions qui alimentent le Soleil en énergie[5]. Elles demandent un rapide retour à la physique.

---

5. Voir, par exemple, Robert Dautray, *L'Énergie nucléaire civile dans le cadre temporel des changements climatiques*, rapport à l'Académie des sciences, décembre 2001.

Les physiciens du XX{^e} siècle ont découvert la fusion nucléaire en recherchant une source d'énergie pouvant expliquer le temps de vie du Soleil[6]. Cette parenté intellectuelle indiscutable ne suffit pas à justifier l'assimilation de la fusion en laboratoire aux réactions complexes qui se produisent au sein du Soleil. Première surprise, dans le Soleil, l'énergie provient de la fusion de quatre protons (donc de noyaux d'hydrogène ordinaire) qui s'agglutinent en donnant une particule alpha, soit de l'hélium 4. Le défaut de masse de 0,75 % de l'hélium 4 en fait une réaction très énergétique et, pourtant, elle n'apparaît pas sur la liste retenue pour la fusion en laboratoire. Plusieurs considérations l'ont éliminée de la sélection des réactions utilisables.

D'abord, il faut rappeler que toutes les réactions de fusion évoquées jusqu'à présent n'impliquaient que deux particules, par exemple un noyau de deutérium et un noyau de tritium. La physique n'interdit pas des réactions à quatre particules. Mais, sous les conditions de densité régnant dans le Soleil comme en laboratoire, leurs probabilités deviennent infimes, car elles exigent la rencontre simultanée de ces quatre particules. Pour faire fusionner quatre protons, il faut donc passer par une chaîne de réactions à deux particules, la chaîne proton-proton. La première étape comporte nécessairement la fusion de deux protons, avec la formation d'un deuton, seul noyau stable à deux nucléons. À la suite de cette réaction, le milieu devient un mélange de protons et de deutons. Les noyaux de deutérium sont rapidement détruits par les protons qui les transforment en hélium 3. Enfin, deux noyaux d'hélium 3 fusionnent, mettant un point final à la chaîne et laissant deux particules alpha et deux protons. Ces deux noyaux d'hélium 4 résultent donc d'une suite de réactions impliquant au départ quatre protons, qui se sont appariés, et deux autres protons qui sont intervenus comme catalyseurs puisqu'ils sont

____

6. Voir chapitre 1.

restitués en fin de réaction. Cette chaîne de réactions assure la plus grande partie de la production d'énergie dans le Soleil. Aucune d'elles ne figure parmi les propositions envisagées pour maîtriser la fusion nucléaire, même les plus futuristes.

Pourquoi n'avoir même pas évoqué la fusion de deux protons, au premier chapitre, parmi les sources d'énergie offertes par la physique nucléaire ? À ce niveau de l'exposé, il fallait tenir compte de la faisabilité d'un milieu thermo-nucléaire en laboratoire. Cela demande de porter un plasma à une température suffisante, d'une densité assez élevée et pendant un temps assez long pour que la combustion produise plus d'énergie que n'en consomme la réalisation de ces conditions physiques. Étant donné le caractère déjà extrême de ces conditions, il n'aurait servi à rien de prendre en compte des mécanismes plus lents conduisant à des situations extravagantes. La recherche s'est donc limi-tée aux réactions les plus probables, donc à celles qui ne mettent en action que les forces les plus intenses, les forces nucléaires régies par l'interaction forte. Ces forces nucléai-res n'agissent pas sur la charge électrique des nucléons et ne peuvent donc entraîner la transformation d'un proton en neutron. Par conséquent, toutes les réactions retenues devaient impliquer la conservation du nombre de neutrons et du nombre de protons, ce qui est bien vérifié dans la réaction deutérium-tritium. Cette contrainte réduisait considérablement le choix des noyaux produits et interdisait la fusion de deux protons puisque le noyau de deutérium contient un proton et un neutron. Cette réaction proton-proton, fondamentale dans l'Univers, fait nécessairement intervenir d'autres mécanismes que les seules forces nucléaires. Elle relève en effet de la classe des désintégra-tions bêta. Son importance mérite un approfondissement de la physique qu'elle met en jeu.

Les désintégrations bêta provoquent des transmutations spontanées avec variation de la charge électrique totale des noyaux formés, contrairement aux désintégrations alpha qui s'accompagnent de l'émission d'un noyau d'hélium 4, appelé d'ailleurs « particule alpha ». Afin de compenser la charge manquante ou excédentaire dans le noyau résultant de la désintégration bêta, la réaction libère un électron ou un positron[7] ; ces deux particules légères, de charges opposées et de même masse, avaient reçu le nom de rayonnement bêta lors des premières observations, pour les distinguer des particules alpha. L'exemple le plus simple est fourni par le neutron libre qui se désintègre spontanément en proton et électron avec un temps de vie de 887 secondes. La conservation de l'énergie interdit la désintégration du proton libre en neutron avec émission d'un positron. En revanche, dans un noyau, il peut emprunter l'énergie manquante aux autres nucléons et se transmuter en neutron. C'est ce qui se produit dans le Soleil au premier stade de la chaîne où deux protons fusionnent en donnant un deuton, formé d'un neutron et d'un proton.

En 1938, Hans Bethe et Charles Critchfield purent calculer tous les éléments nécessaires à l'évaluation de la production d'énergie dans le Soleil par fusion des protons. Enrico Fermi mérite de recevoir une large part de la gloire attachée à ce travail, car il avait déjà formulé une théorie de la désintégration bêta sans laquelle rien n'aurait pu se faire. En effet, dans ces réactions, les forces nucléaires et l'interaction faible agissent simultanément. La répulsion électrostatique, l'effet tunnel, le potentiel nucléaire interviennent comme dans les réactions nucléaires, évoquées au chapitre 1, entre isotopes lourds de l'hydrogène. Mais la transmutation d'un proton en neutron demande l'intervention de l'interaction faible. Elle bouleverse tous les ordres de grandeur. Sa portée est mille fois plus petite que celle des forces nucléaires, la constante de couplage, qui mesure sa grandeur, est cent mille fois plus petite et les échelles de

---

7. Un positron, appelé aussi antiélectron, a la même masse que l'électron mais une charge électrique de signe opposé. Lorsqu'il interagit avec un électron, il s'annihile en émettant un rayonnement gamma.

temps s'allongent de quinze ordres de grandeur. En conséquence, la nécessaire désintégration bêta réduit à presque rien la possibilité de la réaction, à tel point qu'elle n'a jamais été observée en laboratoire. Mais, grâce à la théorie de Fermi, Hans Bethe et Charles Critchfield ont pu mettre un chiffre sur la probabilité de l'événement et montrer que, dans le Soleil, l'énorme quantité de matière compensait la rareté des réactions pour générer l'énergie nécessaire au maintien de l'équilibre et du rayonnement de l'astre. Avec ce résultat, affiné au cours du temps, les physiciens purent établir un modèle détaillé du cœur solaire à partir des seules données observables que sont le rayonnement, la composition et la taille du Soleil. La réaction nucléaire fondamentale, elle, n'était connue que par le calcul.

La vérification de ces résultats semblait hors de portée, car les réactions ont lieu loin de la surface du Soleil et les rayonnements émis se transforment en interagissant avec la matière avant d'émerger dans l'espace interplanétaire. Un seul espoir subsistait. Au cours de ces désintégrations bêta, une autre particule, le neutrino, accompagne toujours l'émission de l'électron ou du positron. Cette contrainte assure la conservation d'une autre quantité appelée « nombre de leptons ». L'électron et le positron appartiennent à la famille des leptons et portent des nombres égaux et opposés. Le proton et le neutron n'étant pas des leptons, l'apparition d'un lepton libre pendant leur désintégration doit s'accompagner de l'émission d'une autre particule leptonique de nombre égal et opposé, le neutrino. Ces neutrinos portent une partie de l'énergie et de la quantité de mouvement produites par la réaction. Les théoriciens durent les introduire pour rendre compte des résultats expérimentaux qui, en leur absence, auraient violé les lois de conservation classiques. Jusqu'à ces dernières années, aucune expérience ne semblait demander qu'on leur attribuât une masse non nulle. Au début, les détecteurs ne semblaient pas réagir à leur passage. Leur fugacité s'explique par leur très faible interaction avec la matière. Cette dissimulation pourrait les rendre peu attrayants si elle ne leur donnait la propriété exceptionnelle de pouvoir traverser les couches externes du Soleil et de parvenir jusqu'à la Terre sans perturbation. On pensait ainsi que leur comptage, difficile, donnerait une mesure directe de l'activité des réactions proton-proton au cœur de notre étoile.

Les premiers résultats montrèrent un déficit important du nombre de neutrinos détectés par rapport au modèle théorique. Les physiciens solaires cherchèrent un effet oublié ou sous-estimé, mais rien n'expliquait la différence. Enfin, nouvelle preuve de la puissance des méthodes physiques, de très belles expériences purent prouver que cet écart venait d'une déficience de la théorie des particules et non de la modélisation du Soleil. Il fallait admettre que le neutrino avait une masse, posant un nouveau défi à la physique des interactions fondamentales. Cette masse, minuscule, permet au neutrino d'osciller entre deux états, l'un facilement détectable et l'autre plus fugace. Selon qu'il se trouvait dans l'un ou l'autre état au moment de la détection, le neutrino était pris en compte dans le comptage ou lui échappait. La masse du neutrino apportait une solution au mystère du déficit, mais surtout elle redonnait confiance dans la théorie du Soleil et dans la validité de son modèle thermonucléaire interne. Les techniques expérimentales les plus récentes cherchent à détecter la direction d'émission des neutrinos, ce qui donnerait une imagerie élémentaire permettant de voir le cœur solaire. La fusion a repris sa place de source d'énergie universelle.

Pour illustrer la tranquillité du Soleil comparée à notre fébrilité, quelques chiffres suffiront. Si les hommes pouvaient disposer de toute la puissance rayonnée par lui, chaque habitant de la Terre pourrait utiliser, pour lui seul, mille fois la puissance consommée par toute l'humanité aujourd'hui. Donc, lorsque le docteur Octavius imagine tenir la puissance du Soleil dans le creux de sa main, il exagère un peu. En revanche, la puissance produite par chaque gramme de Soleil, grâce à la fusion nucléaire, n'excède pas un dix millionième de joule par seconde[8]. Par comparaison, dans les expériences d'ignition par confinement inertiel, on envisage d'extraire 10 millions de joules en moins d'un milliardième de seconde à partir de moins d'un milligramme de mélange D-T, et le futur réacteur à confinement magnétique devra produire 3 gigajoules par seconde à partir de 3 grammes de matière. La performance du Soleil est bien modeste et, même avec une tonne de matière solaire (soit quelques litres), Octavius ne pourrait pas se sécher après son bain forcé[9]. Il faut dire que le Soleil mise sur la durée. Dans un gramme de matière solaire, les réactions de fusion ne peuvent transformer en énergie que 0,7 % de la masse et cette fraction est à peu près la même pour le mélange D-T. Mais le Soleil doit répartir cette énergie sur 10 milliards d'années alors que l'industrie veut la produire de la manière la plus concentrée possible dans le temps et l'espace. La lenteur des réactions proton-proton laisse la possibilité d'envisager calmement l'avenir grâce à l'interaction faible, responsable de la stabilité du monde, qui devrait tenir une place plus importante dans les hommages aux bienfaiteurs de l'humanité.

Les isotopes lourds de l'hydrogène conviennent mieux à la phase actuelle de développement accéléré de la société humaine. Seul point commun hypothétique entre le Soleil et la fusion en laboratoire, la première étape de la chaîne

---

8. Certains seront peut-être surpris par la valeur très petite de cette puissance, comparée aux températures atteintes dans le Soleil. La clef du mystère réside dans l'énormité de la masse solaire. On observe un phénomène analogue dans le manteau terrestre où la minuscule libération d'énergie par la radioactivité naturelle des roches permet au noyau d'atteindre des températures de 1 000 à 3 000 degrés (dans la même masse de matière, le Soleil produit un million de fois plus d'énergie).

9. En fait, Octavius serait rôti. En effet, la température, au centre du Soleil, atteint 15 millions de degrés. Si Octavius s'approchait d'une masse importante de matière, portée à cette température, le rayonnement brûlerait le pauvre savant. Mais l'énergie ne proviendrait pas de la fusion. Elle serait rayonnée aux dépens de la chaleur accumulée dans la matière pendant des centaines de millions d'années.

proton-proton implique la formation de deutérium de sorte que les réactions D-D pourraient créer un pont entre les deux domaines. Mais, dans le Soleil, la concentration en deutons reste trop faible pour qu'ils aient une chance d'interagir avant que les protons, espèce très largement majoritaire, ne se combinent à eux et produisent de l'hélium 3 (un neutron et deux protons) avec émission d'un photon de haute énergie. Pourquoi cette réaction ne fait-elle pas partie des mécanismes sélectionnés pour la production d'énergie sur Terre ? L'émission d'un photon indique l'intervention d'une autre interaction, plus banale que l'interaction faible : l'interaction électromagnétique. Elle aussi est beaucoup moins intense et plus lente que l'interaction nucléaire forte. Elle se place à un niveau intermédiaire entre celle-ci et l'interaction faible. Cependant, dans la fusion proton-deuton, cette interaction électromagnétique ralentit tellement la réaction qu'elle entraîne son classement au rang des réactions inintéressantes pour la fusion contrôlée et lui fait préférer la fusion D-D ou D-T. Dans le Soleil, au contraire, les protons, très majoritaires, ont beaucoup plus de chances de rencontrer un deuton que celui-ci n'en a de s'approcher d'un autre de ces rares deutons. La très faible densité du deutérium compense la différence de force et de portée de l'interaction, éliminant ainsi les réactions D-D comme source d'énergie du Soleil.

La dernière étape de la chaîne proton-proton crée un lien plus solide entre le Soleil et la fusion contrôlée en laboratoire. La fusion de l'hélium 3 apporte 50 % de l'énergie totale dégagée par la fusion des quatre protons. Les noyaux d'hélium 3 résistent mieux aux protons solaires que les deutons, ce qui va leur laisser le temps d'interagir les uns avec les autres. Une dernière réaction va pouvoir faire fusionner deux noyaux d'hélium 3 qui se transforment en deux particules alpha, c'est-à-dire de l'hélium 4, en émettant deux protons. Cette réaction ne fait intervenir que les forces nucléaires et, d'un point de vue physique, elle se rapproche des réactions D-D et D-T, avec des probabilités beaucoup plus petites, mais tout de même assez fortes pour faire l'objet d'une expérimentation en laboratoire, sans toutefois atteindre des valeurs intéressantes pour la production d'énergie sur Terre. Cette réaction donne donc un argument pour rapprocher le Soleil de la fusion contrôlée, mais de profondes différences subsistent. Dans le Soleil, les réactions proton-proton, dominées par l'interaction faible, pilotent la chaîne en contrôlant l'alimentation en deutérium. La lente fusion de l'hydrogène ordinaire détermine la vitesse de la combustion et les réactions productrices d'énergie lui restent asservies. Les isotopes de l'hydrogène disparaissent aussitôt créés, sans pouvoir interagir entre eux. L'hélium 3 reste dilué dans un bain de protons avec une concentration telle que la fusion fait disparaître un nombre de noyaux correspondant exactement au nombre de réactions proton-proton. Au contraire, dans la fusion en laboratoire, le mécanisme ne dépend que d'une réaction entre isotopes de l'hydrogène et sa dynamique se règle sur les densités des réactifs et des cendres, en l'occurrence de l'hélium 4, comme dans une combustion classique.

Il est temps de répondre aux questions posées sur la validité du rapprochement entre fusion nucléaire contrôlée en laboratoire et Soleil. Trois constatations devraient rallier tous les suffrages. Premièrement, la fusion thermonucléaire en laboratoire n'aidera pas à progresser dans la connaissance des phénomènes solaires liés à la fusion. Deuxièmement, les progrès dans l'observation et la compréhension de la fusion dans le Soleil n'aideront en rien la production d'énergie à partir du tritium et du deutérium à des fins utilitaires. Enfin, malgré l'importance du Soleil pour la vie sur Terre, il ne saurait servir de justification au développement de recherches sur la fusion en laboratoire. Ces considérations terre à terre marquent la limite à ne pas dépasser dans le mélange des genres.

À cet égard, les responsables européens ont fait preuve de cohérence. Ils ont toujours clairement affiché la réalisation d'un réacteur produisant de l'énergie utilisable comme objectif exclusif de leurs recherches sur la fusion. Cette rigueur leur a permis de montrer une grande détermination dans les discussions sur Iter en ne risquant jamais d'être accusés de dérive vers des objectifs de recherche non finalisée.

Les chandelles nucléaires

De manière assez surprenante, la fusion par confinement inertiel a toujours comporté des volets liés à la recherche fondamentale. En particulier, les astrophysiciens ont cherché à exploiter les très fortes concentrations d'énergie et la dynamique violente de l'implosion pour recréer en laboratoire les conditions reproduisant à petite échelle des phénomènes observés dans l'Univers. Cette tolérance a probablement son origine dans la faiblesse des contestations concernant les objectifs de défense. Aujourd'hui, l'aspect le plus spectaculaire de cette cohabitation concerne le grand feu d'artifice des supernovae. La fusion joue un rôle central dans ce spectacle inimaginable où l'Univers puise la diversité de sa composition. La fusion en laboratoire pose des problèmes qui rejoignent les préoccupations des astrophysiciens et leur offre des modèles et des techniques utiles à l'interprétation de leurs observations. Mais, pour découvrir ce qu'est la fusion thermonucléaire, pour mesurer ses possibilités, pour apprécier la variété de ses effets, rien ne remplace l'étude des supernovae, dont un aperçu donnera une petite idée.

Dans une première phase, la fusion de l'hydrogène domine l'évolution du Soleil et des étoiles du même type. L'hydrogène épuisé, la fusion de l'hélium résultant donne des éléments plus lourds comme le bore, le béryllium, le lithium, le carbone, l'azote et l'oxygène, sans parvenir toutefois à remplir le tableau des éléments chimiques. Une fois achevée la combustion de l'hydrogène et de l'hélium, une évolution lente conduit ces étoiles au stade de naines blanches, peu lumineuses et très denses, contenant des éléments de masse moyenne comme le carbone et l'oxygène, mais, évidemment sans plus d'hydrogène ni d'hélium. Ces naines blanches constituent des résidus stables qui se refroidissent lentement, si rien ne vient perturber leur vie tranquille. Bien que froides, elles résistent à l'écrasement sous le poids des couches de matière, grâce à leur densité de l'ordre du million de grammes par centimètre cube. Cette énorme valeur leur permet d'équilibrer la gravitation. En effet, dans ces conditions, la dégénérescence quantique permet au gaz de supporter une pression même à température nulle.

La dégénérescence quantique est une conséquence du principe d'exclusion de Pauli qui stipule que deux électrons (deux fermions d'une manière générale) ne peuvent se trouver dans le même état quantique. Si la densité croît, de plus en plus d'électrons vont occuper des états quantiques dont la localisation spatiale est identique. Or le principe de Pauli impose à ces états électroniques de se différentier par la vitesse (ou l'énergie). Ces vitesses variant par quantum, plus les électrons sont nombreux, plus les vitesses des électrons s'étaleront dans un grand domaine d'énergie et plus la pression augmentera. Alors que, dans un gaz classique, plus la température est élevée, plus l'agitation thermique est grande et plus la pression est forte, dans un gaz dégénéré, la pression ne dépend plus que de la densité. Le milieu peut alors soutenir des pressions très élevées, même à basse température et contrairement à un gaz classique.

Dans les étoiles plus massives, la pression exercée par la gravité est plus grande et le cycle d'évolution passe par des densités et des températures plus élevées. D'autres cycles de réactions nucléaires peuvent s'enclencher en synthétisant des éléments lourds. Mais, à la fin de leur évolution, tous les éléments jusqu'au fer ont été brûlés et, au-delà, la fusion devient endothermique. Les réactions nucléaires ne parviennent plus à maintenir une pression suffisante et l'étoile s'effondre sur elle-même, en éjectant de grandes quantités de matière et de rayonnement : elle s'est transformée en supernova, étoile à évolution explosive très rapide, ne laissant comme résidu sur place qu'une étoile à neutrons ou un trou noir.

Le destin des étoiles dépend donc de leur masse et la frontière correspond à une limite bien précise, de l'ordre de neuf masses solaires. Les étoiles de masse inférieure deviennent de tranquilles naines blanches. La stabilité de l'étoile impose une limite supérieure à la masse de la naine blanche résiduelle, limite appelée « limite de Chandrasekhar », un peu inférieure à une fois et demie la masse solaire. La tranquillité de l'étoile peut ne pas durer si une autre s'en approche suffisamment. En effet, sa forte densité donne à la naine blanche la possibilité d'exercer dans son voisinage immédiat une attraction assez forte pour compenser celle de sa compagne. Dans un tel cas, les couches de matières les plus externes quittent la surface de la compagne et tombent sur la naine blanche dont la masse augmente. Si sa masse initiale différait peu de la masse critique de Chandrasekhar, celle-ci est bientôt dépassée, entraînant une rupture de l'équilibre entre pression et gravité. Les réactions nucléaires peuvent reprendre. Les premières concernent le carbone dont la fusion demande une température de l'ordre du milliard de degrés et se développe beaucoup plus rapidement que la fusion des éléments légers comme l'hélium. C'est ici qu'intervient à nouveau la dégénérescence de la matière dans la naine blanche. Si la matière de l'étoile se comportait comme un gaz ordinaire, une augmentation du nombre de réactions nucléaires entraînerait une augmentation de la température et une diminution de la densité. Cette dernière réduirait le nombre de réactions par unité de volume et le système trouverait un nouveau régime d'équilibre. Mais, en régime dégénéré, la diminution de densité ne se produit pas car la pression dépend peu de la température. En conséquence, les réactions thermonucléaires s'emballent et, en quelques secondes, l'étoile explose en émettant un rayonnement si intense que sa luminosité devient du même ordre de grandeur que celle de toute sa galaxie qui contient pourtant des milliards d'étoiles. Dans l'enveloppe gazeuse, éjectée après l'explosion avec une vitesse de 20 000 kilomètres par seconde, l'émission de rayonnement a lieu pendant plusieurs jours. L'enregistrement de son évolution temporelle et de sa composition spectrale contient toutes les informations sur l'événement et sera comparé aux modélisations. Ces supernovae se distinguent nettement des autres par l'homogénéité de la forme des courbes enregistrées et des spectres mesurés. C'est cette propriété qui a attiré l'attention des observateurs et poussé à mieux comprendre leur dynamique.

Les spécialistes ne sont pas encore parvenus à identifier un mécanisme unique mais tous ou presque s'accordent pour attribuer la similitude des observations à la condition de franchissement de la limite de Chandrasekhar qui fixe la valeur de la masse de l'étoile au moment de la transformation en supernova. De plus, les spectres ne dépendent que de la composition chimique qui reste identique dans toutes ces étoiles, ce qu'explique leur évolution. En conséquence, les spectres observés sont identiques. La transition peut avoir plusieurs causes, mais l'accrétion d'un compagnon semble la plus couramment adoptée.

Il reste à comprendre et modéliser la dynamique de l'explosion, ce qui demande une analyse des différents modes de combustion nucléaire de l'étoile. Le premier défi porte sur les conditions d'ignition menant à l'explosion. Dans la plupart des cas, l'ignition prendrait naissance au centre de la naine blanche et serait déclenchée par une onde de compression qui se propagerait de la surface vers le cœur. Cette onde suivrait la rupture de l'équilibre lié au dépassement de la limite de Chandrasekhar ou bien elle serait provoquée par l'inflammation de l'hélium, apporté aux couches externes par l'accrétion de l'étoile compagne. Ce dernier scénario rappelle l'implosion par ablation et l'inflammation par point chaud, le laser étant remplacé par l'étoile compagne[10].

On conçoit que les deux communautés concernées se sentent des affinités poussant au partage des connaissances et des techniques de modélisation. En particulier, dans les deux cas, les instabilités hydrodynamiques posent à la simulation numérique un problème redoutable tel que la constitution d'un front commun s'impose pour y faire face. Malgré des conditions physiques extrêmement différentes en ce qui concerne les densités, les températures et la nature des réactions nucléaires, la brutalité des événements et la rapidité de la combustion thermonucléaire justifie-raient le rapprochement entre ces supernovae et la fusion par confinement inertiel. Le thème de l'étoile dans le labo-ratoire n'apparaît plus aussi aventureux.

En passant du Soleil à ce type particulier de supernova comme référence pour relever l'intérêt scientifique de la fusion, ne risque-t-on pas de remplacer un emblème uni-versel de la vie et de la joie par une curiosité de spécialistes d'une bien moindre portée ? Évidemment, l'explosion des naines blanches s'impose à la perception plus difficilement que l'astre du jour. Mais ces chandelles thermonucléaires sont promises à une grande destinée car elles vont apporter un éclairage nouveau et révolutionnaire sur l'évolution de notre Univers. En effet, la similitude frappante de leurs signatures s'explique par l'homogénéité de leurs conditions initiales. Il devient possible de considérer ces supernovae comme des sources standard dont on connaît le rayonne-ment. Les principales différences proviendront donc des conditions cosmologiques régnant au moment de l'explo-sion et de la distance de l'étoile au moment de l'explosion. En particulier, de grands décalages spectraux vers le rouge correspondront à des événements lointains dans le temps et l'espace. La luminosité observée en donnera immédiate-

---

10. Voir le principe de l'implosion par ablation dans le préambule.

ment la distance, paramètre dont la mesure présente de grandes difficultés pour des étoiles lointaines aux caractéristiques imprévisibles. Une observation systématique de ces explosions calibrées révèle l'histoire de l'Univers des origines à nos jours ainsi que sa taille et sa géométrie. Malgré une fréquence inférieure à une supernova par siècle et par galaxie, plusieurs centaines ont déjà été répertoriées et analysées, soulevant des questions qui, si les résultats se confirment, remettent en cause les connaissances acquises. À ces traits spectaculaires s'ajoute le rôle important de ces supernovae dans la synthèse nucléaire des éléments chimiques lourds. En s'associant à elles, la fusion se valoriserait tout autant qu'avec le Soleil, au moins à des yeux scientifiques, et ce rapprochement se prêterait moins facilement aux critiques.

L'obsession apollinienne

Mais Gaston Bachelard monte la garde et incite à aller voir d'un peu plus près ce qui se cache derrière le Soleil. Jusqu'à présent, l'appel aux étoiles et au Soleil a été pris à la lettre et a subi une analyse critique de physicien qui compare terme à terme deux équations et constate qu'elles ne coïncident pas tout à fait. N'y a-t-il pas là une attitude de béotien qui s'est trahi en montrant son manque de finesse et son inculture ? Il ne lui reste plus qu'à tenter de se racheter tant bien que mal en s'aidant de l'abondante littérature sur les symboles et les mythes solaires ou stellaires. Il se convaincra de leur pertinence en contemplant l'image qui accueille l'internaute sur le site d'Iter et qui représente un enfant rieur sur les épaules de son père, tendant les bras vers une maquette d'Iter, elle-même portée par un rayon de Soleil.

Cette représentation quasi religieuse fait penser à une tentative pour surmonter un complexe de culpabilité plus profond. Beaucoup plus qu'une substitution d'objectif, comme on l'a laissé soupçonner plus haut, cet appel au plus ancien des dieux ne cherche-t-il pas simplement à faire oublier la référence première aux armes nucléaires, longtemps associée à la fusion ? Pendant plusieurs décennies, dans toutes les références à cette énergie prometteuse, le nom de fusion se voyait toujours accompagné des adjectifs thermo-nucléaire et contrôlée, afin de rappeler la parenté avec l'utilisation des réactions de fusion dans les explosions nucléaires et le défi que constituait leur contrôle pour une utilisation pacifique[11]. Les deux adjectifs ont le plus souvent disparu des textes destinés à éclairer le grand public. Il restait indispensable de trouver une image susceptible de symboliser et même de démontrer les vertus de cette nouvelle ressource à venir. Il ne faut y voir aucune usurpation ni dissimulation puisque, à l'origine, c'est bien en cherchant la source de l'énergie solaire que la notion de fusion nucléaire a pris son envol. L'explosion de la bombe d'Eniwetok l'avait effacé des mémoires. Paul Valéry a trouvé les mots qui justifient ce choix comme emblème d'une grande entreprise scientifique et pacifique comme la fusion, lorsqu'il écrivait à propos du Soleil : « D'ailleurs, cet objet sans pareil, cet objet qui se cache dans son éclat insoutenable, a joué également, dans les idées fondamentales de la science, un rôle évident et capital. (...) Le Soleil

---

11. Cette interprétation semble contestée par Jo Lister et Henri Weisen, dans *Europhysics News*, 2005, 36/2. Ils pensent que le changement de dénomination, transformant la fusion nucléaire en fusion contrôlée, avait pour objet de séparer clairement la fusion de la fission dont la production incontrôlée de déchets radioactifs compromettait l'acceptation sociétale. Pourtant, les documents anciens établissent bien l'allusion aux explosions nucléaires. Teller, par exemple, écrit : « As soon as the first successful thermonuclear device was exploded, discussions on controlled fusion became of great interest in the United States. To administrators and politicians, it appeared that what was possible in a violent reaction should be put to work in a controlled and peaceful manner. »

introduit donc l'idée d'une toute-puissance suréminente, l'idée d'ordre et d'unité générale de la nature[12]. »

Il ne faudrait pas en déduire que le lien avec l'astrophysique n'est que propagande en faveur d'un programme ambitieux. Changer l'image de la fusion en l'éloignant d'applications effrayantes et en la rapprochant de la vie et du plaisir ne peut qu'attirer plus facilement de bons chercheurs et créer autour d'eux une ambiance bienveillante, propice à une bonne recherche. Considérations sentimentales, peut-être, mais justifiées par le philosophe Alain qui écrit : « Le sentiment, comme dit Claude Bernard, est bien le premier moteur de la recherche ; disons qu'il ne s'en sépare jamais. Le sentiment seul serait l'émotion animale. La recherche seule, c'est-à-dire séparée de tout intérêt animal, est une chose qu'on ne fait jamais et qu'on ne fera jamais. Vous me demandez d'où je le sais. Je n'ai qu'à regarder l'homme et comment sa pensée est cousue à son corps. » Encore une fois, c'est Apollon dont on veut l'aide en oubliant un peu Prométhée sur son rocher.

La figure d'Apollon, dieu du Soleil, de la lumière bienfaisante et civilisatrice, du progrès, habite le rêve de la fusion, libérant l'humanité des servitudes anciennes et des angoisses de la pénurie, apportant la paix et la prospérité sans limites, ouvrant de nouveaux champs d'exploration à l'audace et à la curiosité humaines. Nietzsche voit dans la tragédie attique l'affrontement de l'apollinien et du dionysiaque. Mais il va plus loin en impliquant deux divinités, Apollon et Dionysos, dans la fondation même de la société hellénique qu'il qualifie de civilisation apollinienne. Les habitants de l'Olympe forment une société éclatante à l'image d'Apollon. La présence de ces Olympiens divins fait un rempart aux Grecs contre la barbarie et la folie. « Le Grec connaissait et ressentait les terreurs et les atrocités de l'existence : et pour qu'en somme, la vie lui fût possible, il

---

12. Paul Valéry, *Œuvres*, Gallimard, « La Pléiade », vol. 1, p. 1095.

fallait qu'il s'interposât entre elles et lui, ces enfants éblouissants du rêve que sont les Olympiens[13]. » C'est pourquoi l'homme du peuple s'intéressait tant à ces dieux dont la société n'avait rien de commun avec la sienne et dont l'existence devait bien lui paraître douteuse par moments.

De même, à notre époque, la fusion a quelques traits olympiens. Elle promet monts et merveilles, elle existe dans des lieux inaccessibles, elle est souvent présentée comme le seul recours assurant la survie de la civilisation à long terme. Comme les Olympiens au temps d'Homère, elle permet de supporter les nuisances d'aujourd'hui dans l'attente d'une solution dans un lointain futur. Elle guérit la terreur d'une fin proche pour l'humanité. Elle est fille d'Apollon et, comme lui, propose aux hommes la lumière du Soleil. Cette parenté, sous-entendue par l'évocation systématique du Soleil, pourrait bien expliquer la bonne santé de ces recherches malgré leur développement laborieux et les doutes sur leur succès. Au contraire de l'illusion apollinienne des Hellènes, le rêve de la fusion peut se réaliser dans le monde des mortels, mais il ne doit pas perdre sa magie quand les difficultés technologiques se présenteront.

Pour compléter la panoplie, il ne manque que les oracles. La pythie lisait l'avenir dans les entrailles d'animaux ou le vol des oiseaux. Une entreprise comme la fusion aurait bien besoin que cette prêtresse d'Apollon reprenne du service. La réussite ou l'échec du programme, la durée de sa mise au point, le coût final du kilowatt/heure, toutes ces inconnues sèment le désordre dans les organismes chargés de veiller à l'approvisionnement en énergie et aux investissements nécessaires pour en assurer la pérennité à long terme sans asphyxier la planète. Pourquoi se donner tant de mal pour un objectif aussi imprévisible alors que le monde industriel est confronté, dès maintenant, aux conséquences des émissions de gaz à effet de serre ? Avec tous

---

13. Friedrich Nietzsche, *La Naissance de la tragédie*, Gallimard, « Folio essais », 1986, p. 36

les risques que cela comporte, il ne reste qu'à jouer au prophète, en conservant le plus de rationalité possible. Ici, l'oracle devient aussi ambigu et confus que le rapportent les anciens. Mais, dans cette brume, résident tout l'art et toute la science du devin. « De toute façon, l'oracle vaudra ce que tu vaux, et c'est ce que le fronton de Delphes disait : Connais-toi[14]. »

La futurologie a perdu son prestige, dans les années 1970, lorsque des économistes s'essayèrent à esquisser les grandes tendances de l'évolution de la société jusqu'à la fin du siècle. En fait, bien souvent ils ont pâti du manque de sérieux de leurs analyses. Avec des modèles mathématiques, ils cherchaient à mettre en évidence les effets de divers facteurs sur le développement à long terme de l'humanité. Il fallait donc prendre leurs résultats pour ce qu'ils étaient, c'est-à-dire des études sur la sensibilité d'un modèle mathématique à une pénurie de matières premières, à une croissance démographique, à un épuisement des ressources de combustibles fossiles ou à la pollution avec diverses hypothèses sur les réactions possibles des gouvernements. Les interpréter comme des prévisions allait peut-être au-delà de leurs intentions initiales, au moins dans l'esprit de certains. Jouer les pythies pour la fusion requiert une certaine circonspection pour éviter un pareil malentendu et seuls les familiers du domaine pourraient s'y risquer.

Beaucoup ont toujours refusé de scruter l'intérieur de leurs machines et leurs plasmas capricieux avec l'espoir de calmer les impatiences par des prédictions sur l'échelonnement des avancées et des reculs. Plongés dans l'univers fascinant de ces recherches, convaincus de leur nécessité absolue par la dimension de l'enjeu, certains que l'ampleur des progrès suffirait à justifier leur poursuite, ils n'ont que faire d'Apollon et de ses oracles, ils demandent seulement

---

14. Alain, *Les Arts et les Dieux*, Gallimard, « La Pléiade », p. 1276.

les moyens de progresser dans leur exploration. D'autres, plus audacieux, se risquent à des estimations de la durée des recherches encore nécessaires avant le succès final. Ils ne font qu'alimenter les critiques de mauvaise foi qui, collectant ces prévisions imprudentes, notent qu'en 1950, on annonçait la fusion pour 1960, en 1960, il fallait attendre 1980, en 1980, on ne parlait plus que du début du siècle suivant et, en l'an 2000, il ne fallait rien espérer avant cinquante ans. Portés sur un graphique, ces chiffres dessinent une courbe dont l'extrapolation vers l'avenir n'incite pas à l'optimisme. De plus, son prolongement vers le passé semble indiquer que cette durée a dû s'annuler dans les années 1940 ! Bien racontée, l'histoire fit les délices de nombreux couloirs de congrès.

Doit-on, pour autant, abandonner toute recherche d'argument qui pourrait aider les décideurs à prendre position ? L'attitude la plus confortable consiste à développer la dialectique de l'inéluctabilité. Celle-ci se résume à jouer sur les inquiétudes concernant à la fois les réserves de combustibles fossiles, la réduction nécessaire des émissions de gaz à effet de serre et les incertitudes sur l'acceptabilité de la fission comme mode de production capable de prendre en charge la plus grande partie des besoins. Ajoutées à l'insuffisance attendue des énergies dites « renouvelables », ces perspectives contraignent *de facto* à considérer la fusion comme un recours, tant qu'elle n'aura pas buté sur un obstacle infranchissable. Elle avancera à un rythme dépendant des financements. À la fin des années 1970, Donato Palumbo, directeur de la fusion à l'Euratom, résumait la situation, au cours d'une conférence à la mémoire d'Artsimovitch, en reprenant l'audacieuse image du grand savant soviétique comparant la fusion au Paradis et la difficile maîtrise du plasma à un long séjour au purgatoire. « Puis-je conclure en utilisant à nouveau l'allégorie d'Artsimovitch ? », demandait-il. « En ce qui concerne la physique des plasmas, tout au moins dans la filière des tokamaks, notre séjour au purgatoire semble toucher à sa fin », affirmait-il, comme Artsimovitch lui-même, dix ans plus tôt. Il continuait : « Mais le réacteur nucléaire a des exigences physiques et technologiques. Puisque les technologies viennent de se mettre en marche, il faut s'attendre pour elles à un séjour prolongé au purgatoire. Cependant, nous savons que le séjour au purgatoire peut être raccourci non seulement par la pénitence du pécheur mais aussi en achetant des indulgences[15]. » Et il terminait sur une probabilité très élevée de voir le passage à un réacteur de démonstration à la fin du siècle, si l'engagement politique et le soutien financier des autorités perduraient.

Aujourd'hui, les plus optimistes ne prévoient pas de commencer la construction d'un réacteur de démonstration avant 2030, si Iter ne prend pas trop de retard. L'analyse de Donato Palumbo ne pêche que par l'estimation erronée de l'échelle des temps. C'est toujours le point faible des futurologues. Ils identifient bien la chaîne des progrès à effectuer, mais se trompent souvent, dans les deux sens, sur la vitesse de son déroulement. Les écrivains tombent dans le même piège, qu'il s'agisse de Jules Verne, de Herbert George Wells ou de George Orwell. Eux ne peuvent encourir aucun reproche, le caractère romanesque de leur œuvre ne pouvant prêter à confusion. Dans la réalité, les scientifiques apparaissent souvent comme trop prudents, mais leur science, en général, ne leur donne pas d'informations suffisantes pour leur permettre de formuler des prévisions complètes. Leur rigoureuse objectivité leur interdit d'affirmer sans certitude et de spéculer sur des hypothèses. La prévision climatique, par exemple, se soumet à ces exigences et les climatologues ont appris à formuler leurs résultats avec un assortiment de précautions qui n'a pas toujours plu aux politiciens ni aux journalistes. Mais le message semble maintenant bien compris et la même attitude devrait prévaloir dans le domaine de l'énergie. Elle consiste évidemment

---

15. Donato Palumbo, « Artsimovitch Lecture », *Proceedings of the 8th IAEA Fusion Energy Conference*, 1980, vol. 1, p. 3.

à ne fermer une voie que si elle mène à une impasse et à laisser ouvertes le plus d'options possible comme le font trois spécialistes qualifiés du Commissariat à l'énergie atomique, de la Cogema et d'Électricité de France : « Il faudra donc faire feu de tout bois, et donc énergie de toutes les ressources : charbon, pétrole, gaz, fission nucléaire, bois de chauffe, hydroélectricité, hydrocarbures non conventionnels, énergies renouvelables là où les conditions s'y prêteront, fusion nucléaire si on la maîtrise... Il n'y aura pas de "développement durable" pour l'humanité sans faire appel à toutes les énergies que le génie humain aura su maîtriser[16]. »

En revanche, il n'est pas interdit de s'aventurer en essayant seulement de déterminer quels sont les verrous qui pourraient ralentir la progression de la fusion. Certains mettent en cause la configuration magnétique et la physique du plasma chaud confiné, d'autres les systèmes périphériques comme les pilotes du confinement inertiel, mais c'est la technologie qui suscite le plus d'inquiétude, car il s'agit d'un champ encore en friche et difficile à mettre en culture. Déjà, dans le discours cité plus haut, Donato Palumbo mettait en garde contre un choix trop rapide de la configuration magnétique, avouant d'ailleurs manquer d'éléments pour se fixer sur l'une d'elles ou pour en condamner une autre. En ce qui concerne le confinement magnétique, seul le tokamak peut, dès aujourd'hui, ouvrir la voie à l'étude des plasmas de réacteur. Près d'un demi-siècle de travail acharné a conduit à une bonne maîtrise des principales instabilités provoquées par le courant du plasma. Grâce aux bases de données, l'évaluation des performances d'une nouvelle machine devient possible par extrapolation à partir des très nombreuses installations existantes. La relative simplicité de la configuration magnétique facilite énormé-

---

16. Bertrand Barré, Louis F. Durret et Bernard Tinturier, « Un nucléaire "durable" : recyclage, sûreté, déchets... », 17th World Energy Congress, Houston, Texas, États-Unis, septembre 1998.

ment l'analyse théorique et l'interprétation des observations. Les grandes expériences européennes, américaines et japonaises ont déjà familiarisé l'industrie avec les problèmes technologiques posés par ces configurations. À un coût très supportable par la communauté internationale, les performances envisagées pour Iter donneront accès au contrôle d'un véritable plasma thermonucléaire permanent et s'approcheront de celles d'un réacteur. Ainsi pourront s'amorcer les premières validations des solutions technologiques aux problèmes d'ingénierie nucléaire. Cependant, est-on en droit de considérer le tokamak comme une filière menant droit au réacteur ? Sans entrer dans les détails, deux questions restent en suspens. Elles ont trait à l'exploitation industrielle de l'énergie de fusion dans des conditions de rentabilité supportables.

D'abord se pose la question de la génération du courant circulant dans le plasma torique. Initialement, l'excitation de ce courant reposait sur la méthode la plus simple et la plus éprouvée, celle de l'induction électromagnétique. Elle s'appuie sur la propriété fondamentale des champs magnétiques de générer une force électromotrice s'ils varient dans le temps. L'électroménager moderne offre une mine d'exemples au vulgarisateur pour aider la lectrice (et, peut-on espérer, le lecteur) à se familiariser avec ces notions physiques. On avait déjà évoqué le four à micro-ondes pour expliquer le chauffage des plasmas par onde ; ici, on s'appuiera sur la cuisinière à induction qui utilise le même principe que celui de la génération du courant dans un tokamak. Sous la plaque de la cuisinière, un courant électrique oscillant génère un champ magnétique dépendant du temps. Une force électromotrice apparaît donc, générée par l'induction. Mais aucun courant ne peut circuler dans la céramique isolante qui reste froide. Pour que la force électromotrice induise un courant, elle doit s'appliquer à un matériau conducteur. C'est le cas, en général, pour la poêle à frire en métal. Dans ce cas, le courant passe, chauffe le métal et cuit l'œuf du petit déjeuner.

Dans le tokamak, un générateur fait passer un courant électrique dans un circuit qui produit un champ magnétique dépendant du temps. Les lignes de champ plongent dans l'espace libre encerclé par le tore. La loi de l'induction indique que la variation temporelle de ce champ magnétique induit une force électromotrice constante autour du tore de plasma qui joue le rôle de la poêle à frire. Dans un milieu aussi bon conducteur, il suffira de moins d'un volt pour que circulent les millions d'ampères nécessaires à l'équilibre. Mais ce courant doit toujours s'écouler dans le même sens et ne peut s'annuler sans que le plasma ne se perde sur les parois. Cette contrainte n'existe pas dans les cuisinières à induction ni dans les transformateurs. Le champ magnétique y oscille et le courant s'inverse périodiquement sans conséquence. Dans le circuit magnétique des tokamaks, le champ doit toujours varier dans le même sens. Mais l'intensité du champ magnétique ne peut croître jusqu'à l'infini. En conséquence, au bout d'un certain temps, il faudra bien interrompre la décharge. La phase d'induction peut tout de même durer plusieurs centaines de secondes, ce qui permet déjà beaucoup d'expériences, mais les utilisateurs futurs, qui auront à assurer une parfaite continuité de la fourniture d'électricité, n'accepteront pas de telles interruptions.

D'autres techniques tentent de se substituer à l'induction afin de permettre un fonctionnement sur des temps plus longs ou en continu. Très tôt, le chauffage par le courant induit s'est avéré insuffisant pour porter le plasma aux températures nécessaires à la fusion. Le chauffage par onde a pris le relais avec efficacité, mais l'injection de particules accélérées reste la technique la plus couramment employée. Les deux méthodes transfèrent de l'énergie dirigée au plasma qui la transforme en chaleur. Mais la nature de cette énergie injectée ouvre aussi la possibilité de donner une vitesse moyenne aux électrons et de créer ainsi un courant électrique. Le perfectionnement de ces techniques a atteint un niveau suffisant pour apporter la preuve qu'elles peuvent entretenir la totalité du courant dans un tokamak. Ainsi, dans la machine Tore Supra de Cadarache, un chauffage à haute fréquence a permis de maintenir des décharges de deux minutes, sans dégradation des qualités du plasma.

Malheureusement, l'excitation du courant par ces techniques sans induction entraîne irrémédiablement un transfert très élevé d'énergie au plasma. Le rapport de l'énergie de fusion produite à l'énergie injectée se trouve fortement dégradé au point de ne remplir que difficilement les conditions de rentabilité d'un réacteur. La diminution du courant améliorerait ce rapport, mais les lois empiriques du transport montrent que le temps de confinement de l'énergie en pâtirait. Le risque est grand de perdre ainsi le gain escompté. Il faudra donc chercher de nouveaux modes de confinement amélioré ou d'autres moyens de créer le courant, sans invoquer l'induction ni le chauffage. Dans cet ordre d'idées, la physique des plasmas la plus fine pourrait ouvrir une voie séduisante. En effet, une analyse détaillée de la dynamique des particules confinées montre qu'à haute température, la simple existence d'un gradient de pression suffit à provoquer l'apparition d'un courant[17]. Il reste à vérifier que les conditions de stabilité restent compatibles avec une pression assez forte pour qu'une fraction importante de ce courant soit générée par cet effet. Cet objectif fait partie du programme de recherche d'Iter dans le cadre de la validation des concepts avancés. Mais, alors que les responsables s'engagent sur les performances nominales en régime pulsé, des incertitudes subsistent sur le régime permanent et le succès n'est plus garanti. De plus, certains contestent la nécessité d'un tel régime, même si la majorité des experts juge qu'un fonctionnement transitoire est incompatible avec un milieu industriel. Là comme

---

17. Voir chapitre 3.

partout où l'avenir de la fusion se cherche, les affirmations péremptoires n'engagent que ceux qui les profèrent.

L'autre préoccupation fait appel à des considérations plus floues, mais néanmoins cruciales. Comme le rappelle Jacques Leclercq dans *L'Ère nucléaire*, c'est leur simplicité d'exploitation et de construction qui a fait le succès des réacteurs de fission à eau pressurisée. Les concepts plus élaborés n'ont pas résisté longtemps, même si, sur le papier et dans la réalité, ils marquaient un net progrès dans les rendements et l'utilisation des combustibles. L'exploitation industrielle d'un tokamak reste difficile à imaginer aujourd'hui, mais ce qu'on en devine n'enthousiasme pas vraiment les électriciens. Pour les uns, tel George Vendryes, la topologie toroïdale compacte alourdira trop les coûts d'exploitation. Pour les autres, l'ésotérisme scientifique du système empêchera sa banalisation si bien que ces machines resteront des curiosités de laboratoire. Dans les centrales nucléaires actuelles, les problèmes de conduite proviennent le plus souvent des secteurs thermiques et électriques, le cœur du réacteur lui-même assurant tranquillement la génération d'énergie primaire avec une grande fiabilité. Déjà, en 1981, Edward Teller incitait à la prudence et à la réserve sur la fusion. Une production d'électricité à un coût raisonnable, estimait-il, nécessitera au moins vingt ans de travail après le succès d'une machine de démonstration dont il ne se risquait pas à estimer la date[18]. Il ironisait sur une décision législative récente du Congrès des États-Unis donnant vingt ans et vingt milliards de dollars à la fusion contrôlée pour qu'elle devienne une réalité pratique. Malheureusement, le talent et la bonne fortune ne se décrètent pas, faisait-il remarquer.

Aujourd'hui, les utilisateurs s'expriment peu sur la fusion. Ils prendront certainement position au vu des résultats d'Iter. S'ils en viennent à considérer les tokamaks comme

---

18. Edward Teller, *Fusion*, Academic Press, 1981, vol. 1, p. 28.

une solution acceptable, la construction d'un réacteur de démonstration pourrait suivre et la première usine sortirait de terre au début du prochain demi-siècle, en supposant résolus les problèmes de matériaux. Au contraire, si le courant circulant dans le plasma implique des contraintes qui découragent les exploitants, il faudra se tourner vers d'autres formules.

Dans le domaine du confinement magnétique, seul le stellarator a atteint une maturation l'autorisant à prendre éventuellement la succession du tokamak. Son nom sonne comme celui de certains dinosaures, mais il rappelle les premiers temps bénis de la fusion contrôlée où les astrophysiciens s'y passionnaient et évoquaient sans complexe sa parenté avec les étoiles. Son aspect déroute par la forme du plasma qui ressemble à un tuyau écrasé et tordu dans tous les sens. On peut y voir aussi un collier de berlingots, rappelant les machines à miroir magnétique décrites dans le préambule. Les bobinages magnétiques semblent rescapés de terribles accidents. En fait, ces contorsions permettent d'annuler la dérive verticale, décrite également dans le préambule, sans induire de courant tout en préservant la stabilité. La configuration réalise la proposition initiale de Lyman Spitzer, en intégrant les résultats de nombreux travaux qui ont pris en compte tous les aspects du confinement.

Ces formes surprenantes apportent la garantie d'un fonctionnement permanent, et, en prime, elles font disparaître l'angoisse des disruptions[19]. Dans Iter et les machines suivantes, le choix des domaines de fonctionnement réduira la probabilité de tels événements, sans les éliminer complètement. Leur violence impose des facteurs de sécurité supplémentaires pour supporter les efforts électromécaniques générés. Dans une étude européenne récente[20] sur la faisa-

---

19. Voir le préambule et le chapitre 4.
20. *A Conceptual Study of Fusion Commercial Power Plant*, EFDA (European Fusion Development Agreement)

bilité d'une usine électrique fondée sur la fusion, les spécialistes estiment qu'une disruption annuelle en moyenne entraînerait des contraintes technologiques insupportables. Ces instabilités[21], liées au courant circulant dans les tokamaks, disparaissent dans le stellarator. Les précautions contre les disruptions deviennent inutiles. Seules subsistent les instabilités magnétohydrodynamiques de pression et les micro-instabilités qui accompagnent tout plasma confiné. Elles limitent le temps de confinement et la pression du plasma, mais ne présentent aucun risque d'endommagement pour les aimants ou la structure.

Ces stellarators n'ont pas eu le développement spectaculaire des tokamaks. Ils souffrent de plusieurs handicaps. La complexité de construction des aimants majore leur coût. L'absence de symétrie de révolution oblige à accompagner toute description théorique de lourds calculs numériques. Des doutes s'étaient fait jour sur la capacité réelle de ces configurations à confiner des plasmas de forte pression. Enfin, le champ magnétique ne permet pas de concevoir une méthode simple pour contrôler et guider les pertes de particules, comme c'est le cas pour les tokamaks. Les densités et les températures restent nettement inférieures à celles des tokamaks, mais le fonctionnement des machines allemandes, américaines et japonaises démontre des potentialités intéressantes en matière de pression et de contrôlabilité du plasma. Le stellarator supraconducteur de Toki, au Japon, vient de réaliser des décharges de trente minutes en maintenant la température à vingt millions de degrés grâce à l'injection de plus d'un milliard de joules dans le plasma. Ce record du monde, arraché au tokamak supraconducteur de Cadarache, indique une excellente gestion du flux thermique aux parois. Les études à forte pression de plasma montrent une relative insensibilité à ce paramètre.

---

21. Les instabilités ont déjà été évoquées dans le préambule et seront analysées plus en détail au chapitre 4.

Dans le stellarator, des aimants créent tous les champs magnétiques de confinement et le contrôle de la configuration ne présente aucune difficulté, ce qui lui donne un atout supplémentaire. De plus, elle serait moins dépendante des effets bénéfiques de la toroïdicité et pourrait fonctionner en réduisant les rapports entre petit rayon et grand rayon du tore. L'accessibilité se trouverait facilitée. Mais, si le stellarator devait un jour remplacer le tokamak, l'accès à l'énergie de fusion subirait un retard de plusieurs dizaines d'années, le temps de constituer une base de données équivalente à celle du tokamak et de suivre la même progression. Cet exemple illustre le type d'aléas qui attendent la fusion et qui feraient d'une feuille de route un simple vœu pieu.

Le confinement inertiel peut-il s'inscrire dans ce calendrier ? Peut-il entrer en compétition avec le confinement magnétique ? Dans une dizaine d'années, les deux grands lasers en construction devraient avoir achevé l'étude de l'ignition par implosion. Ils devraient pouvoir préciser les avantages et les inconvénients des différents schémas d'irradiation et optimiser la structure des cibles. Il faut espérer que le programme permette de franchir ces étapes, même si ces résultats ne présentent pas tous le même intérêt pour la défense. En France et en Europe, aucun organisme ne se déclare prêt à investir les sommes nécessaires à l'exploration de la fusion par confinement inertiel. Aux États-Unis, un programme universitaire tente de se concentrer sur les aspects laissés de côté par la défense, mais il ne s'agit pas d'un programme national orienté vers l'énergie.

Le confinement inertiel se trouve dans une situation paradoxale, il devrait largement précéder le confinement magnétique dans la réalisation et la maîtrise de la combustion nucléaire, et donne l'impression d'un profond retard sur le chemin menant au réacteur. Le scepticisme s'alimente à l'absence d'une solution réaliste pour le pilote, chargé de délivrer l'énergie à la cible avec un rendement suffisant. Il est renforcé par le coût exorbitant des cibles cryogéniques, qui suscitent à la fois l'admiration pour la performance technique et la perplexité sur l'adaptation au problème industriel civil. Quel prix faudra-t-il payer pour déposer, dans une sphère creuse de quelques centaines de microns, une couche de deutérium et de tritium solides dont la surface libre doit rester parfaitement sphérique, avec des contraintes de rugosité très sévères ? Il ne faut pas oublier qu'un mégajoule électrique du réseau revient aujourd'hui à deux centimes et demi d'euro, alors qu'une cible cryogénique n'en produit que dix ou vingt et que sa seule fabrication coûte des milliers d'euros. Quant au rendement du pilote, plusieurs ordres de grandeur restent à conquérir afin que les gains nécessaires n'entraînent pas des valeurs déraisonnables de l'énergie libérée dans les microexplosions.

Une des voies s'appuie sur les lasers, en tentant d'améliorer leur rendement énergétique et le taux de répétition des impulsions à l'aide de diodes et de nouveaux cristaux. D'autres utilisations tireront profit de ces recherches, bien avant qu'elles aient débouché. Les premiers résultats ne donnent pas encore d'indications sur la durée escomptée pour satisfaire les contraintes en énergie et en efficacité imposées par la rentabilité. L'autre voie implique la construction d'un accélérateur délivrant des bouffées d'ions lourds dont la durée ne doit pas excéder quelques milliardièmes de seconde avec un contenu énergétique suffisant. Ces ions lourds iront irradier un bouclier métallique où leur énergie cinétique se convertira en rayons X qui feront imploser une cible. Les accélérateurs ont un excellent rendement et un taux de répétition élevé, c'est d'ailleurs ce qui leur a permis de devenir très vite le pilote de référence pour la fusion inertielle. Outre quelques problèmes résiduels concernant la focalisation de ces impulsions sur la cible millimétrique, le principe de la fusion par ions lourds ne se prête pas facilement à une validation sur des dispositifs à échelle réduite. Seul un grand accélérateur spécialisé peut donner aux ions lourds l'énergie exigée pour la fusion avec la directivité, la répétitivité et la densité nécessaires. Son coût et les incertitudes actuelles expliquent les réticences à le construire. Si les expériences avec les grands lasers donnent toute satisfaction dans l'avenir, l'assurance de réussir l'ignition donnera une confiance suffisante dans la méthode pour qu'un projet devienne convaincant.

Le retour sur Terre

Si le réacteur à fusion voit le jour, le plasma en sera le cœur. Mais ce cœur nourrira et animera un corps plein de vaisseaux et de capillaires, de nerfs et d'organes qui prépareront ses aliments, transformeront l'énergie et la transporteront vers les muscles dont les humains tireront parti. Des parois isoleront cette volumineuse structure du rayonnement mortel émis par le plasma central et une solide ossature donnera à l'ensemble la rigidité et la résistance lui assurant une longue vie de bons et loyaux services qui ne feront pas regretter les efforts consentis. Cet aspect du réacteur s'écarte du mythe apollinien et, s'il faut poursuivre la métaphore, il rappelle plutôt les compétences d'Héphaïstos, dieu de la forge et du feu, métallurgiste et bricoleur. Cette habile divinité devrait accepter d'intervenir pour aider le dieu de la grâce et de l'adresse puisqu'il aurait, paraît-il, fabriqué lui-même les flèches d'Apollon lorsqu'il quitta Délos. Étant donné la complexité du problème, cette aide divine serait providentielle ! Malheureusement, encore une fois, sa faible probabilité ne permet pas d'éviter la recherche de solutions par des moyens plus ordinaires.

Dès le début, les spécialistes des matériaux attirèrent l'attention sur la nouveauté et la complexité de la technologie des futurs réacteurs à fusion. Déjà certains se demandaient s'il ne faudrait pas commencer par évaluer sérieusement leur faisabilité technique. Minoritaires, leurs avis ne résistèrent pas à l'impatience des physiciens pressés de savoir s'il existait une possibilité réelle de créer un plasma thermonucléaire en laboratoire. Aujourd'hui, les résultats des grandes machines ont donné une réponse positive à cette question et le volet technologique se retrouve au premier plan. Il se résume en trois questions. Comment éviter l'activation radioactive des matériaux de structure du réacteur ? Quels matériaux résisteront à plusieurs années d'irradiation par les neutrons énergétiques ? Comment fonctionnera le cycle de régénération du tritium ? Aucune de ces questions ne met en cause la construction d'Iter. Mais la mise en œuvre industrielle exige des réponses.

Aujourd'hui, les métallurgistes sont convaincus que des alliages spéciaux ou des matériaux composites peuvent assurer une activation assez réduite pour que les déchets ne posent plus de problèmes radiologiques dramatiques puisque la décroissance de la radioactivité permettrait leur recyclage après une centaine d'années. Les deux autres interrogations ne peuvent recevoir de réponses complètes que dans un dispositif expérimental reproduisant l'irradiation neutronique d'un réacteur de fusion. Dans un premier temps, la fission viendra au secours de la fusion en mettant à sa disposition ses réacteurs, qu'ils soient à neutrons lents ou rapides. Les neutrons de ces réacteurs à fission parviennent aussi à bousculer les atomes de sorte que les spécialistes des matériaux ont dû trouver des solutions appropriées. Ils donnent déjà des indications sur ceux qui conviendraient à la fusion. Mais un autre risque la menace : l'énergie élevée des neutrons de fusion permet de nombreuses réactions nucléaires, provoquant des transmutations avec émission d'un noyau d'hélium 4, c'est-à-dire d'une particule alpha. Cet hélium s'accumule et forme des petites poches de gaz qui détruisent la cohésion du matériau à long terme. Ne pas y remédier risquerait de rendre la fusion inexploitable sur le plan économique en raison du coût de remplacement trop fréquent des éléments exposés. Pour trouver des solutions convaincantes, un accélérateur spécialisé irradiera une cible dans laquelle des réactions nucléaires produiront des neutrons avec les propriétés souhaitées, donc capables de créer les particules alpha et de générer les déplacements de noyaux. Le problème reste entier aujourd'hui, mais les spécialistes de métallurgie nucléaire ne sonnent pas le tocsin annonçant la mort de la fusion. Ils y voient un défi de première grandeur et insistent sur l'urgence d'une prise de conscience débouchant sur un travail collectif.

Dans le réacteur de l'usine, une paroi épaisse, la couverture, devra assurer à la fois la transformation de l'énergie cinétique neutronique en chaleur, son évacuation vers les générateurs de vapeur, la protection des aimants et la régénération du tritium à partir du lithium bombardé par les neutrons de fusion. Cette dernière fonction retient l'attention en raison de sa nouveauté et de son caractère vital. Les réacteurs de fission canadiens, modérés par eau lourde, produisent du tritium à raison de quelques kilogrammes par an. Le stock actuel ne dépasse pas 15 kilogrammes. Il alimentera Iter qui consommera 7,5 kilogrammes de tritium au cours de sa vie, soit moins d'un mois de fonctionnement de la machine de démonstration qui suivra. Cette dernière devra donc impérativement produire le tritium dont elle aura besoin. Quant au réacteur de l'usine, il lui faudra plusieurs kilogrammes de tritium par semaine. Dans la machine de démonstration et les réacteurs de production, le tritium proviendra du lithium situé dans la couverture où il subira une irradiation par les neutrons de fusion. À chaque neutron correspond la consommation d'un noyau de tritium dans le plasma. Pour assurer le renouvellement du stock de tritium, il faudrait que chaque neutron de fusion produise un atome de tritium en interagissant avec le lithium. Du plomb ou du béryllium assurera la fonction de multiplicateur de neutrons et compensera les pertes inévitables. Ce mélange peut être solide, si la température reste du même ordre que dans les réacteurs actuels à fission. Il sera peut-être liquide s'il devient le fluide caloporteur dans une option à haute température. Le principe de cette régénération pourra subir une première validation dans Iter à l'aide de quelques modules d'essai.

Le temps de construction d'Iter est estimé à dix ans. Il sera exploité pendant vingt ans. Son successeur serait une machine de démonstration fonctionnant comme un réacteur, sans remplir les conditions de rentabilité économique. Seules ces dernières requièrent des matériaux aux performances inédites qui ne seront atteintes que dans l'installation suivante, un prototype de l'usine de production. L'exploitation réelle commencerait après cette troisième machine. Avec un tel calendrier, il ne faut rien attendre de la fusion avant 2050. Mais les climatologues et les géologues rappellent que le temps presse. Récemment, une commission d'experts européens, présidée par le conseiller scientifique du gouvernement britannique, a proposé de supprimer l'étape du prototype en commençant les études de matériaux immédiatement, alors que, dans le schéma précédent, elles devaient attendre la fin de la construction d'Iter. Il en coûtera six cents millions d'euros supplémentaires, dès maintenant. Cette attitude très volontariste rapprochera peut-être la fusion de dix à vingt ans. Mais, plutôt que prendre ces prévisions trop au sérieux, on peut se contenter d'insister sur la place des études technologiques dans les décennies à venir. De leurs succès dépendent finalement la mise en œuvre commerciale de la fusion et son acceptabilité économique.

Les oracles n'annoncent pas que de mauvaises nouvelles. Quelques indices laissent penser que de bonnes surprises pourraient accélérer le rythme. Certains n'excluent pas l'ignition dès les dernières phases du programme dit « avancé ». Ce concept d'ignition conservera une certaine ambiguïté. En effet, dans sa définition première, le régime d'ignition impliquait un fonctionnement de la machine sans aucune injection d'énergie. Si le courant se maintient uniquement par induction, l'énergie injectée reste négligeable devant la puissance de fusion et l'ignition conserve un sens. Dans les observations, elle se manifestera par un changement de variable de contrôle. C'est surtout l'alimentation en combustible, et non plus l'injection d'énergie, qui déterminera la puissance de fusion produite et la température du plasma. Les impulsions pourraient cependant durer plusieurs centaines de secondes en régime purement inductif, mais la restriction à ce régime impliquerait l'impossibilité de maintenir l'ignition en régime stationnaire.

Si le régime permanent semble indispensable, l'utilisation d'une méthode non inductive pour générer le courant risque de mettre l'ignition hors de portée. En effet, une telle méthode s'accompagne toujours d'une injection d'énergie importante qui exclut pratiquement l'ignition. Le régime d'ignition et le fonctionnement en régime permanent révèlent ici leur incompatibilité. Il reste encore l'espoir de se passer de toute excitation extérieure du courant si le courant autogénéré par le gradient de pression se montre docile. Il ne faut pas oublier non plus que l'ignition ne fait plus partie des conditions nécessaires à la réalisation d'un réacteur, pour les raisons données au chapitre 1.

Mais les fanatiques de l'ignition imaginent d'autres solutions. Par exemple, les barrières thermiques internes, découvertes récemment dans les tokamaks, introduiraient de profonds changements dans l'évolution du confinement magnétique, si leur maîtrise devenait suffisante. Elles offriraient un moyen de façonner le profil de la pression du plasma. Or, comme on l'a déjà souligné, la simple existence d'un gradient de pression entraîne une génération de courant qui ne demande ni induction ni injection d'énergie. Sans moyens d'action sur le profil de pression, la répartition spatiale du courant ne convient pas au confinement optimal. Mais des barrières thermiques judicieusement disposées donneraient un moyen supplémentaire d'améliorer cette répartition. Ces idées montrent qu'Iter sera le contraire d'une expérience de production sans thème de recherche exploratoire, comme on tente de le faire croire parfois. La prudence a présidé au choix des performances nominales, mais l'exploration des zones périlleuses apportera certainement son lot d'émotions glorieuses.

Les machines à confinement inertiel devront aussi assurer la récupération de l'énergie libérée dans la micro-explosion, renouveler le tritium et protéger les optiques des lasers. L'absence de champ magnétique donne plus de liberté pour imaginer les solutions possibles. Par exemple, un écoulement de mélange lithium-plomb liquide assurerait la protection du premier mur, jouerait le rôle de fluide caloporteur et régénérerait le tritium. Un lit de galets fluidisé pourrait remplacer ce mur liquide. En revanche, le principe des microexplosions implique des irradiations instantanées beaucoup plus intenses que l'irradiation moyenne. Quel en sera l'impact sur la tenue des matériaux ? Il sera difficile de le savoir avant l'expérience en vraie grandeur.

Dans ce domaine du confinement inertiel, l'espoir de bonnes surprises s'appuie aussi sur des arguments raisonnables. L'un des plus solides pourrait naître de l'idée récente que le point chaud serait créé par un laser annexe, d'énergie plus faible que le laser de compression. En revanche, la puissance crête gigantesque de ce laser annexe donnerait la possibilité de générer un point chaud latéral sur la cible comprimée avant sa désagrégation et d'amorcer la réaction de fusion dans le milieu à haute densité. Un tel schéma devrait diminuer la sévérité des prescriptions imposées à la cible et réduire leurs coûts. En principe, dans ce nouveau scénario, l'énergie demandée au laser de compression pourrait diminuer, ce qui rapprocherait sa date de fonctionnement avec un rendement acceptable. Rien ne s'oppose à son adaptation à un accélérateur d'ions lourds. Les résultats du National Ignition Facility, à Livermore, et ceux du Laser mégajoule vont déjà donner de précieuses indications sur les tolérances supportables dans l'usinage des cibles. Le franchissement du seuil de l'ignition va bouleverser la vision du problème dans un sens rassurant ou décevant, mais certainement en permettant de réfléchir à partir d'une base éprouvée. Les idées nouvelles pourront alors se confronter à une réalité pour évaluer leurs avantages et leurs inconvénients.

Cet exercice de voyance raisonnée montre qu'il n'existe pas encore de route toute tracée vers la fusion. Cependant, une direction se fait jour dans les choix et les engagements : avancer au moindre coût dans l'évaluation des possibilités réelles d'exploiter cette forme d'énergie. C'est le chemin qu'empruntent tous les pays industrialisés lorsqu'ils trouvent un accord sur la définition et les objectifs d'Iter. Bien d'autres doctrines ont tenté de s'imposer, donnant lieu parfois à d'âpres affrontements. Le livre de Paul-Henri Rebut, *L'Énergie des étoiles,* rapporte les divergences qui ont accompagné les choix déterminants du confinement magnétique dans les années 1990. L'auteur, lui-même premier directeur d'Iter, avoue que la ligne officielle, centrée sur un unique projet, ne lui paraissait pas optimale. « Il aurait été plus sage, écrit-il, de concevoir un programme commun correspondant à plusieurs machines moins complètes mais traitant séparément les problèmes, et de développer en parallèle les technologies pour un réacteur industriel. » À la limite, il aurait préféré retarder Iter pour en faire une véritable expérience de faisabilité industrielle à fort contenu technologique. Il met en lumière les positions antinomiques des tenants de l'ignition à tout prix et des inconditionnels du régime permanent. Cette bataille n'a pas pris fin malgré une solution de compromis pour Iter qui pourra expérimenter les deux régimes dans le cadre du programme avancé.

Les partisans de l'ignition restent très actifs aux États Unis. Au cours des quinze dernières années, ils ont déposé plusieurs propositions d'expériences, de petite taille et relativement bon marché, avec pour objectif primordial l'ignition en régime transitoire. Pour y parvenir, ils choisissent de confiner le plasma dans un champ magnétique très intense, en lui donnant une forme aussi trapue que possible. Ainsi peuvent-ils réduire le volume de plasma, augmenter sa densité sans violer les conditions de stabilité, et entrer dans le domaine de l'ignition pendant des durées de plusieurs dizaines de secondes. En ce qui concerne l'extrapolation au réacteur, ces tokamaks à champ fort ont un atout : la puissance produite par unité de volume dépasserait nettement celle des configurations du type d'Iter, ce qui plairait aux utilisateurs pour qui une production trop diluée crée des complications et des coûts supplémentaires. En revanche, ils souffrent d'un grave défaut, car, pour ces valeurs très élevées du champ magnétique, les supraconducteurs doivent céder la place aux conducteurs classiques qui ne peuvent convenir au fonctionnement stationnaire d'un réacteur. Mais ces inconvénients à long terme ne refroidissent pas l'enthousiasme des promoteurs de ces machines pour l'ignition, considérée comme une performance scientifique en elle-même. Ils s'attendent à découvrir des lois et des comportements spécifiques à cet état. Si l'on se rappelle l'importance de l'ignition dans les supernovae, cet intérêt se justifie. Mais la prudence et la compétition avec d'autres projets scientifiques ont dicté la position conservatrice des grands pays industriels.

Le confinement inertiel se prête moins aux chemins de traverse. Son unique objectif officiel concerne la défense et la défense a des impératifs qui ne souffrent pas la discussion. De plus, seuls les initiés connaissent les objectifs finaux qui doivent rester secrets. Dans ces conditions, qui se risquerait à proposer une autre voie sans en connaître la destination ? Subsiste une certitude : la fusion par confinement inertiel progressera d'abord par des améliorations de la compression, donc, avant tout, du pilote. Laser à solide, laser à gaz, accélérateur d'ions lourds, d'ions légers, d'agrégats, strictions diverses, beaucoup de propositions ont donné lieu à des réalisations impressionnantes et parfois prometteuses. Pour les deux grandes installations laser en construction, le choix du verre dopé au néodyme pour le pilote a provoqué des réticences et des reproches en raison de la technologie utilisée, parfois qualifiée d'obsolète. Mais, précisément, la grande expérience acquise sur ces lasers de puissance permettait d'envisager le développement de la technologie à grande échelle, tout en garantissant la fiabilité indispensable à un système qui ne tolérera aucune faille technique. Le sacrifice du rendement garantissait les performances nominales en reportant toute l'attention sur l'implosion, raison d'être de l'expérience.

Le côté apollinien de la fusion resterait incomplet si, par prudence, les applications aux armes ne faisaient l'objet d'aucun commentaire. Apollon pouvait manier le châtiment foudroyant : dès le début de l'*Iliade*, il manifeste sa puissance destructrice en frappant les Grecs de la peste pendant neuf jours, après qu'ils eurent capturé la fille de son prêtre et c'est également lui qui guide la flèche de Pâris qui devait tuer Achille. Les bombes H ont donné les engins les plus destructeurs jamais élaborés. Les réactions de fusion y jouent indéniablement un rôle. Georges Charpak et Richard L. Garwin en donnent une idée succincte dans *Feux follets et champignons nucléaires*. Le principe de la bombe H, inventée par le mathématicien Ulam et le physicien Teller en 1951, repose sur l'utilisation des neutrons de fusion pour améliorer le rendement des matériaux fissiles, c'est-à-dire du plutonium et de l'uranium. L'explosion d'un engin à fission permet de mettre les matières fusibles (deutérium et lithium, avec ou sans tritium) dans les conditions où les réactions de fusion se déclenchent et les neutrons générés produisent une exaltation de la fission de l'uranium ou du plutonium. Faut-il donc considérer les futurs réacteurs à fusion comme potentiellement proliférant ? Un pays malintentionné, en possession de tritium, de deutérium et de lithium, n'aurait aucune possibilité d'utiliser les réactions de fusion à des fins destructrices s'il n'a pas déjà la maîtrise des armes à fission. La nature, pour une fois, a bien fait les choses, car la fabrication du deutérium et du tritium ne pose pas de problème bien difficile et le lithium se trouve partout. La partie fissile, au contraire, relève de technologies très évoluées, qui demandent la construction d'usines difficiles à cacher et d'éléments caractéristiques repérables. Il semble que les inspecteurs de l'Agence internationale de l'énergie atomique de Vienne n'aient pas de consigne particulière concernant le tritium, bien que celui-ci figure sur la liste des matériaux dont l'exportation est contrôlée dans plusieurs pays. En revanche, ils doivent signaler toute présence de deutérium ou d'eau lourde en grande quantité, non pas à cause d'une utilisation possible pour la fusion, mais en tant que modérateur peu absorbant pour les neutrons et donc ingrédient possible d'un réacteur à fission produisant du plutonium. Évidemment, l'enrichissement de l'uranium à des taux élevés et la séparation du plutonium font partie des signaux les plus inquiétants, mais relativement faciles à détecter, au moins dans les pays acceptant l'inspection.

Dans *Quelles énergies pour demain ?*, Robert Dautray tire fort la sonnette d'alarme en écrivant : « Un danger pourrait concerner la prolifération : le tritium utilisé puis produit par les installations thermonucléaires est, en utilisant des masses infimes, l'un des ingrédients principaux des armes nucléaires des arsenaux de haut niveau technologique[22]. » S'il est vrai qu'il suffit de masses infimes, quel rôle jouerait cet engin complexe et fragile qu'est une installation de fusion nucléaire, alors qu'existent des méthodes simples et fiables pour produire du tritium en petites quantités ? Les ogives nucléaires n'ont pas attendu les réacteurs à fusion pour se multiplier dans les arsenaux.

En revanche, l'exploitation industrielle de la fusion pourrait se trouver compromise au cas où un traité international viendrait interdire toute production supplémentaire de tritium, en espérant que sa décroissance radioactive naturelle conduise à une réduction automatique du nombre de têtes nucléaires opérationnelles. Dans les prochaines décennies, la fusion contrôlée ira dans le sens souhaité par les partisans du traité, puisqu'elle consommera de grandes

---

22. Robert Dautray, *Quelles énergies pour demain ?*, Odile Jacob, 2004, p. 153.

quantités de tritium sans en produire. Elle fera donc diminuer le stock existant. Si les nations examinent la possibilité de mettre en œuvre un tel traité, elles devront évaluer le préjudice que causerait l'arrêt des travaux sur la fusion civile et le mettre en balance avec le gain qu'en retirerait la sécurité du monde. Il faudra attendre d'en savoir plus sur les capacités réelles de la fusion nucléaire contrôlée. Aujourd'hui, le vrai problème se situe plutôt du côté des matières fissiles et c'est là que doit s'exercer la surveillance. La recherche de technologies non proliférantes conditionne la généralisation de la fission comme véritable substitut aux combustibles fossiles.

Si le réacteur électrogène à fusion n'a pas besoin d'ingrédients proliférants, il pourrait en produire. Les neutrons énergétiques de la fusion provoquent facilement des réactions nucléaires et des transmutations. De là à essayer de les utiliser pour fabriquer des matériaux fissiles pour les armes, il y a un pas que pourraient franchir des États agressifs. Pour s'assurer des bonnes intentions d'un pays doté d'installations thermonucléaires civiles, une inspection pourra vérifier l'absence totale de matière fissile dans les réacteurs. Les spécialistes de la fission, quant à eux, estiment qu'utiliser la fusion dans un tel but manifesterait une volonté de se compliquer la vie inutilement, puisque ce genre d'opération peut s'effectuer dans les réacteurs à fission dont la technologie semble plus facile à maîtriser.

Que dire d'une attaque terroriste visant à voler le tritium pour contaminer une région ? A-t-on jamais volé des déchets radioactifs dans les réacteurs à fission pour une telle opération terroriste ? A-t-on détourné des produits chimiques dangereux afin de les répandre dans la population ? Pour obtenir une réponse, Gaston Bachelard n'est d'aucune aide. Mieux vaudrait interroger Javert, Sherlock Holmes ou James Bond. Mais c'est une autre histoire.

DU CÔTÉ DES PLASMAS CHAUDS

CHAPITRE 3

LE PARADIGME
DE LA TASSE DE THÉ

Faut-il sauver les plasmas chauds ?

Si la fusion échouait, ce qu'à Dieu ne plaise, que resterait-il de cet effort de recherche scientifique internationale sur près d'un siècle ? Ce programme, unique en son genre, laisserait-il une trace, capable de braver le temps et la disparition de son objectif utilitaire grandiose ? Plusieurs domaines doivent certains de leurs progrès à l'existence des recherches sur la fusion. La théorie des systèmes non linéaires, les techniques numériques, la spectroscopie, l'électromagnétisme, les lasers, les sources d'ions, l'imagerie ont tiré avantage des questions soulevées sans qu'il s'ensuive de véritables révolutions. En revanche, la physique des plasmas a subi un bouleversement complet dont une partie au moins pourrait résister à l'usure du temps par sa propre dynamique. Avant que la fusion ne prenne le départ, les plasmas formaient une annexe de la physique des gaz caractérisée par des mesures imprécises et peu reproductibles qui compromettaient l'interprétation des résultats. Les astrophysiciens connaissaient déjà les principales propriétés de ce milieu dont ils reconnaissaient l'importance, mais ils ne ressentaient pas le besoin d'un approfondissement et d'une expérimentation spécifique. Après un demi-siècle de recherche sur la fusion, la physique des plasmas s'appuie aujourd'hui sur des diagnostics puissants et une théorie élaborée, tout en profitant au mieux de la puissance des ordinateurs. Même si la complexité extrême des situations dans les machines de fusion échappe parfois à l'explication limpide, ces outils permettent d'identifier la nature des phénomènes en jeu et de prédire leur apparition. Enfin, des expériences ont validé les concepts fondamentaux, complétant le tableau d'arguments qui donnent à cette physique un statut analogue à celui des autres branches reconnues et indiscutables.

Pourtant, la situation réelle de la physique des plasmas ne correspond pas à cette conclusion. Aux États-Unis, par exemple, ce domaine ne reçoit de financement qu'à travers des programmes d'application rattachés à l'énergie, à la défense, à l'électronique, à l'environnement, à l'espace. Cette situation anormale crée une spécialisation qui entrave le dialogue et les échanges d'information sur des questions communes aux différents sujets. Les Académies nationales des États-Unis ont décidé en 2005 de confier à un comité le soin de faire des propositions pour optimiser le développement de ce secteur. Son rapport conclut à l'existence d'un corpus de connaissances communes à tous les travaux sur les plasmas, ce qui leur confère le droit à un développement autonome. Il recommande une intégration de tous les programmes correspondants dans l'Office of Science du Département de l'Énergie. Celui-ci assurerait une approche unifiée des questions liées aux plasmas et prendrait en charge les aspects fondamentaux, sans briser les liens avec les agences d'origine. Cette proposition répond au malaise qui règne dans une collectivité scientifique dont le rôle s'accroît très rapidement. Elle réagit également aux critiques qui ne voient pas en quoi ces milieux demandent une physique particulière rendant compte de leur comportement et leur dénient le droit de constituer une branche de la science à part entière. Le plus souvent, il est vrai, les plasmas interviennent à l'intérieur d'un autre thème de la physique qu'ils parasitent en quelque sorte, si bien qu'ils semblent incapables de vivre par eux-mêmes. En France, en Europe, en Asie, les plasmas ont droit de cité, les registres officiels les incluent dans la physique ou la chimie en tant que tels. Mais, dans les instances d'évaluation, beaucoup de spécialistes des plasmas restent indissociables des disciplines pour lesquelles ils travaillent, comme les procédés industriels, l'astrophysique, l'observation spatiale, la fusion.

Ces préoccupations existentielles ne méritent probablement pas de trop longs développements dans ce chapitre consacré à la physique des plasmas. Il y a une cinquantaine d'années, un professeur du Massachusetts Institute of Technology avait accepté de débattre avec quelques chercheurs parisiens en proie au doute. Le sujet des discussions se réduisait à la simple interrogation : « La physique des plasmas existe-t-elle ? » « Ne perdez pas votre temps à vous poser des questions pareilles, avait-il répondu en substance. Retournez dans vos laboratoires et travaillez pour que la physique des plasmas existe. C'est beaucoup plus intéressant. » Le travail n'est pas terminé, mais il a beaucoup avancé et, dans le bilan qui suit, le lecteur trouvera de quoi se former une opinion sur la nature de la physique des plasmas et son aptitude à devenir une branche de la physique. Toutefois, la présentation restera limitée aux plasmas chauds et peu denses, les plus surprenants et les plus importants pour la fusion nucléaire contrôlée.

La physique des plasmas aurait pu se développer sans la fusion. D'ailleurs, celle-ci a joué un rôle négligeable pour les plasmas industriels dont la remarquable expansion a abouti, en particulier, aux écrans de télévision modernes, grâce auxquels tout le monde parle du plasma comme d'un milieu familier et sans mystère. Dans la vie courante, les plasmas se manifestent depuis toujours sous des formes variées. La plus ancienne, la foudre, arme de Jupiter, a longtemps terrifié l'homme et l'a probablement conduit à la découverte du feu. Les plasmas des éclairs illuminent les ciels d'orage. Les photographes utilisent le même mécanisme dans les lampes à flash. On trouve aussi des plasmas dans les lampes à arc, les tubes luminescents, les interrupteurs et les disjoncteurs électriques. Éléments essentiels de la microélectronique industrielle, les plasmas interviennent dans les méthodes modernes de gravure des circuits intégrés. Les torches à plasma permettent de traiter les matériaux réfractaires. L'accident de la navette spatiale *Discovery* a donné une publicité inattendue et attristante au plasma engendré par l'échauffement de l'air autour du bouclier thermique pendant la rentrée dans l'atmosphère. La sonde spatiale SMART-I a voyagé de la Terre à la Lune en se faisant pousser par un propulseur à plasma. Mais tous ces phénomènes naturels et ces applications se rattachent difficilement à la physique dont la fusion a besoin. En effet, ces situations se caractérisent par des températures très inférieures à celles des plasmas de fusion, et par un mélange de particules chargées et d'atomes non ionisés, où ces derniers prédominent largement. La présence simultanée de ces atomes neutres et d'électrons assez énergétiques produit un rayonnement intense qui donne à ces plasmas une luminosité mise à profit dans les applications. Le couplage de la composante ionisée avec le gaz neutre domine leur physique.

En revanche, la fusion exige des températures si élevées que les électrons ne peuvent rester liés aux noyaux des éléments légers (hydrogène, deutérium, tritium, hélium). Leur énergie cinétique dépasse largement l'énergie nécessaire pour arracher les électrons des atomes. Ceux-ci se transforment en ions chargés positivement, ils s'ionisent. La capture d'un électron par un ion devient impossible et tout atome neutre serait immédiatement ionisé par l'impact d'un électron. Donc, à haute température, le plasma devient plus simple puisqu'il se compose uniquement d'ions et d'électrons libres. Les effets quantiques disparaissent.

« L'électron, en quittant l'atome, cristallise hors de la brume schrödingerienne comme un génie sortant de sa bouteille », écrit Sir Arthur Eddington[1]. L'absence d'atomes dans ces plasmas chauds ne les empêche pas de rayonner, comme tout corps à température non nulle. L'émission se produit lorsqu'un électron passe à proximité d'un ion et subit une accélération, créant ainsi un courant à variation rapide qui rayonne comme une antenne. Mais ce rayonnement se produira essentiellement dans le domaine des rayons X de basse énergie qui n'impressionnent ni la rétine ni une pellicule photographique ordinaire. Les plasmas de fusion restent donc invisibles. Cette particularité s'observe bien sur les photographies des plasmas de tokamaks, comme le Jet : le plasma chaud n'émet aucune lumière visible et semble totalement transparent, bien qu'il contienne toute l'énergie. Une lueur violette subsiste sur ses bords, aux confins du divertor où la température baisse avec la remontée de la densité des atomes neutres. L'utilisation d'une imagerie en rayons X fournit une plus juste idée de la répartition de la densité et de la température. Cette invisibilité à l'œil nu du plasma et du champ magnétique qui le confine a pu troubler certains esprits peu familiers des caprices de la physique. C'est ainsi que la physique des plasmas chauds s'est vue quelquefois qualifiée d'abstraite et, du fait de cet aspect fantomatique, n'a pu figurer parmi les objectifs officiels de certains programmes de fusion. On a même entendu de modernes saint Thomas déclarer : « Je ne croirai aux plasmas chauds qu'après en avoir vu. »

Parfois, les plasmas chauds se donnent en spectacle avec une générosité qui devrait vaincre l'incrédulité. Mais ces instants se méritent ; ils demandent un effort et une organisation qui sont déjà des actes de foi. Par exemple, la couronne solaire, visible lors des éclipses totales de Soleil, requiert une mobilisation importante puisqu'il faut se trou-

---

1. Arthur Eddington, *The Nature of the Physical World*, Londres, J. M. Dent & Sons Ltd, 1935, p. 197 (traduction de l'auteur).

ver, à une date et à une heure précises, à l'intérieur d'une étroite bande de terrain, avec un ciel clair et des lunettes spéciales. Ces conditions étant remplies, la récompense fait oublier les contraintes. Le nez chaussé de lunettes noires, le spectateur suit l'occultation par la Lune des rayons lumineux en provenance du Soleil. Quelques minutes avant l'éclipse totale, il constate qu'il ne reste plus qu'un très mince croissant très lumineux dans le ciel noir. Lorsque le croissant se réduit à un point, il peut se débarrasser de ses protections oculaires en les gardant à portée de la main. Il découvre alors la couronne solaire, ornée d'un diamant d'un incroyable éclat qui disparaît rapidement en même temps que s'éteignent les cris de surprise et d'admiration. Pendant plusieurs minutes, il peut sereinement observer ce gigantesque plasma chaud qui semble s'échapper de l'ombre lunaire. Formant une sorte de chevelure lumineuse, ébouriffée par un vent mystérieux, elle se perd dans la nuit noire parsemée d'étoiles. Certaines régions plus sombres dessinent des mèches, d'autres plus brillantes forment des sortes de boucles. Mais, après quelques minutes, le diamant réapparaît. Il faut s'équiper à nouveau de protection oculaire et attendre que le ciel reprenne ses couleurs habituelles.

La couronne forme une sorte d'atmosphère autour du Soleil. Elle jaillit de sa surface, mais, alors que la température de cette dernière ne dépasse pas 6 000 degrés Kelvin, un mécanisme, encore mal compris, porte la couronne à plusieurs millions de degrés. En raison de cette température très élevée, la couronne n'émet pas de rayonnement visible, mais les électrons du plasma coronal diffusent[2] la lumière solaire et donnent ainsi à la couronne une faible luminosité, observable seulement au cours d'une éclipse totale. En effet, pendant cette courte période, la Lune inter-

---

2. La diffusion de la lumière s'observe bien dans une chambre rarement balayée où un rayon de Soleil semble se matérialiser en colonne de poussières brillantes.

cepte toute la lumière émise en direction de l'observateur par la surface du Soleil, permettant ainsi d'observer le phénomène à l'œil nu sans danger. Pour la même raison, le ciel devient noir, car lui-même n'émet pas de rayonnement propre visible. Sa luminosité, en temps normal, provient de la diffusion du rayonnement solaire par les molécules de l'atmosphère terrestre. Avec le Soleil caché par la Lune, les molécules n'ont plus rien à diffuser et c'est la nuit. Mais la couronne s'étend au-delà de la zone occultée par la Lune et reste éclairée par le Soleil qu'elle entoure. Les électrons du plasma chaud peuvent donc diffuser vers l'observateur une petite partie du rayonnement solaire. La couronne devient visible en se détachant sur le ciel obscur. Sa faible luminosité persiste en l'absence d'éclipse, mais elle ne peut s'observer lorsque le Soleil brille à cause de l'éblouissement, à moins de disposer d'un équipement spécial.

L'observation d'une éclipse totale a de quoi troubler le saint Thomas moderne. Sans aller jusqu'à lui permettre de toucher du doigt un plasma chaud, il y trouverait de quoi ébranler son scepticisme. Il en aurait sous les yeux un dont les dimensions se mesurent en millions de kilomètres et qui suit les lignes de champ comme dans le confinement magnétique. L'écoulement transporte les hétérogénéités de densité. Le champ magnétique empêche leur homogénéisation en les confinant transversalement. Les structures forment donc de longs filaments qui suivent les lignes du champ magnétique solaire, comme la limaille matérialise les lignes du champ créé par l'aimant. La direction du champ magnétique solaire, essentiellement radiale, explique l'aspect d'une chevelure dressée par le vent.

En laboratoire, les plasmas de fusion sont souvent observés à l'aide du mécanisme qui rend visible la couronne solaire et ses filaments. Mais la source de lumière n'est plus le Soleil. Le laser le remplace avantageusement en raison de sa très grande luminosité qui compense les très faibles épaisseurs des plasmas de laboratoire comparées à celle de la couronne. Cet exemple illustre une observation que rappellent souvent les commentateurs, notamment ceux qui composent le comité cité plus haut des Académies nationales américaines. Ils rappellent qu'en physique des plasmas, les lois et les mécanismes restent valides dans des situations correspondant à des changements d'échelle gigantesques, comme ici entre le plasma de laboratoire et la couronne solaire. À juste titre, ils en tirent argument pour justifier la cohérence et la puissance de cette physique. Cet exemple montre que la transposition s'étend au diagnostic du plasma de laboratoire.

C'est encore un plasma chaud qui donne aux habitants des hautes latitudes ces magnifiques illuminations théâtrales que sont les aurores boréales. Comme dans le cas de l'éclipse, jouir du spectacle exige des conditions particulières qui peuvent entraîner un certain inconfort. Les aurores s'observent par une nuit sans nuage, souvent très fraîche, dans les régions arctiques ou antarctiques. Mais, contrairement aux éclipses, leur apparition n'obéit pas à une loi mathématique et reste assez capricieuse, ce qui peut conduire à une frustration justifiée après une attente infructueuse, à l'écart de tout éclairage urbain, debout pendant plusieurs heures dans un parking balayé par un vent glacial. Ces circonstances doivent expliquer l'absence d'engouement touristique pour ces phénomènes impressionnants aux variations infinies.

Contrairement à la couronne solaire, les aurores boréales ne permettent pas de contempler directement un plasma chaud. Les immenses draperies multicolores et ondulantes d'est en ouest, sur des milliers de kilomètres, reflètent bien les mouvements et les déformations d'un plasma chaud, mais celui-ci se situe à des dizaines de milliers de kilomètres de là, dans la direction opposée à celle du Soleil. L'atmosphère joue un rôle analogue à celui de l'écran cathodique des télévisions. Très loin de la Terre, un plasma invisible évolue en accélérant des électrons. Le champ magnétique terrestre guide ces électrons énergétiques vers la Terre et plus précisément vers les ovales auroraux qui couvrent des régions voisines des pôles. Lorsqu'ils atteignent l'atmosphère, les électrons provoquent une émission de lumière en interagissant avec les molécules d'oxygène et d'azote. La situation rappelle celle d'un récepteur de télévision, où l'image se forme grâce à la luminescence de l'écran sous l'impact d'électrons accélérés, émis à l'autre extrémité du tube cathodique. Dans le cas des aurores, les mouvements du plasma lointain modulent l'intensité et la position des faisceaux d'électrons. Dans le cas de l'écran cathodique, le signal, reçu par l'antenne ou transmis par le câble, joue le rôle du plasma, après une amplification suffisante.

D'où vient ce plasma chaud dont les aurores boréales projettent les gracieuses évolutions sur les ciels nocturnes de l'Alaska ou de la Laponie ? Il se forme lors de la rencontre du vent solaire avec le champ magnétique terrestre. Le vent solaire n'est autre que de la matière solaire ionisée qui échappe à la gravité stellaire et se détend dans l'espace interplanétaire. Lorsqu'il rencontre le champ du dipôle magnétique terrestre, un système de courants électriques se développe. Le mouvement du plasma conducteur dans le champ magnétique statique de la Terre induit ces courants comme dans une dynamo où le rotor conducteur tourne dans le champ magnétique du stator. Ces courants produisent un champ magnétique qui s'ajoute à celui de la Terre, modifiant considérablement la configuration magnétique sur des distances supérieures à dix rayons terrestres. Les lignes de champ dessinent alors dans cette région une sorte de cavité, contenant un plasma chaud. Elle se prolonge, dans la direction antisolaire, par une queue magnétique confinant une mince couche de plasma qui s'étend au-delà de l'orbite lunaire. La dynamique de cet ensemble reste assez énigmatique et, malgré leurs efforts, les physiciens ne parviennent ni à déchiffrer le langage des aurores ni à mettre leurs arabesques lumineuses en équations. Grâce à une mission spatiale récente, mobilisant quatre satellites volant en formation, la compréhension devrait progresser rapidement. Ces deux exemples montrent déjà que les plasmas chauds savent se mettre en scène mais qu'ils ne se laissent pas approcher facilement. Quant à l'explication de leur comportement, elle demande que soient d'abord établies les lois physiques qui les régissent.

Les gaz, les plasmas, quelles différences ?

Les astrophysiciens, les premiers, eurent à comprendre les propriétés de ces gaz ionisés en interaction avec les champs électromagnétiques. Ils s'appuyèrent sur une description hydrodynamique du plasma. L'hydrodynamique, généralisée aux fluides compressibles, constitue une sous-discipline baptisée « mécanique des fluides ». Elle intervient dans une multitude de domaines allant de l'acoustique à l'aéronautique en passant par la géophysique, la météorologie ou l'océanographie. Dans la fusion par confinement inertiel, elle domine toute la phase de l'implosion. Elle s'applique dès lors que l'état d'un milieu continu peut se décrire à l'aide d'un ensemble de variables locales comme sa pression, sa vitesse, sa température, sa densité, sa composition chimique. Dans un élément du fluide, ces quantités évoluent alors sous l'action des forces extérieures et des interactions avec les éléments voisins. En réalité, cette description recouvre une évolution microscopique des composants élémentaires comme les molécules ou les atomes qui composent le fluide. La qualification « microscopique » rappelle que les échelles correspondantes de longueur et de temps restent très inférieures à celles qui interviennent dans l'hydrodynamique, qui, elle, se vérifie aux échelles dites « macroscopiques ».

La validité de la mécanique des fluides pour décrire les plasmas a été au centre d'un débat animé après la Seconde Guerre mondiale, particulièrement entre Lev Landau et Anatoly Vlasov en URSS. Lev Landau mit fin à cette controverse en mettant en évidence des comportements radicalement différents entre ces deux états de la matière. Ses travaux montraient que les équations de la mécanique des fluides devaient céder la place à des équations décrivant l'évolution aux échelles microscopiques. Petite ironie de l'histoire, les physiciens les ont baptisées du nom de Vlasov, avec lequel Landau avait beaucoup ferraillé. Toute l'originalité des plasmas tient dans leur capacité à évoluer de manière collective. Dans un gaz, chaque particule vit sa vie indépendamment des autres, leurs interactions se réduisant à se cogner les unes aux autres de temps à autre. Dans un plasma, les ions et les électrons effectuent des mouvements organisés, sans se bousculer, sans intervention extérieure, comme s'ils obéissaient à un mot d'ordre commun. Dans un langage plus scientifique, une interprétation microscopique de la génération du son dans un gaz donnera une idée précise des phénomènes décrits par la mécanique des fluides. Ensuite, l'application de la méthode aux plasmas montrera que le passage du microscopique au macroscopique demande une tout autre approche.

Dans un gaz classique, tel que l'air que nous respirons, les molécules occupent une très faible fraction du volume. Autrement dit, en moyenne, elles restent très éloignées les unes des autres. En raison de leur petite taille, associée à des forces d'interaction à très courte portée, elles s'ignorent les unes les autres et se déplacent en vol libre la majorité du temps. Il arrive, cependant, que deux de ces molécules se rencontrent et interagissent assez brutalement, entraînant une forte déviation de trajectoire. Elles profitent de ces courts instants de contact pour échanger de l'énergie et de l'impulsion. En dehors de ces collisions, elles ne se transmettent aucune information. Malgré leur relative rareté à l'échelle microscopique, ces collisions se produisent très fréquemment dans un gaz à la pression atmosphérique en raison du nombre gigantesque de molécules présentes dans un volume macroscopique : une molécule y subit près de dix milliards de collisions par seconde et la longueur du vol libre n'excède pas le dixième de micron. Comment un système aussi désorganisé peut-il permettre à une onde sonore de s'y propager sans déformation ?

Lorsque le diapason vibre 440 fois par seconde en émettant le *la* naturel, tantôt il pousse un peu les particules voisines de sa surface en les comprimant, tantôt il s'efface, laissant un vide où elles se détendent. Si les collisions n'existaient pas, ce petit excès ou ce défaut de pression ne se transmettrait pas aux autres molécules puisqu'il n'y aurait aucun échange d'information entre elles. Les molécules intéressées seraient transportées loin de la paroi du diapason par le simple effet de leur mouvement de translation à vitesse constante. Mais chacune de ces particules se déplace avec sa vitesse propre qui varie en grandeur et en direction en raison de la dispersion thermique. La perturbation générée par le diapason ne conserverait pas sa forme. Elle s'étalerait dans l'espace, s'amortirait et disparaîtrait à un mètre environ du diapason.

Au contraire, si les collisions sont très fréquentes à l'intérieur du volume à tel point que le déplacement en vol libre des molécules est microscopique comparé à la distance d'amortissement précédente, les particules bousculées par la paroi du diapason auront le temps de transmettre l'information aux particules voisines au cours des collisions, avant que l'amortissement n'intervienne. Ainsi, de proche en proche, la perturbation se propagera à tout le milieu, en suivant les modulations imposées par le diapason, comme ce serait le cas si les molécules étaient au contact les unes des autres. En conclusion, sans collision, dans un gaz, pas de mouvements organisés, pas d'ondes sonores. Ces dernières ne se propagent que si leur longueur d'onde est très supérieure à la distance moyenne parcourue en vol libre par une molécule donnée entre deux collisions, distance appelée généralement « libre parcours moyen » des molécules du gaz.

Dans un plasma chaud, les particules interagissent par le champ électrique lié à leur charge et lorsque les forces nucléaires entrent en jeu, comme cela se produit au moment d'une réaction de fusion. À cause de leur portée très réduite, les forces nucléaires interviennent beaucoup plus rarement que les forces électriques de sorte que les charges électriques des particules dominent les interactions, lorsqu'on veut décrire l'évolution du milieu. Ces charges électriques individuelles des particules introduisent une difficulté dans l'estimation de l'effet des collisions. Contrairement aux interactions moléculaires qui s'annulent au-delà de la taille de la molécule, les interactions électriques décroissent trop lentement avec la distance pour que cette notion de taille ait un sens. Les particules interagissent toutes entre elles, constamment. Dans le plasma, deux espèces de particules de charge opposée sont intimement mélangées, se neutralisant l'une l'autre en moyenne si rien ne vient perturber le milieu en équilibre. Cette neutralité élimine les champs électriques de grande échelle. Mais dans une petite zone autour de chaque ion et de chaque électron règne le champ électrique d'une charge isolée dont l'influence se fait sentir assez loin pour que la trajectoire d'une particule dépende à chaque instant de la position d'un grand nombre d'autres particules, elles-mêmes en mouvement. À des températures assez élevées et des densités modérées, il n'en résulte que de petites déviations de trajectoire.

Celle-ci reste grossièrement rectiligne pendant un temps limité, mais une série de petites déviations aléatoires finit par entraîner un véritable changement de direction. En assimilant ces fluctuations aux collisions, la partie presque rectiligne de la trajectoire permet de définir un libre parcours moyen. Par rapport à celui des gaz ordinaires, la principale différence porte sur l'effet de la température qui augmente la fréquence des collisions dans un gaz et la diminue rapidement dans un plasma. Dans un tokamak, les libres parcours moyens dépassent le kilomètre. On voit qu'il ne faut pas compter sur les collisions pour expliquer les mouvements cohérents. Dans le plasma chaud qui génère les aurores boréales, les libres parcours moyens doivent atteindre des valeurs proches de la distance de la Terre au Soleil. Pourtant, ces plasmas semblent agités par des mouvements organisés divers et fréquents. Le physicien ne peut que s'étonner de cette faculté à s'animer de manière cohérente sans avoir besoin des collisions pour localiser les déplacements de particules et éviter leur mélange rapide.

Cette propriété caractérise les effets collectifs. Dans un gaz ordinaire, les échanges entre particules s'effectuent au cours des collisions entre deux d'entre elles. La somme de ces collisions peut aboutir à une perturbation organisée, comme dans les ondes sonores, mais la collision elle-même reste essentiellement aléatoire et ne peut éviter la conversion d'une fraction de l'énergie dirigée en chaleur avec augmentation de l'entropie. Dans un plasma chaud, sur chaque particule s'exerce la résultante des forces électriques provenant de son interaction permanente avec toutes celles du milieu, chacune n'y contribuant que pour une part microscopique. La somme de ce nombre énorme de contributions microscopiques ne présente plus les variations rapides dans le temps et l'espace qu'on attend d'un système désordonné. La statistique montre que les fluctuations deviennent négligeables devant la valeur moyenne de cette force et rien ne rappelle plus que le milieu se compose de particules discrètes. En y regardant de près, on trouvera les champs localisés au voisinage immédiat des particules, mais leurs effets ne provoquent que de petites corrections. En première approximation, la matière gomme sa structure discontinue et granulaire. Elle ressemble à un milieu continu, comme le pensaient les aristotéliciens.

L'électromagnétisme élémentaire fournit un exemple simple d'effet collectif : la génération du champ magnétique par le courant d'un conducteur et l'action de ce champ sur le courant lui-même. Dans un tokamak, chaque électron porte un microcourant et crée un champ magnétique microscopique en se déplaçant. Mais ces mouvements désordonnés ne conduisent à aucun champ magnétique moyen décelable. En revanche, un champ électrique macroscopique appliqué au plasma donnera une composante ordonnée aux vitesses particulaires. Leur addition se traduit par un courant moyen de plusieurs millions d'ampères. La somme des champs individuels ne s'annule plus et fait apparaître un champ magnétique collectif de l'ordre d'un tesla, qui ne fluctue pas et qui provoque l'enroulement bénéfique des lignes de champ autour du tore en assurant le confinement du plasma. La rareté des phénomènes collisionnels se traduit par une résistance très faible du plasma chaud puisqu'il suffira d'une fraction de volt pour maintenir des courants de plusieurs millions d'ampères dans Iter. Mais, en contrepartie, le chauffage correspondant ne fournira que 1 mégawatt et il faudra en injecter 49 dans le plasma par d'autres moyens pour maintenir la température nécessaire à la production de 500 mégawatts par réactions de fusion.

Emblème des effets collectifs, l'oscillation de plasma en est l'illustration la plus classique. Au début du XXe siècle, Langmuir avait découvert ce phénomène en étudiant des décharges dans les gaz. Si, localement, à l'aide d'une électrode, un champ électrique est brièvement appliqué au plasma, après l'excitation, celui-ci oscille à une fréquence bien déterminée sans que cette oscillation ne se propage comme dans une gelée de groseille. Ce comportement pourrait expliquer l'origine du nom « plasma » donné aux gaz ionisés. Il ne semble pas exister de consensus sur la signification de cette appellation. Elle pourrait se trouver dans le rapprochement entre cette gelée oscillante, qui semble transporter les ions et les électrons, et le plasma sanguin qui joue un rôle analogue pour les globules rouges et blancs. Il ne faut y voir qu'une image, qui correspond très bien à la description moderne des plasmas chauds.

En effet, il est devenu classique de distinguer deux étapes dans l'étude d'un plasma chaud. D'abord, les collisions sont totalement ignorées et la description du milieu ne tient aucun compte du caractère discret des particules qui le composent : c'est l'approximation dite « sans collision ». Ensuite, les effets de particules discrètes viennent perturber ce milieu idéal en introduisant les phénomènes collisionnels. Mais ces effets de particules discrètes s'ajoutent au modèle sans collision, comme si ce dernier constituait une sorte de fluide bizarre contenant les particules chargées, alors qu'en réalité seules ces dernières ont une réalité physique.

L'origine des oscillations de plasma se comprend aisément : le champ électrique imposé perturbe le mouvement des électrons et a peu d'effet sur les ions en raison de leur forte masse ; la densité des électrons n'est plus partout égale à celle des ions. Cette différence entraîne l'existence d'une densité de charge moyenne non neutralisée. Lorsque le champ excitateur disparaît, la séparation de charge subsiste, engendrant un champ électrique collectif. Celui-ci agit sur les particules qui se mettent en mouvement, les charges positives attirant les charges négatives et tendant à ramener le plasma à la neutralité électrique. En l'absence de collisions, ce mouvement vers la neutralité donne aux électrons une vitesse que rien n'amortit, car seules les collisions pourraient dissiper l'énergie cinétique et la transformer en chaleur, mais leur faible efficacité ne le permet pas. Au moment où la neutralité est réalisée, les électrons sont en pleine vitesse et ne peuvent s'arrêter soudainement. Ils continuent sur leur lancée et dépassent la position d'équilibre, générant une nouvelle densité de charge, de signe opposé à la précédente. On conçoit que ce mouvement de bascule se prolonge indéfiniment. Il ne s'amortira que très lentement sous l'effet des rares collisions.

Cette description des oscillations de plasma s'adapte parfaitement à une vision hydrodynamique des électrons, soumis au champ engendré par la densité de charge moyenne. La physique des plasmas n'est-elle donc, finalement, qu'une mécanique des fluides que l'on a compliquée à plaisir ? En 1946, Lev Landau, surtout connu par ses travaux sur la matière condensée, le magnétisme et la physique des très basses températures, sauva les plasmas chauds d'une relégation dans un chapitre de la mécanique des fluides consacré aux situations exotiques. Il prit au sérieux la description du plasma comme ensemble de particules libres, soumises au champ collectif et ne relevant pas du domaine de la mécanique des fluides en raison de l'absence de collisions. Les notions de vitesse et de température d'un élément fluide perdent alors leur intérêt et laissent place à une description entièrement microscopique où il faut prendre en compte correctement la trajectoire de chaque particule. Par un calcul rigoureux, il mit en évidence un effet d'amortissement des oscillations de plasma totalement indépendant des collisions qui se fit bien vite connaître sous le nom d'« effet Landau ». Il s'agit d'un résidu de l'amortissement par dispersion des vitesses, de même nature que celui qui empêchait la propagation du son dans un gaz en l'absence de collision dans l'exemple discuté plus haut. Ce résultat heurtait le dogme classique voulant que toute dissipation d'énergie dirigée s'accompagne d'une augmentation de l'entropie du système, qui, dans un gaz, ne peut croître que par les collisions. Bien des articles tentèrent d'éclaircir ce mystère. La contradiction traduit l'impossibilité d'utiliser les notions thermodynamiques de chaleur et d'entropie dans un tel système sans en modifier les définitions. La vérification expérimentale attendra le milieu des années 1960 lorsque le résultat de Landau sera confirmé et des méthodes calquées sur les échos de spin mettront en évidence le caractère réversible de l'amortissement des ondes. Ces dernières expériences permettaient de faire réapparaître l'onde détruite par effet Landau en faisant interagir des impulsions successives. Elles indiquaient ainsi que, si le champ électrique avait effectivement disparu, l'onde pouvait néanmoins se reconstruire à partir d'informations subsistant dans la distribution microscopique des vitesses des particules. Rigoureusement parlant, il n'y avait pas dissipation au sens thermodynamique, mais il restait vrai que l'énergie dirigée pouvait disparaître et se transformer en agitation de particules.

Grâce à Landau et à ces expériences, une période faste s'ouvrit en physique des plasmas et dans la fusion. Les plasmas chauds se séparaient nettement des gaz ordinaires par un effet qui faisait intervenir des notions de physique aussi fondamentales que celles d'entropie et de réversibilité. Ces mécanismes restaient à approfondir et constituaient une mine de sujets de recherche. Ils trouvaient de plus une application pratique dans le chauffage par onde des plasmas, dont la fusion a su tirer parti pour remédier à la défaillance de la résistance à haute température, qui mettait hors jeu le chauffage par le courant électrique, autrement dit l'effet Joule. L'insuffisance de la mécanique des fluides allait se confirmer, d'une part, dans l'établissement des lois de transport des particules et de la chaleur et, d'autre part, dans la détermination des conditions de stabilité d'un plasma chaud.

L'effet Landau démontrait définitivement l'insuffisance d'une assimilation du plasma à un fluide conducteur et la méthode de calcul indiquait la marche à suivre. Pour dépasser le cadre de la mécanique des fluides, on peut déjà le décrire à l'aide de deux fluides intimement mélangés, l'un d'eux décrivant les ions et l'autre les électrons. Landau exigeait autant de densités qu'il y a de valeurs possibles pour les vitesses individuelles des particules. Autrement dit, la description du plasma chaud requiert, en tous les points de l'espace, la connaissance de la densité de particules, électrons ou ions, ayant une vitesse déterminée, avec une précision donnée. Aux quelques variables caractérisant le fluide se trouve substituée une infinité de variables dont il faudra suivre l'évolution temporelle et spatiale. Sous forme mathématique, il est équivalent d'affirmer que chaque espèce est définie à partir d'une fonction de sept variables, les trois positions dans l'espace, les trois composantes des vitesses et le temps. Les fluides ordinaires se contentent d'évoluer dans un espace à trois dimensions ; les plasmas chauds y sont trop à l'étroit et demandent un espace à six dimensions.

Cette séparation de la mécanique des fluides suffirait-elle à faire des plasmas chauds un chapitre original de la physique, une discipline qui mériterait son autonomie et qui pourrait attirer des jeunes chercheurs, non seulement par ses applications énergétiques futures, mais aussi pour son intérêt fondamental ? Dans les années 1960, après la vérification expérimentale de l'effet Landau à l'Université de Californie (San Diego)[3], les physiciens de la fusion demandèrent à leurs autorités de tutelle l'autorisation d'élargir leurs activités à ce type d'expérience fondamentale. En France, les autorités du Commissariat à l'énergie atomique, en l'occurrence Anatole Abragam, accueillirent favorablement la demande en y mettant une seule condition : que ces recherches portent sur de la « bonne » physique. Cette réponse contenait déjà un élément très encourageant : un prestigieux représentant de la physique la plus authentiquement fondamentale laissait entendre qu'une certaine physique des plasmas pouvait être qualifiée de « bonne » physique, ce qui représentait un progrès considérable, puisque, dans beaucoup d'universités américaines, les plasmas n'avaient droit de cité que dans les départements d'électrotechnique.

Mais les plasmas chauds semblaient prêter le flanc aux critiques de tout bord, qu'elles viennent des anciens ou des modernes et aux yeux de beaucoup, physiciens ou non, cet étrange milieu présentait de graves défauts lui interdisant d'entrer dans le panthéon de la physique moderne. Lorsqu'il fait l'inventaire des acquis de la physique après la guerre de 1939-1945[4], Anatole Abragam écrit : « L'optique était devenue une discipline classique, entendez morte. » La physique des plasmas chauds était

---

3. J. H. Malmberg et C. B. Wharton, « Collisionless damping of electrostatic plasma waves », *Phys. Rev. Lett.*, 1964, 13, 184.

4. Anatole Abragam, *De la physique avant toute chose*, Odile Jacob, 2001.

née classique et l'est restée. La filiation de la fusion avec la mécanique quantique et la relativité ne se discute pas, mais elle ne suffit pas à faire oublier que la physique des plasmas aurait pu se développer au XIXe siècle à partir des travaux de Maxwell et Boltzmann. Pour les physiciens, il s'agit d'un handicap sérieux. Au contraire, les mathématiciens en font leur miel, puisque les seules difficultés à résoudre semblent de leur ressort, les lois physiques de base faisant partie des acquis indiscutables de la science. Mais pourquoi faudrait-il alors considérer la physique des plasmas chauds comme une discipline nouvelle, alors qu'elle sert surtout de terrain d'application pour les mathématiciens ? L'achèvement d'un domaine particulier de la physique ne demande pas seulement la connaissance de ses lois générales. Si c'était le cas, la physique des solides aurait eu le statut d'une application. Une physique peut se construire sur des effets remarquables particulièrement significatifs que ne laissent pas deviner les équations de base et qui finissent par constituer un corps explicatif des phénomènes. L'hydrodynamique en fournit un exemple célèbre.

Thé ou plasma ?

En 1926, Albert Einstein publia une élégante théorie de la formation des méandres fluviaux. Pour mettre en évidence le principe de base du mécanisme, il considère d'abord le curieux mouvement des grains de thé au fond d'une tasse lorsque le liquide a été mis en rotation avec une cuillère. Les grains se déplacent de la périphérie vers le centre de la tasse, contrairement à ce que suggère le bon sens puisque la force centrifuge, induite par la rotation, les pousse vers l'extérieur, comme son nom l'indique.

Navier et Stokes ayant écrit leurs équations de l'hydro-dynamique longtemps auparavant, Einstein aurait pu s'en tenir là et attendre qu'un mathématicien appliqué vienne résoudre l'énigme. Au lieu de cette capitulation, il effectua un raisonnement physique qui explique complètement le phénomène, mettant ainsi en évidence un effet utilisable dans nombre de situations. Son raisonnement repose sur un simple bilan des forces s'exerçant sur le liquide. Dans le liquide en rotation, la force centrifuge peut une fois de plus être assimilée à une force de gravité, mais avec la particularité d'avoir une direction horizontale. Il en résulte une variation de la pression qui augmente du centre vers le bord de la tasse, comme dans un océan où la pression s'accroît avec la profondeur. Ainsi, le liquide peut s'appuyer sur les parois de la tasse sans écoulement radial. Mais, au fond de la tasse, le frottement du liquide sur la paroi freine la rotation et réduit d'autant la force centrifuge. Or, dans la direction verticale, aucun mouvement ne perturbe initiale-ment l'équilibre hydrostatique et la variation horizontale de la pression se transmet donc intégralement jusqu'au fond de la tasse où la force centrifuge réduite ne peut plus l'équi-librer. Dans cette zone, le liquide se met alors en mouve-ment horizontal en s'écoulant des zones de forte pression, au bord de la tasse, vers la basse pression du centre. Ainsi s'explique le mouvement contrarié des grains de thé qui sont entraînés par cet écoulement. Ce phénomène com-plexe s'explique par ces quelques phrases qui disent l'essen-tiel et qui permettent de le reconnaître dans bien d'autres situations que les méandres des fleuves.

Cet exemple montrerait une fois de plus, l'extraordinaire sens physique d'Einstein si besoin était. Ici, il s'agit surtout de mettre en évidence la distance entre la formulation mathématique d'une loi et la physique qui en découle. Comprendre un phénomène ne peut se réduire à écrire les équations qui le décrivent et demander aux mathémati-ciens et aux ordinateurs de bien vouloir les résoudre dans les cas d'espèce. Comprendre signifie d'abord simplifier, puis interpréter en reliant le phénomène aux effets élémentaires qui constituent la physique du problème.

La physique des plasmas chauds offre un exemple analogue à la théorie d'Einstein par son apparence paradoxale, sans en avoir ni la simplicité ni l'élégance. Il s'agit du comportement d'un plasma chaud dans le champ d'un solénoïde torique. Dans le préambule, l'approche naïve avait fait appel à cette combinaison qui semblait résoudre le problème posé par les électrodes, avant de recevoir une condamnation sans appel. En effet, les particules, en se déplaçant le long des lignes de champ circulaires, étaient soumises à une force centrifuge constante. Si le solénoïde est posé sur une table horizontale, il en résulte une dérive magnétique verticale qui rend l'équilibre impossible. Cette configuration de peu d'intérêt pour la fusion a laissé place à une combinaison du solénoïde torique et du courant de plasma qui a produit les strictions toriques, puis les tokamaks. Ici, la liberté retrouvée des sciences fondamentales autorise un retour sur le plasma contenu dans un solénoïde torique sans courant de plasma.

Que suggérerait une approche naïve de l'évolution du plasma ? Elle conduirait à noter que la dérive magnétique détruit le confinement des particules dans la direction verticale et que, en conséquence, le plasma devrait s'écouler vers le haut ou vers le bas. Il n'en est rien. En effet, l'approche naïve n'avait pas remarqué que les ions, chargés positivement, dérivent vers le haut et les électrons vers le bas. Il en résulte une séparation des charges : le plasma n'est plus électriquement neutre. Il suffit d'un déplacement infime de chaque espèce en sens opposé pour qu'un champ électrique collectif se développe et bloque cette séparation des charges. L'approche naïve n'avait pas pris en compte le sens de la dérive, péché véniel qu'elle a vite expié en découvrant l'action du champ électrique collectif. Elle corrigea sa première découverte en réduisant l'effet de la dérive magnétique à un déplacement minime et sans importance des deux espèces l'une par rapport à l'autre.

Mais, alors, pourquoi avoir dû s'embarrasser du courant circulant dans le plasma avec tous les soucis qu'il donne ? Parce que l'histoire ne s'arrête pas là. En présence du champ magnétique, le champ électrique ne se contente pas de faire cesser la séparation des charges en bloquant le déplacement vertical. Il provoque lui-même une dérive, exactement comme la force centrifuge. Cette dérive, cette fois, est radiale, c'est-à-dire dans la direction horizontale et elle est la même pour les deux espèces de particules. Le plasma se déplace en bloc horizontalement comme si la force centrifuge projetait le plasma vers l'extérieur sans que le champ magnétique puisse s'y opposer. L'action conjuguée du champ magnétique et des effets collectifs a mis en déroute l'intuition éduquée par la dynamique classique. Si cet exemple n'a pas le caractère universel de celui d'Einstein, il devrait convaincre de l'existence d'une physique propre aux plasmas chauds avec ses effets particuliers et ses méthodes originales.

Il serait de bonne guerre d'opposer le problème naturel d'Einstein, posé par les méandres fluviaux, à celui des plasmas, créé de toutes pièces pour la démonstration. La valeur de ces deux exemples ne se trouve pas dans leur plus ou moins grande proximité d'une situation naturelle. Elle réside dans le plaisir de la surprise et de la découverte, aussi minime soit-elle. Le physicien ne se fie pas à la solution paresseuse de l'approche naïve. Il pousse jusqu'au bout les déductions sans jamais s'arrêter en chemin. Comme le chasseur, il aime débusquer la fausse évidence au bout de sa quête. Les plus grands voient des mondes nouveaux là où les autres ne décèlent que de la banalité. Comme le dit Paul Valéry : « Il faut être Newton pour apercevoir que la Lune tombe, quand tout le monde voit bien qu'elle ne tombe pas[5]. »

Par comparaison avec la tasse de thé, le plasma torique rebute un peu par sa complexité qui ne se domine qu'après

---

5. Paul Valéry, *Œuvres*, Gallimard, « La Pléiade », vol. 1, p. 384.

une longue imprégnation. Il est toujours surprenant de découvrir la diversité d'effets et de comportements emmêlés dans un plasma chaud. Il s'agit pourtant du plus simple des milieux physiques puisqu'il se réduit à un gaz de particules classiques interagissant par leur charge électrique. Les astrophysiciens ne s'en étonnent pas : la dynamique des galaxies ne cesse de leur poser des problèmes alors qu'il ne s'agit que d'un ensemble de corps en interaction gravitationnelle. Mais, dans les plasmas comme dans les galaxies, les effets collectifs présentent une extrême complexité en raison de leur autoconsistance : on désigne ainsi la propriété des champs collectifs d'avoir comme source les densités et les flux de particules dont ils influencent simultanément l'évolution temporelle et spatiale. De plus, dans les cas extrêmes, les trajectoires individuelles interviennent dans la description macroscopique en nécessitant une représentation dans l'espace à six dimensions où l'intuition se perd. Le grand écart avec l'équilibre thermodynamique général favorise l'apparition de phénomènes de grande amplitude qui ne se contentent plus de la théorie classique des ondes. Cette difficulté intrinsèque de la physique des plasmas chauds ne provoque une répulsion que chez ceux qui lui refusent la qualité de science à part entière. La science et la difficulté sont indissociables, même si la pédagogie doit s'efforcer de le faire oublier, tout en donnant les moyens d'y faire face. « Cette difficulté de la science contemporaine est-elle un obstacle à la culture ou est-elle un atout ? », questionne Bachelard[6]. « Elle est, croyonsnous, la condition même du dynamisme psychologique de la recherche. Le travail scientifique demande précisément que le chercheur se crée des difficultés », continue-t-il en donnant une formulation noble du classique « À vaincre sans péril... » : « En fait, tout le long de l'histoire de la science, on peut déceler une sorte d'appétit pour les problè-

---

6. Garlion Bachelard, *Épistémologie, op. cit.*, p. 191.

mes difficiles. L'orgueil de savoir réclame le mérite de vaincre la difficulté du savoir. » Sur ce plan, la physique des plasmas ne craint pas la concurrence.

Depuis cinquante ans, les physiciens des plasmas se dépensent sans compter pour convaincre leurs collègues de porter un peu d'intérêt à leur discipline, mais la tâche s'avère difficile. Dans son livre magistral sur Richelieu[7], Philippe Erlanger relate un accès de franchise inhabituel du cardinal qui avoue un jour : « J'étais un zéro qui, en chiffres, signifie quelque chose quand il y a un nombre devant lui. » Le nombre c'était Louis XIII. Si la physique des plasmas chauds pouvait parler, elle reprendrait à son compte l'aveu de Richelieu, mais le nombre serait la fusion. Pour préciser encore le malentendu, on peut aussi faire appel à une anecdote analogue, attribuée à Einstein. Un de ses élèves lui ayant annoncé ses fiançailles, Einstein lui aurait demandé quelles qualités l'avaient attiré vers sa future femme. « Sa beauté », répondit le jeune homme. Einstein écrivit un zéro sur le tableau noir et leva ses sourcils interrogateurs. « Son intelligence », continua l'étudiant. Un nouveau zéro vint s'inscrire à côté du premier et ainsi de suite, jusqu'au moment où, cherchant désespérément une dernière qualité qui aurait pu impressionner le grand homme, il tente sa chance avec la douceur. Le visage d'Einstein se détendit et il écrivit le chiffre un devant la guirlande de zéros. Dans une version moins charmante de l'histoire, un physicien des plasmas chauds se substituerait à l'étudiant, un responsable bienveillant à Einstein et la physique des plasmas chauds à l'heureuse élue. La liste des qualités pourrait comprendre l'utilité pour l'astrophysique, un stimulant pour les mathématiques appliquées, un apport à la physique des systèmes non linéaires, un ingrédient indispensable de la science de l'espace. Chercher d'autres traits séduisants ne ferait qu'allonger la suite des

---

7. Philippe Erlanger, *Richelieu*, Paris, Librairie académique Perrin, 1970, t. 2, p. 173.

zéros et, lorsque, en désespoir de cause, le pauvre physicien des plasmas chauds dirait d'une voix hésitante et interrogative, « Peut-être la fusion ? », quelle serait sa surprise de voir la suite honteuse de zéros se transformer en une valeur mirobolante, lui qui n'a cessé de se battre contre l'empirisme des ingénieurs de la fusion pour qu'une petite place soit laissée à la science fondamentale.

John Dawson fertilisa la théorie des plasmas chauds par une multitude d'idées originales et par son utilisation intelligente de la simulation numérique au temps des premiers ordinateurs. À l'Université de Californie, il ne cessa de promouvoir cette physique comme une science pure dont l'intérêt ne se limitait pas à son application aux machines de fusion. Il aimait raconter ses déboires avec les physiciens des particules élémentaires qui, à l'époque, tenaient le haut du pavé à Los Angeles comme ailleurs et manifestaient tout au plus un intérêt poli envers ses propositions. Un beau jour, allant donner un de ses nombreux séminaires, il découvrit la salle de conférences pleine de ces physiciens prestigieux. Il crut un moment les avoir enfin amenés à s'intéresser à la discipline qui le passionnait, mais sa joie fut immédiatement tempérée lorsqu'il se remémora le sujet de son séminaire. Il devait présenter une de ses plus brillantes découvertes : en associant un laser et un plasma, il était possible de révolutionner la technique d'accélération des particules. Ces idées ouvraient des perspectives extraordinaires pour la physique des particules élémentaires, qui nécessitait des accélérateurs de plus en plus gigantesques et de plus en plus coûteux. Sa légère déception ne résista pas aux sincères manifestations d'estime que lui prodiguèrent les physiciens des interactions fondamentales. Malheureusement, il disparut avant de voir ses propositions mises en œuvre, mais les progrès dans cette direction n'ont pas cessé pour autant.

Coup d'accélérateur

Cette subordination des plasmas chauds aux applications connaît peu d'exceptions et, le plus souvent, les promesses utilitaires éclipsent les progrès fondamentaux qui ont ouvert ces nouvelles voies. Dans les propositions de Toshi Tajima et John Dawson concernant une nouvelle méthode d'accélération, les performances alléchantes envisagées deviennent possibles grâce à l'excitation et au contrôle des effets collectifs dans les plasmas à l'aide de lasers à impulsions ultracourtes. Il s'agit bien de l'utilisation de propriétés physiques des plasmas chauds qui renouvelleront peut-être les méthodes d'accélération, mais qui mettent également en évidence des propriétés étonnantes de cette matière fugace.

Pour accélérer une particule chargée, la méthode la plus simple consiste à la soumettre à un champ électrique qui va créer une différence de potentiel entre deux points de l'espace. Entre ces deux points, la particule aura gagné une énergie égale au produit de la différence de potentiel par sa charge. Elle se mesure donc en électronvolt, soit l'énergie acquise par un électron dans une différence de potentiel de 1 volt. L'accélérateur en construction près de Genève, au Cern, permettra d'atteindre la gamme du TeV, soit le millier de milliards d'électronvolts. Heureusement, il n'est pas nécessaire de disposer d'une tension électrique de milliers de milliards de volts, ce que n'autorise aucune technologie. Il suffit d'accompagner les particules dans leur mouvement en leur imposant à chaque instant un champ électrique local, c'est-à-dire une variation de tension par mètre, et la particule subira l'accélération tout le long de sa trajectoire. Le surfer utilise la même méthode lorsqu'il descend la pente de la vague, en contrôlant sa vitesse pour ne pas la dépasser. Dans l'accélérateur, la vitesse de la vague s'adapte pour conserver à la particule la bonne position qui assure son accélération constante. La dimension de l'accélérateur dépend essentiellement de la valeur du champ électrique compatible avec la technologie existante. Dans les accélérateurs, le contrôle des phénomènes de claquage met la limite assez basse, ce qui conduit à des tailles extrêmes comme celle du futur accélérateur du Cern qui nécessite un tunnel de 27 kilomètres.

Dans un plasma, sur de courtes distances, les effets collectifs produisent sans difficulté des champs électriques impressionnants. Par exemple, un laser de forte énergie ionise facilement de l'hydrogène à la pression atmosphérique qui devient un plasma. Les densités d'électrons et de protons s'équilibrent pour assurer la neutralité électrique presque parfaite et l'absence de champ électrique moyen. Si, par un moyen quelconque, les électrons se déplacent sans perturber les ions, entraînant une variation de 1 % de leur densité, entre deux plans distants de 1 micron, un champ de l'ordre du milliard de volts par mètre s'établit sur quelques microns. Ces valeurs impressionnantes intéressent les physiciens des particules, mais il faut trouver le moyen d'éjecter des électrons d'un petit volume de plasma. Les lasers ont donné la solution : en envoyant dans le plasma une impulsion de lumière aussi courte que possible mais très intense, les électrons subissent une perturbation brutale. Il en résulte une variation de densité électronique qui oscille après le passage de l'impulsion, comme on l'a expliqué plus haut. Cette oscillation forme un sillage de champ électrique qui suit l'impulsion de lumière. Ces champs restent localisés dans de petites régions qui se déplacent avec l'impulsion laser et une particule, convenablement préparée, pourra subir l'accélération correspondante pendant un temps relativement long. L'image du surfeur s'impose encore, mais, ici, il se laisse glisser sur la vague de sillage d'un bateau rapide et la pente lui donne une vitesse suffisante pour rester en avant de la crête. De nombreux laboratoires, dans le monde, mettent en œuvre ces méthodes et ont démontré la validité du principe, avec en particulier la mise en évidence de champs électriques plus de cent fois supérieurs à ceux des techniques classiques d'accélération.

Aujourd'hui, l'accélération dans le sillage d'une impulsion laser semble moins bien adaptée à la fusion qu'aux accélérateurs des applications industrielles et médicales. Ceux de la physique fondamentale attendent que les performances rejoignent celles des méthodes mieux connues qui donnent satisfaction et qui, elles aussi, n'ont pas cessé de progresser régulièrement depuis des décennies. Mais ce rapprochement et cette compétition conduisent à faire état d'un autre point de contact entre physique des accélérateurs et physique des plasmas chauds. Comme pour ceux-ci, les effets collectifs jouent un rôle très important dans les accélérateurs modernes et les spécialistes de ces machines savent depuis longtemps en tenir compte et les utiliser. Ils peuvent se manifester par des densités de charge électrique ou des courants. Les sillages des paquets de particules interviennent souvent, la plupart du temps comme des phénomènes gênants.

Les astrophysiciens se trouvent également confrontés aux mêmes types de problèmes avec la gravitation au lieu de l'interaction électromagnétique. L'osmose avec la physique des plasmas y est plus étroite et la proximité des sujets autorise certains chercheurs à s'illustrer dans les deux domaines. D'ailleurs, un gaz de particules ou d'étoiles est souvent qualifié de « plasma gravitationnel », alors qu'il ne s'agit que de systèmes non ionisés. Cette dénomination met en valeur l'importance des effets gravitationnels collectifs au sein de ces systèmes.

Dans ces conditions, peut-on encore parler de bonne physique si l'effet, présenté comme le plus original, semble somme toute assez banal ? Pour pouvoir conclure, la bonne physique a besoin d'une définition plus explicite. Des milliers de pages ont tenté de cerner, en vain, la vraie nature de la bonne peinture ou de la bonne littérature. À un journaliste qui espérait trouver auprès de lui la lumière sur cette question, mais à propos de la musique, un chef d'orchestre donna cette réponse : « La bonne musique est celle qui est jouée par les bons musiciens. » Ce qui amena immédiatement le journaliste à demander à quoi se reconnaissaient les bons musiciens et le chef n'a pu résister à la tentation de refermer le cercle vicieux : « Ils jouent de la bonne musique », dit-il. Peut-être était-ce la meilleure réponse possible. Peut-être les neurosciences apporteront-elles un jour une réponse plus précise grâce à leurs progrès dans la connaissance du fonctionnement du cerveau. Les neurologues en savent déjà beaucoup mais ils prennent tous les jours la mesure des zones encore indéchiffrables. Un résultat jette un éclairage troublant sur la notion de bonne ou de mauvaise musique. Tous ceux qui aiment la musique ont éprouvé une euphorie profonde à l'écoute de certains morceaux. Il semble que les régions du cerveau responsables du plaisir soient activées dans ces conditions. Ce sont les mêmes zones qui interviennent après une prise de nourriture, de drogue ou de plaisir sexuel[8]. Si le secret de la bonne musique réside dans ce rapprochement, les explications resteront aussi vaines que les savants discours sur les raisons pour lesquelles tel vin ou tel mets remplit d'aise.

Dans le cas de la physique, les recherches paraissent moins avancées, mais il suffit d'écouter un physicien expliquer pourquoi il aime son travail. Très vite, on entend les mots « excitation », « amusement », « fascination », et ces motivations relèvent plus de la sensation que de l'analyse rationnelle et du dévouement à une cause quelconque. Et, de même que la bonne musique donne du plaisir à ceux qui

---

8. Anne J. Blood et Robert J. Zatorre, « Intensely pleasurable responses to music correlate with activity in brain regions implicated in reward and emotion », *Proceedings of the National Academy of Science*, 25 septembre 2001, n° 20, t. 98, p. 11818-11823.

la jouent et l'écoutent, il se pourrait que la bonne physique soit simplement celle qui excite, amuse et fascine, sans autre commentaire[9]. C'est bien ainsi qu'il faut comprendre l'exemple de la tasse de thé. Pour résumer, on ose traduire la célèbre remarque politiquement incorrecte de Richard Feynman : « La physique est comme le sexe : bien sûr, elle peut donner des résultats pratiques, mais ce n'est pas pour cela que nous la faisons[10]. »

Si l'on en juge par le nombre de physiciens qui ont pris goût à la physique des plasmas chauds grâce aux lasers et à leurs possibilités extraordinaires en matière de puissance crête, l'interaction de ce rayonnement avec un plasma semble bien relever de la bonne physique. Les thèmes ne se limitent pas à la recherche de nouvelles techniques d'accélération. Il faut y voir l'ouverture d'un nouveau champ de recherche sur la matière dans des conditions extrêmes. Quelques chiffres aideront à le comprendre. Pour découper des tôles au laser, des puissances de 1 à 10 kilowatts viennent à bout des meilleurs aciers. Avec les lasers à impulsions ultrabrèves, les puissances crête dépassent pendant un court instant des valeurs cent milliards de fois plus élevées. La lumière émise possède toutes les qualités nécessaires pour que sa focalisation soit quasi parfaite, ce qui permet d'atteindre de gigantesques valeurs de densité d'énergie, du même ordre que celles que doivent réaliser la compression et l'allumage d'une cible à l'ignition dans la

---

9. On pourrait dans ces conditions se poser alors la question : pourquoi la physique donne-t-elle les bonnes réponses ? Dans un contexte légèrement différent, Stephen Hawking suggère : « La seule réponse que je puisse apporter à ce problème repose sur le principe de la sélection naturelle de Darwin. L'idée est la suivante : dans toute population capable de s'autoreproduire, il y aura des variations dans le matériel génétique et dans l'éducation de chaque individu. Ces différences signifieront que certains d'entre eux seront plus aptes que d'autres à tirer les bonnes conclusions quant au monde qui les entoure et à agir en conséquence. Ayant plus de chances que les autres de survivre et de se reproduire, leurs types de comportement et de pensée deviendront dominants », Stephen Hawking, *Une brève histoire du temps*, J'ai lu, 1992, p. 28.

10. Référence non retrouvée.

fusion par confinement inertiel. Dans un tel rayonnement, un électron acquiert une énergie cinétique qui, d'après la formule d'Einstein, correspond à une variation de sa masse supérieure à celle qu'il a au repos. En faisant interagir ce faisceau laser ultra-intense avec un gaz ou un solide, une curieuse matière se révèle, constituée d'ions et d'électrons dont la masse varie et où les effets relativistes se manifestent macroscopiquement de manière spectaculaire.

Cette physique originale devrait avoir un impact important sur la fusion. La perspective d'une application ne peut qu'augmenter la satisfaction du chercheur. Cet accroissement n'est pas de même nature que la jouissance évoquée plus haut, il y entre une plus grande part de rationalité et de contrôle au détriment de l'émotion. Ces applications n'ont pas encore dépassé le stade de l'exploration, mais beaucoup les jugent très prometteuses. Elles reposent sur la rapidité avec laquelle l'énergie d'un laser peut se transformer en énergie cinétique en donnant aux électrons d'un plasma une température mille fois supérieure à celle qui est nécessaire pour la fusion. Tout de suite vient à l'esprit l'idée d'utiliser ce gaz ultrachaud pour mettre un mélange de deutérium et de tritium dans les conditions de la fusion. C'est ce qu'ont proposé des physiciens américains en 1994[11]. Un bref rappel des conditions de la fusion par confinement inertiel aidera à en comprendre le principe.

Dans le schéma classique, plusieurs fois évoqué plus haut, un laser envoie une impulsion de lumière très intense sur une cible constituée d'une coquille sphérique de deutérium et de tritium solides. La lumière absorbée par la surface extérieure de la cible chauffe la matière à des millions de degrés en l'ionisant. Ce plasma se détend dans le vide, provoquant par effet fusée l'implosion de la coquille. Cette implosion doit remplir plusieurs conditions contradictoires : 1) elle doit comprimer le combustible solide de la

---

11. M. Tabak *et al.*, « Ignition and high gain with ultrapowerful lasers », *Phys. Plasmas*, 1994, t. 1, n° 5, p. 1626-1634.

coquille sans trop augmenter sa température afin de ne pas rendre la compression trop coûteuse en énergie ; 2) elle doit comprimer le combustible gazeux contenu à l'intérieur de la coquille sphérique en le chauffant suffisamment pour qu'il puisse amorcer les réactions thermonucléaires dans le combustible solide en fin de compression. C'est la même impulsion laser qui doit assurer ces deux fonctions en quelques dizaines de milliardièmes de seconde. Si ces conditions se réalisent avec un bon synchronisme, la combustion se déclenche et s'achève en un temps beaucoup plus court que la durée de l'implosion. Toutefois, ce schéma accumule les difficultés : précision du profilage temporel de l'impulsion laser pour que le chauffage ne se produise qu'en fin d'implosion, énergie du laser majorée par le volume important de la zone d'amorçage résultant de sa faible densité, sévérité des contraintes de symétrie de l'implosion pour assurer la persistance de la sphéricité de la zone centrale jusqu'à la fin de la compression, instabilités provoquées par le ralentissement du combustible dense et froid sur le plasma ténu et chaud de la région centrale. Dans cette méthode, dite « du point chaud central », les précisions nécessaires à tous les stades donnent à la fusion par confinement inertiel l'allure d'un défi technologique et scientifique inédit, et elles reculent d'autant les perspectives d'utilisation pratique et économique.

La proposition américaine de 1994 permettait de relaxer sensiblement ces contraintes. Pour bien mettre en évidence ses différences, elle reçut plusieurs dénominations encore en usage. Elle est appelée tantôt « ignition rapide », « allumage rapide » ou « méthode du point chaud latéral », mais il s'agit toujours du même schéma. Elle a pour principal mérite de dissocier la compression et la formation du point chaud, en disposant de deux lasers fondamentalement différents pour remplir ces deux fonctions. Un premier laser comprime une cible de combustible solide par implosion, pour atteindre des densités de plusieurs centaines de grammes par centimètre cube. En fin d'implosion, le rayonnement d'un laser ultrabref est focalisé sur la cible comprimée, y dépose son énergie et crée une zone de très petite dimension où la température et la densité permettront l'allumage thermonucléaire. La suite devrait se dérouler comme dans la méthode classique : le point chaud latéral enflamme la totalité du combustible et libère l'énergie de fusion. Les contraintes de symétrie de la compression se relâchent puisqu'il n'y a plus nécessité de conserver une cavité sphérique jusqu'à la fin de la compression. Le laser ultrabref déposant son énergie dans une zone de densité très élevée, l'allumage du point chaud demandera moins d'énergie. La compression en nécessitera aussi moins puisque la cible restera uniformément froide. Les instabilités évoquées plus haut disparaissent ou, au pire, n'ont aucun effet, ce qui évite de redoutables problèmes de fabrication des cibles dont la surface interne devait ne présenter aucune corrugation dans la méthode du point chaud central. Le résultat de ces avantages se traduit sur le papier par une diminution de l'énergie du laser de compression, à condition de disposer d'un instrument ultrabref délivrant une impulsion mille fois plus courte que celle du laser de compression et contenant un dixième de son énergie.

Ces évaluations encourageantes font l'impasse sur une étape clef : le dépôt de l'énergie du laser ultrabref sur la cible comprimée. La quantité d'énergie à déposer (plusieurs dizaines de kilojoules), la durée disponible (quelques millièmes de milliardième de seconde), les dimensions microscopiques du point chaud (une dizaine de microns de diamètre) conduisent à des chiffres énormes pour la puissance du laser, son intensité[12] et la densité d'énergie dans la matière. Grâce aux physiciens des lasers et à leurs inventions, ces valeurs impressionnantes ne font plus peur.

---

12. On donne ici au mot « intensité » le sens qu'on lui donne outre-Atlantique : il s'agit de la densité de flux d'énergie du rayonnement ou, si l'on préfère, la quantité d'énergie traversant une unité de surface de la section du faisceau par unité de temps.

Auparavant, la fragilité des matériaux optiques limitait sévèrement la puissance crête des lasers. En particulier, les verres ou les cristaux amplificateurs subissent des dommages si l'intensité du rayonnement dépasse une limite trop basse pour envisager les puissances demandées. Dans la solution proposée en 1986 par Gérard Mourou, un petit laser produit d'abord une impulsion ultrabrève de faible énergie, puis un réseau de diffraction allonge sa durée sans détruire d'information sur les caractéristiques optiques du faisceau, ensuite l'amplification de cette impulsion s'effectue sans dépasser les limites d'endommagement des matériaux et, enfin, par la méthode inverse de la précédente, un autre réseau procède à la recompression de l'impulsion, sans perte d'énergie, pour lui redonner sa durée initiale, avant étirement. Le faisceau ultra-intense obtenu conserve une qualité optique suffisante pour une bonne focalisation. Grâce à cet ingénieux système, il n'est plus utopique d'amener le rayonnement laser à proximité de la cible comprimée avec les caractéristiques extravagantes exigées par l'allumage rapide de la fusion.

Diffusion dans l'espace des phases

Après ce long détour par les applications les plus séduisantes de la physique des lasers, le plaidoyer en faveur de la physique des plasmas chauds devrait avoir atteint son objectif. Toutefois, la lectrice ou le lecteur pourrait se plaindre de n'avoir vu intervenir nulle part la description particulaire qui a pourtant servi à défendre l'originalité des plasmas. Les plasmas du confinement magnétique n'ont pas non plus reçu l'attention que justifierait leur importance dans le champ des recherches actuelles. Pour satisfaire cette curiosité légitime, la diffusion en champ magnétique offre à la fois un exemple de la description particulaire nécessaire à la compréhension d'un mécanisme macroscopique et une illustration de la physique spécifique au confinement magnétique.

Dans le domaine du confinement magnétique, l'essentiel des recherches porte sur la détermination de la vitesse avec laquelle l'énergie du plasma fuit du piège formé par la configuration. La valeur de ces pertes détermine le temps de confinement de l'énergie et la capacité future de la machine à produire de l'énergie utilisable. Pour sortir du plasma, les particules doivent déjouer le piège magnétique. Ce dernier garantit, par le choix des champs magnétiques, des orbites indéfiniment contenues dans l'anneau de plasma, si seuls les champs extérieurs ou collectifs agissaient sur les particules chargées. Malheureusement, ce confinement parfait n'existe qu'en théorie et, dans la réalité expérimentale, deux phénomènes viennent l'altérer : les collisions et les instabilités. Ce chapitre ignorera volontairement les instabilités qui feront plus loin l'objet d'une analyse approfondie. Cette séparation clarifie la part de chacune de ces deux perturbations. Les collisions font partie des propriétés inévitables du plasma. Elles manifestent la nature particulaire de ce fluide. Les pertes dues aux collisions représentent donc un minimum irréductible.

Avant de traiter les configurations magnétiques des tokamaks ou des stellarators, la prudence incite à aborder la question de la diffusion par des notions élémentaires appliquées au champ magnétique le plus simple. Pour décrire ce phénomène, les physiciens se réfèrent à une observation courante, celle de la marche de l'homme ivre. Celui-ci, sortant d'un bar, s'élance dans la direction d'une autre buvette. Mais chaque pas en avant est suivi d'un pas de travers qui le déporte sur la droite ou sur la gauche de l'objectif, au hasard. L'homme ivre fait presque autant de pas en moyenne sur un long trajet dans un sens que dans l'autre, mais, à un moment donné, il existera un écart entre les nombres de pas à droite et à gauche. Cet écart provoquera un décalage latéral par rapport à la trajectoire rectiligne qui devait le mener devant un verre. Ce décalage présente un caractère aléatoire et l'écart-type augmente indéfiniment avec le temps. Si plusieurs hommes ivres sortent du bar en même temps, assez vite ils formeront un nuage dispersé dont l'étalement croîtra avec le temps. Ils diffusent. L'étalement du nuage dépend de la fréquence des pas de travers et de leur amplitude. Plus elles grandissent, plus la diffusion est rapide.

Dans le cas d'une particule chargée, confinée par un champ magnétique uniforme, en l'absence de collision, la trajectoire d'une particule s'enroule autour d'une ligne de champ en dessinant une trajectoire hélicoïdale, tracée sur un cylindre ayant deux rayons de giration pour diamètre. Une collision a pour effet essentiel de changer la direction de la vitesse. Après une telle collision, la trajectoire va entamer une nouvelle hélice, décalée de la précédente d'une distance de l'ordre de son rayon, dans une direction quelconque perpendiculaire au champ magnétique. Les particules diffusent donc, à travers le champ magnétique, avec la fréquence de collision comme fréquence des pas de travers et le rayon de giration comme amplitude. Si l'intensité du champ magnétique augmente, le rayon de giration, inversement proportionnel à cette intensité, diminue rapidement, alors que la fréquence de collision reste inchangée. Plus le champ magnétique est fort et plus la diffusion est lente. C'est l'essence du confinement magnétique qui, en ralentissant la diffusion, améliore l'isolation thermique du plasma. Dans la suite, ce mécanisme recevra le nom, consacré par l'usage, de « diffusion classique » (Fig. 9).

Cependant, ce mécanisme ne décrit pas correctement la diffusion dans un tokamak. En effet, cette estimation suppose l'uniformité du champ magnétique, alors que, dans les tokamaks, les inhomogénéïtés des champs perturbent les orbites, en les faisant dériver hors de la zone de confinement. L'enroulement des lignes de champ autour du plasma rétablit le confinement des trajectoires, grâce au champ engendré par le courant, mais le résultat obtenu

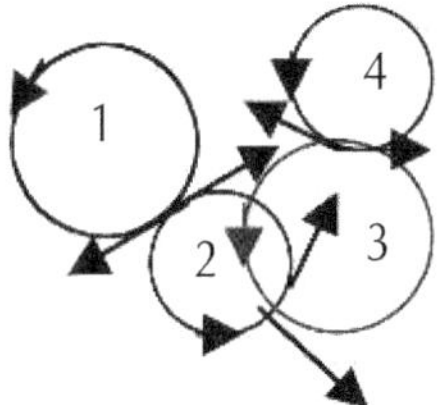

Fig. 9. Diffusion classique d'une particule chargée à travers un champ magnétique uniforme perpendiculaire à la feuille, résultant de changements successifs, instantanés et aléatoires de la direction et de la valeur de sa vitesse transverse. Elle décrit ainsi successivement les cercles numérotés de 1 à 4 à la suite de trois collisions.

reste sensible aux dérives résiduelles. La résolution des équations de l'hydrodynamique pour un fluide conducteur permet un calcul de la diffusion tenant compte de la géométrie exacte du tokamak. Le résultat diffère de l'évaluation élémentaire du paragraphe précédent ; elle se voit corrigée par un facteur d'autant plus important que le courant est faible, et donc qu'il corrige mal l'effet de la dérive des particules. Dans les configurations actuelles, la compensation est optimale et la correction reste modérée. Elle montre cependant que le problème ne se réduit pas à une propriété locale pour laquelle l'approximation du champ uniforme suffirait. Il est nécessaire de tenir compte des effets toroïdaux, c'est-à-dire de la géométrie globale du système. Les théoriciens devaient aller beaucoup plus loin.

Dès 1968, Albert Galeev et Roald Sagdeev proposèrent une théorie particulaire de la diffusion dans les tokamaks. Le mouvement complet et réel des particules ainsi que l'effet détaillé des collisions entraînèrent un bouleversement profond des idées sur le confinement dans ces enceintes. Cette théorie, dite « néoclassique », entamait une brillante carrière qui se poursuit encore aujourd'hui.

Les particularités du transport des particules à travers le champ magnétique d'un tokamak n'apparaissent qu'après l'analyse et le classement des trajectoires. La rareté des collisions autorise à ne pas prendre en considération leurs effets en première approximation, mais ce n'est que partie remise. Cette étape dévoile très vite des comportements qualitativement différents qui conduisent à considérer, dans chaque espèce de particules chargées, deux classes bien définies : les particules piégées et les particules passantes ou circulantes. Par un simple effet géométrique toroïdal, l'intensité du champ magnétique croît lorsque la distance à l'axe du tore diminue, comme on l'a déjà noté à plusieurs reprises. Donc, si une particule suit une ligne de champ enroulée autour du tore de plasma, elle verra l'intensité du champ augmenter en se rapprochant de l'axe du tore (on dit aussi « en se déplaçant vers l'intérieur du tore ») et diminuer en s'en écartant. Cette modulation restera faible, car la ligne de champ n'explore qu'une zone de faible profondeur, comparée au rayon du tore. Mais cette variation suffit à créer un effet de miroir magnétique[13] pour une classe de particules.

Si, au cours de son mouvement le long d'une ligne de champ magnétique, une particule rencontre une modulation de l'intensité du champ, son déplacement le long de la ligne ne s'effectue plus à vitesse constante. La vitesse y diminue lorsque l'intensité augmente et *vice versa*. Dans le tokamak, sur sa ligne de champ enroulée autour du tore de plasma, la vitesse de la particule diminue lorsqu'elle s'approche de l'axe du tore et accélère en s'en éloignant. Elle sera maximale au minimum du champ, c'est-à-dire dans le plan équatorial à l'extérieur du tore. Si, en ce point, la vitesse dans la direction du champ est trop petite comparée à la vitesse totale, le ralentissement pourra aller jusqu'à arrêter la particule avant qu'elle ait effectué un tour complet du tore. Dans ce cas, la particule repartira en sens inverse et oscillera indéfiniment de part et d'autre du mini-

---

13. Paul-Henri Rebut *L'Énergie des étoiles*, Odile Jacob, 1999.

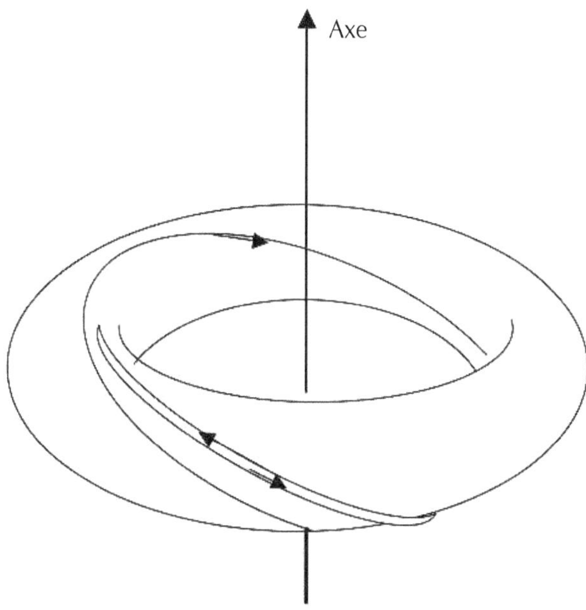

Fig. 10. Trajectoires d'une particule piégée, en forme de banane, et d'une particule circulante. En fait la banane dérive lentement en tournant autour de l'axe de symétrie du tore en décrivant un tore à section en forme de banane.

mum de champ. La particule ne s'enroule plus autour du tore. Elle reste piégée entre deux miroirs magnétiques.

Dans le préambule, le souci de simplicité nous avait conduits à ignorer cette classe de particules. Heureusement, leur confinement n'est pas compromis, mais la fameuse dérive verticale se manifestera en entraînant la particule tantôt au-dessus de sa ligne de champ, tantôt au-dessous, selon sa position par rapport à l'équateur et au sens de parcours. Comme pour le cas évoqué dans le préambule, ces déplacements se compensent et le confinement est maintenu. Il reste cependant une trace importante de la dérive : pendant que la particule va d'un point de réflexion à l'autre, elle suit une trajectoire décalée vers l'intérieur ou l'extérieur du tore et, lorsqu'elle revient vers son point de départ, elle subit un décalage inverse, dans le sens opposé au premier (voir Fig. 10). La trajectoire résultante prend alors assez vaguement la forme d'une banane, joignant les deux miroirs où les particules rebroussent chemin. L'épaisseur de la banane reste très inférieure au rayon du plasma et la banane s'écarte peu de la ligne de champ autour de laquelle la particule effectuerait son mouvement hélicoïdal classique en l'absence de dérive. Mais l'épaisseur des bananes atteint une valeur importante en raison de la lenteur du déplacement de la particule piégée le long de sa trajectoire. En effet, le mouvement des particules ne se réfléchit sur les miroirs magnétiques que pour une faible vitesse parallèle au champ. Ainsi, la vitesse de dérive a plus de temps pour déplacer verticalement la particule. L'épaisseur des bananes, bien que plus petite que le rayon du plasma, est beaucoup plus grande que le rayon de giration dans le champ magnétique.

L'effet sur la diffusion se laisse deviner : si, dans la marche de l'homme ivre, qui prendra dorénavant le nom de « marche au hasard » par souci de préserver le lecteur de la tentation, les pas de travers, pour ces particules piégées, ont la taille de l'épaisseur des bananes, la diffusion sera plus rapide. L'amplification est encore multipliée par la fréquence de collision. En effet, dans le cas de la diffusion dans un champ uniforme, une collision correspondait à une déviation de la vitesse d'un angle important, proche d'un angle droit, afin que la rotation de la particule s'effectue autour d'un centre déplacé d'un rayon de giration. Pour qu'une particule piégée se déplace vers l'intérieur ou vers l'extérieur du plasma d'une distance égale à l'épaisseur de la banane environ, il suffit d'une variation angulaire de la vitesse qui fasse passer la particule piégée à l'état de particule circulante ou qui la laisse piégée en changeant le signe de sa vitesse le long du champ. La perturbation nécessaire est réduite, puisque de faibles changements dans la direction de la vitesse totale suffisent pour provoquer la sortie de la zone correspondant aux particules piégées. Cette petite déviation de la vitesse se produira beaucoup plus vite que la rotation d'un angle droit qui définit la fréquence de collision habituelle. Cette augmentation de la fréquence des écarts (nom sous lequel seront désignés les pas de travers) permet à la vitesse de diffusion des particules piégées de gagner encore un ordre de grandeur.

Reste à prendre en compte le poids de la population des particules piégées par rapport à la population totale. Il est inférieur à l'unité, mais cette réduction est loin de compenser l'augmentation résultant de la dynamique particulière des particules piégées. Le résultat conduit à une diffusion qui peut différer de la diffusion classique par deux ordres de grandeur. Cette analyse très qualitative ne donne qu'une petite idée de la complexité du problème. Elle n'a d'ailleurs de sens que dans le domaine des plasmas très chauds où les particules piégées ont le temps d'osciller entre les miroirs magnétiques avant que les collisions ne les transforment en particules circulantes. Cette condition est remplie au cœur du plasma des grands tokamaks actuels. Si les collisions sont trop fréquentes pour que le piégeage des particules garde un sens, l'effet est moins accusé, mais subsiste.

Si ce mécanisme domine la diffusion, donc les pertes d'énergie, un courant de plasma intense apparaît comme un élément favorable à un bon confinement. Pour en donner une idée, on observe que le courant du tokamak oblige les particules à passer alternativement au-dessus et au-dessous du cordon de plasma en induisant une rotation rapide des lignes de champ autour de celui-ci, ce qui permet une compensation automatique de la dérive verticale des particules. Dans le cas des particules piégées, cette compensation reste partielle en raison de leur lenteur à parcourir leur orbite incomplète, ce qui explique l'épaisseur de la banane. L'effet bénéfique du courant sur la diffusion s'explique en notant que, s'il augmente, les lignes de champ s'enroulent plus vite et la longueur de la ligne de champ joignant les points miroirs raccourcit ; alors, l'épaisseur des bananes diminue grâce à la réduction du temps pendant lequel la particule va dériver verticalement avant de se réfléchir. Si le champ magnétique des bobinages est maintenu constant, une augmentation du courant améliore le confinement en réduisant la taille des bananes et donc des écarts de la marche au hasard.

Le lecteur peut s'étonner de voir les physiciens des plasmas choisir le nom d'un fruit à la pulpe amylacée pour baptiser un mécanisme auquel ils semblent accorder de l'importance[14]. Les physiciens des particules élémentaires ont mieux soigné leur image en empruntant les quarks à un mystérieux poème de James Joyce pour donner un nom à une brique élémentaire de la matière. Il semblerait que Harold Furth, déjà cité plusieurs fois, porte la responsabilité du rôle important que joue le fruit exotique dans la fusion thermonucléaire. Très vite, les théoriciens ont senti le préjudice que pourrait porter à la physique des plasmas l'utilisation abusive de cette image dans des conversations espionnées par des oreilles malveillantes. Dans les années 1960, à Trieste où ils aimaient se réunir, ces théoriciens passèrent de nombreuses soirées à philosopher sur les erreurs d'interprétation qui pourraient naître de l'expression « régime de bananes » (ou, en anglais, *banana regime*), par lequel ils désignaient le domaine où la diffusion est dominée par les particules piégées. En effet, en français, le sens courant de l'expression oriente l'auditeur occasionnel dans une direction assez déroutante. En anglais, le mot *regime* est surtout employé dans son acception politique et l'adjonction de « *banana* » semble faire référence à un type de système politique dont ne se réclament pas les physiciens et sur lequel Woody Allen a déversé son ironie géniale. Mais ni la vodka, ni le cognac, ni le whisky, ni la grappa ne parvinrent à suffisamment stimuler l'imagination pour trouver une étiquette moins ambiguë. Le comble fut atteint lorsque Harold Furth proposa de baptiser « superbananes » les orbites compliquées des particules

---

14. La vérité oblige à avouer que les particules presque piégées jouent un rôle aussi important que les particules piégées pour la diffusion.

piégées dans les stellarators. Il faut dire que leurs formes impossibles décourageaient toute recherche d'analogie. La transposition des résultats précédents aux stellarators représente d'ailleurs un tour de force, en raison de la variété des types de trajectoires et des multiples mécanismes de diffusion.

Ce mécanisme de diffusion illustre bien la manière dont intervient l'espace des vitesses dans la description du plasma faiblement collisonnel. Le cas n'est pas unique en physique. Il présente de fortes analogies avec l'exosphère, qui désigne les couches les plus lointaines de l'atmosphère terrestre, là où les libres parcours moyens atteignent les dimensions du globe terrestre. À ces grandes distances, la répartition et l'évolution des molécules dépendent de leurs trajectoires balistiques dans le champ de gravité de la Terre et ne peuvent s'expliquer qu'en distinguant des classes d'orbites, comme dans le cas des planètes. L'originalité du plasma réside plutôt dans sa capacité à mettre en défaut toutes les théories, sans le moindre ménagement pour les plus élégantes et les plus profondes. Si, comme on le découvrira au chapitre suivant, la turbulence remet souvent en question ces subtils calculs de transport, une autre prédiction de cette théorie résiste jusqu'à présent et pourrait même sauver les tokamaks. En effet, ces mêmes particules piégées vont servir de moteur engendrant un courant qui, en principe, pourrait se substituer, partiellement mais substantiellement, au courant produit par induction magnétique ou par injection de particules et d'ondes. Ce courant a reçu le nom de « courant de bootstrap », littéralement « courant de tire-botte[15] », allusion aux aventures du baron de Münchhausen qui parvenait à se désembourber d'un marais en se tirant par les cheveux ou à sortir de l'eau en tirant sur ses bottes. Il n'existe pas de mot français

---

15. En anglais l'expression *bootstrap current* avait été déjà utilisée par les physiciens des hautes énergies. Voir aussi R. B. White, *Theory of Tokamak Plasmas*, North Holland, 1989.

qui restitue cette image. L'expression la plus proche serait « courant parti de rien », mais elle n'est pas passée dans l'usage et, au risque d'encourir les foudres d'associations pointilleuses sur la mixité en matière de langues, il faudra bien revenir au courant de bootstrap.

Afin de comprendre le principe de cette génération de courant *ex nihilo*, il est prudent de revenir en arrière et de se pencher sur la théorie élémentaire du confinement magnétique par un champ dont les lignes restent des droites.

Confiner un plasma à l'aide d'un champ magnétique, c'est, en premier lieu, limiter le déplacement des particules dans les directions perpendiculaires au champ grâce à leur mouvement circulaire sans modification de leur énergie. Si les rayons de giration restent petits devant les dimensions du récipient, on conçoit la possibilité d'isoler plus ou moins le plasma des parois, ce qui se traduira par une densité et une température atteignant leurs maxima dans les régions éloignées des parois et décroissant lentement en s'en rapprochant.

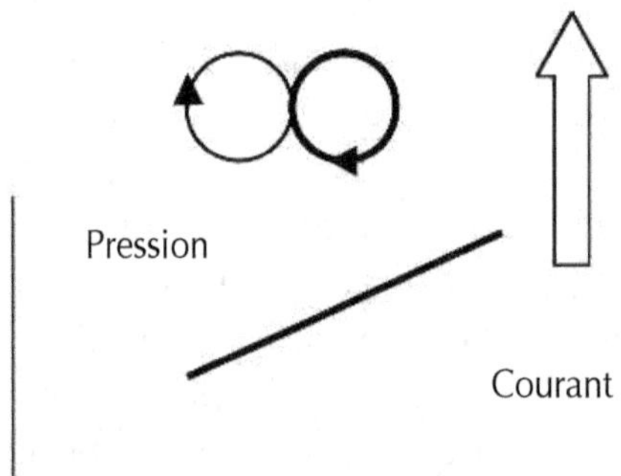

Fig. 11. Les cercles représentent les trajectoires de particules dans un champ magnétique perpendiculaire à la feuille de papier. L'épaisseur du trait croît avec le nombre de particules sur l'orbite, pour une pression augmentant de la gauche vers la droite, conformément à la courbe de pression superposée.

La pression du plasma étant proportionnelle au produit de la densité par la température, le confinement implique inévitablement une pression décroissante vers les bords du plasma. Mais, dans tout fluide, une variation de pression a pour conséquence une mise en mouvement dans la direction des pressions décroissantes : le plasma va dans le mur. Une force doit donc s'exercer partout pour contrebalancer cette variation de pression afin de maintenir le plasma en place. Cette force existe certainement puisque la vision particulaire du problème indique un confinement possible. Les lois de l'électromagnétisme offrent une seule possibilité : l'action du champ magnétique sur un courant circulant dans le plasma produirait cette force omniprésente dont on a besoin pour équilibrer la variation de pression, ou plus exactement son gradient. Mais, pour que la force existe, le champ magnétique et le courant doivent avoir des directions perpendiculaires.

Comment mettre en évidence ce courant ? Jusqu'à présent, un courant était plus ou moins explicitement associé à un mouvement d'ensemble des électrons sous l'effet d'un champ électrique ou de l'injection de particules et d'ondes qui accélèrent les particules. Cette représentation convient bien à un courant circulant le long du champ magnétique puisque les particules se déplacent librement dans cette direction. En revanche, dans les directions perpendiculaires, il paraît plus difficile de faire circuler un courant puisque le champ magnétique s'oppose à l'écoulement des particules en les faisant tourner sur un cercle fixe, toutes dans le même sens. Il faut donc admettre qu'un courant ne correspond pas nécessairement à un mouvement d'ensemble des particules composant le fluide. Il est vrai que l'existence d'un courant électrique demande seulement un flux moyen de charges. Ce flux s'obtient en additionnant, en un point donné, les contributions de toutes les particules passant par ce point au cours de leur rotation. On a représenté sur la figure 11 deux de ces orbites qui donnent des contributions de sens opposé au point de croisement des orbites. En l'absence de gradient de pression, les particules empruntant ces deux orbites symétriques sont en nombre égal et les contributions s'annulent. L'argument vaut pour tous les types d'orbites de sorte que le courant total est nul. Mais, en présence d'un gradient de pression, les orbites ne sont plus pondérées de la même façon. Le peuplement de l'orbite dépend de la position de son centre de rotation : plus la pression y est élevée, plus le nombre de particules y est grand[16]. Un déséquilibre se produit entre les contributions des deux orbites au courant total. Il subsiste donc en chaque point un flux résiduel proportionnel à ce gradient, donc un courant qui donne la solution du paradoxe. Les flux de particules sont de sens inverse pour les ions et les électrons. Ce courant génère lui-même un champ qui vient diminuer l'intensité du champ magnétique de confinement, ce qui lui vaut le nom de « courant diamagnétique ».

Qu'en est-il dans une configuration du type tokamak ? Le principal changement réside dans l'existence de la population de particules piégées. Ces particules effectuent des girations dans le champ magnétique comme précédemment et le gradient de pression engendre un courant diamagnétique dans une direction perpendiculaire au champ local. Mais, à ce mouvement élémentaire de petite échelle, le déplacement parallèle au champ, couplé à la dérive verticale, superpose les orbites en forme de banane qui balaient le plasma sur une largeur bien supérieure au rayon de giration. On peut reprendre le raisonnement qui a permis de trouver l'origine du courant diamagnétique et le transposer aux bananes. Mais, cette fois, le gradient de pression va engendrer un courant quasi parallèle au champ puisque les orbites sont allongées dans cette direction (Fig. 10). La géométrie torique s'accompagne donc de l'apparition d'un nouveau courant qui prend naturellement le nom de « courant

---

16. Le raisonnement n'est rigoureux que si le gradient de pression résulte d'une variation de la densité et non de la température, mais le résultat reste valable.

de banane[17] ». Avec les pressions et les intensités des champs magnétiques qui règnent habituellement dans les tokamaks, le courant diamagnétique et le courant de banane ne perturbent pas la configuration de manière sensible. En revanche, ils vont se comporter comme une véritable génératrice de courant qui donnera naissance à l'effet bootstrap. Mais, dans cet étonnant mécanisme, les collisions jouent un rôle déterminant, conformément aux grands principes de la physique statistique.

Qu'il s'agisse de champs uniformes ou de ceux des tokamaks, l'analyse précédente a ignoré les collisions, avec juste raison pour un plasma thermonucléaire où elles sont rares. Mais le confinement magnétique exige un plasma stationnaire sur des durées très longues pendant lesquelles de nombreuses collisions se produiront. Elles interviennent de plusieurs manières. Dans le cas d'une description hydro-dynamique, la répartition du plasma dans l'espace ordinaire dépend d'un petit nombre de variables comme la pression, la densité de courant ou la masse spécifique. Elles sont liées par des équations qui réduisent encore les possibilités. Les lois de transport et les conditions expérimentales lèvent les dernières indéterminations et fixent les paramètres libres restants. Cette description se révèle inadaptée à un plasma chaud, comme on l'a déjà noté. En effet, la rareté des collisions interdit l'utilisation de la notion d'éléments fluides, car, étant donné les énormes libres parcours moyens, ils auraient des dimensions supérieures à la machine. L'approximation du plasma sans collision s'impose comme seul recours.

On l'a vu, le plasma sans collision exige la spécification d'une répartition des particules sur leurs orbites dans les champs électriques et magnétiques. Par exemple, une fois les orbites des particules piégées calculées, leurs populations restent arbitraires. Ces répartitions ne sont pas

---

17. A. G. Peeters, « The bootstrap current and its consequences », *Plasma Physics and Controlled Fusion*, 2000.

contrôlables expérimentalement dans tous leurs détails, à une variable hydrodynamique donnée correspond un vaste ensemble de distributions. Les collisions vont faciliter le tri. En effet, elles ne sont que la manifestation particulière d'un principe général, celui de l'évolution irréversible des systèmes isolés vers l'équilibre thermodynamique. Dans le cas d'un plasma chaud, l'état d'équilibre thermodynamique total ne tolère qu'un milieu de densité et de température uniformes, animé au plus d'une vitesse d'ensemble constante. Les distributions dans l'espace des vitesses n'ont aucun degré de liberté, une fois les variables hydrodynamiques fixées. Par définition, le confinement magnétique implique un plasma dont la densité et la température varient dans l'espace et qui ne peut pas remplir les conditions de l'équilibre thermodynamique. Pourtant, en principe, il suffit de quelques collisions pour amener un plasma à l'équilibre. Mais, ici, le plasma est le contraire d'un système isolé puisqu'il reçoit en permanence de l'énergie du système de chauffage ou des réactions nucléaires de fusion. Il atteindra peut-être un état stationnaire, mais il restera globalement éloigné de l'équilibre thermodynamique.

Comment les collisions trient-elles les répartitions détaillées dans une telle situation ? Puisque les temps de vie de ces plasmas permettent aux collisions d'exercer leurs effets, ceux-ci auront des caractéristiques physiques proches de celles de l'équilibre thermodynamique partout où ces conditions seront compatibles avec les contraintes imposées par le confinement et le chauffage. De plus, par expérience, l'expérimentateur sait que la proximité de l'équilibre thermodynamique confère une robustesse à la configuration et qu'un écart trop marqué conduirait à des mécanismes violents et incontrôlables qui détruiraient la configuration. Il choisira donc des dimensions et des densités de courant électrique qui autorisent cette proximité. Elle se traduira par des répartitions de particules qui différeront très peu de celles d'un équilibre thermodynamique correspondant aux densités et températures locales. Les collisions continueront à exercer leur action irréversible en cherchant à gommer l'écart restant, produisant diffusion, résistance électrique et rayonnement, que les apports extérieurs compenseront pour maintenir la stationnarité.

Dans le cas du plasma confiné dans un champ uniforme, les collisions chercheront à détruire le courant diamagnétique et à faire disparaître le gradient de pression. Dans le cas d'un tokamak, le mécanisme de diffusion néoclassique relève du même principe mais donne naissance à des effets très originaux et de première importance lorsqu'une source d'énergie maintien ce gradient.

En chaque point de l'espace, la population ionique, par exemple, se répartit entre particules circulantes et piégées qui forment deux groupes distincts par la topologie de leurs trajectoires et par les vitesses individuelles des particules. Les collisions tendent à annuler la vitesse relative moyenne entre électrons et ions en ne laissant subsister que les courants de dérive. Si aucun champ électrique n'est appliqué, le courant parallèle au champ magnétique s'annule. Mais cette fatalité ne s'applique qu'aux particules circulantes. En effet, le confinement des particules piégées implique un courant de banane parallèle au champ magnétique. Les collisions vont tenter de faire disparaître cette distorsion grossière de l'ordre thermodynamique. Elles ne peuvent agir sur les particules piégées qui sont bloquées entre les miroirs magnétiques et dont on ne peut modifier la distribution pour annuler le courant de banane. En revanche, les collisions vont faire passer des particules de l'état piégé à l'état circulant. L'asymétrie de leurs vitesses, qui traduit l'existence du courant de banane, va littéralement pousser les particules circulantes en leur donnant une vitesse d'ensemble. Ces échanges vont parvenir à gommer l'anomalie, ainsi la répartition des vitesses se rapprochera autant qu'il est possible d'une distribution d'équilibre thermodynamique, animée au plus d'une vitesse d'ensemble. Celle-ci doit correspondre à une distribution des particules telle que, dans le domaine des particules piégées, elle reproduise bien le courant de banane. Les particules circulantes s'adaptent donc à la situation créée par les particules piégées, en se rapprochant au maximum d'une distribution d'équilibre, compatible avec le courant de banane.

Le même mécanisme entraînerait les électrons circulant dans la direction opposée. Mais le problème se complique en raison de la friction entre électrons et ions qui tend à annuler la vitesse relative entre eux. L'action des collisions cherche ainsi à ramener les électrons à l'équilibre, malgré l'existence du courant de banane électronique, en réduisant le courant résultant. Malgré cette compensation partielle, le courant résiduel, appelé « courant de bootstrap », conserve une intensité suffisante pour dominer très largement le courant diamagnétique et le courant de banane. Mais, surtout, dans un tokamak, il peut atteindre des valeurs comparables à celles qui assurent l'existence de l'équilibre. Il peut ainsi se substituer, en partie au moins, au courant généré par induction ou injection de puissance. Malgré l'intervention constante des collisions comme mécanisme de couplage entre les populations, le courant de bootstrap n'en dépend pas, démontrant ainsi que le rôle des collisions consiste principalement à déterminer le détail des répartitions qui resteraient autrement arbitraires.

Le premier chapitre a déjà présenté l'intérêt de ces effets subtils qu'il faudra utiliser dans l'avenir si des tokamaks doivent devenir des réacteurs électrogènes. La présentation du paragraphe précédent survole la question et cherche seulement à faire saisir la nature des mécanismes en jeu, ressortir l'intervention de l'espace des vitesses et apparaître la nécessité d'une interprétation des effets macroscopiques en termes microscopiques, traits caractéristiques des plasmas chauds. S'y ajoute un effet collectif simple avec ce courant de bootstrap parvenant à engendrer le puissant champ magnétique qui enroule les lignes de champ autour du cordon de plasma. L'existence de cet effet, couplé aux particules alpha, permet d'assigner un objectif physique à Iter. Ce but ultime devrait intriguer un physicien fondamentaliste, puisqu'il s'agit d'obtenir un plasma thermonucléaire en régime permanent capable de se chauffer lui-même grâce aux particules alpha et de se confiner à l'aide du courant de bootstrap. Le petit parfum de science éthérée, comme le dit Sir Michael Atiyah[18], commence à se faire sentir.

Ces quelques exemples devraient donner des éléments suffisants pour que chacun puisse se faire une idée de la physique des plasmas chauds et de ses attraits. Dominés par les effets collectifs, fruits d'une synthèse entre les descriptions fluides et particulaires, les plasmas chauds ne se comprennent qu'en forgeant une panoplie de techniques spécifiques dans le domaine théorique comme pour l'expérimentation. La fusion par confinement magnétique et la fusion par confinement inertiel offrent toutes deux des opportunités nouvelles et attrayantes à la recherche. Les conditions extrêmes de l'ignition rapide ouvrent des voies aux effets relativistes et, sur Iter, l'objectif du programme avancé garantit des résultats dotés d'un fort dividende de plaisir intellectuel. Le chapitre suivant complétera ce tableau en y apportant une touche un peu plus aventureuse et échevelée, qui pimente encore ce plat savoureux.

---

18. Chapitre 1, page 78.

CHAPITRE 4

LE COMPLEXE DE HOUDINI

S'il ne fallait garder qu'une image de la fusion, ce serait celle d'une lutte de cinquante ans avec un plasma mettant tout son génie à s'échapper du piège destiné à l'enfermer. Le destin malheureux des machines à miroir magnétique, esquissé dans le préambule, illustre ce combat qui se termina par une victoire totale du plasma. Elle humilia les physiciens qui durent contempler, pendant bien des années, le plus grand aimant du monde à l'époque, jamais utilisé, reposant, inutile, sous un abri de plastique. Malgré un déploiement exceptionnel d'idées séduisantes, le plasma a toujours trouvé une faille dans le dispositif, décourageant la persévérance des expérimentateurs. Les tokamaks ont dû, eux aussi, subir cette aptitude de l'énergie à se faufiler à travers le champ magnétique de confinement avec une vitesse inexplicable par la théorie, pourtant si belle. Mais, contrairement aux miroirs, une retraite en bon ordre a préservé l'essentiel.

Le confinement inertiel n'a pas non plus été épargné. Les faisceaux laser doivent faire entrer une cible de quelques millimètres cubes dans un volume mille fois plus petit en la pressant de tous côtés. Là encore, le milieu réagit violemment et cherche à échapper à ce destin en prenant des formes contournées comme une goutte d'eau que l'on essaierait d'écraser entre ses doigts. Afin de ne pas lui en laisser le temps, le laser effectue la compression aussi vite que possible, mais alors les intensités deviennent trop fortes et l'interaction du rayonnement laser avec le plasma ne se passe plus comme prévu. Les grands lasers en construction pourront vérifier l'existence d'un créneau où ces deux effets délétères restent supportables.

Cette aptitude extraordinaire à l'évasion rappelle celle d'une vedette du music-hall américain au début du XXe siècle. Né Erik Weisz, il prit le nom de Houdini car il admirait Jean-Eugène Robert-Houdin qui avait créé la magie moderne en la débarrassant de ses oripeaux spiritualistes et en perfectionnant l'illusionnisme. Houdini avait découvert une faille dans le système de fermeture des menottes à l'occasion d'un stage d'apprentissage chez un serrurier. En utilisant ce défaut, il parvenait à se libérer de ce type d'entrave avec rapidité et élégance. Il mit au point un spectacle qui lui valut bientôt le titre de roi des menottes. Puis il étendit ses capacités. Son numéro le plus spectaculaire consistait à se faire enchaîner par des spécialistes et à se libérer sans coup férir et sans aide. En décembre 1898, il fut enfermé, nu et menotté, dans une cellule et en ressortit, libre, dix minutes plus tard, laissant les policiers déconcertés. Theodore Roosevelt reconnut en lui le plus prodigieux mystificateur qu'il ait jamais vu. Indéniablement, Houdini mérite de parrainer le complexe psychologique qui a obsédé la fusion pendant si longtemps et qui n'a pas entièrement disparu. Encore aujourd'hui, la fusion reste hantée par la menace d'une nouvelle brèche dans les systèmes de confinement ou les méthodes de compression.

Instabilités ou turbulence ?

Houdini n'a jamais révélé les secrets de ses techniques d'évasion, alors qu'il n'a pas fallu longtemps pour comprendre, dès la machine Zeta, que le plasma perdait son énergie aussi rapidement parce qu'il était turbulent. Que faut-il entendre par là ? David Ruelle donne la meilleure réponse possible, lui qui a renouvelé de fond en comble ce sujet. Dans *Hasard et Chaos*[1], il se pose la question : « Qu'est-ce que la turbulence ? » Il ajoute immédiatement : « Les experts continuent à débattre de cette question, à laquelle il n'y a pas de réponse très évidente. En général cependant, on s'accorde à reconnaître un écoulement turbulent quand on en voit un. » Cette technique d'identification s'applique mal aux plasmas chauds. La tendance naturelle porterait à considérer systématiquement ces milieux comme turbulents. Quand on en voit un apparemment dépourvu de turbulence, on s'accorderait plutôt à reconnaître qu'on l'a mal regardé. David Ruelle ajoute : « L'observation de la turbulence est commune et aisée, mais sa compréhension est difficile. » Les physiciens des plasmas adopteraient volontiers cet aphorisme à condition de pouvoir remplacer « aisée » par « ardue ». Cette difficulté de diagnostiquer la turbulence explique les fausses interprétations ou les refus de l'évidence qui ont ponctué la vie scientifique autour de la fusion mais qui font partie de son passé[2]. Tokamaks, stella-

---

1. David Ruelle, *Hasard et Chaos*, Odile Jacob, 1991, p. 68.

2. À ce propos, on pourra relire l'analyse de Francis Chen, « The leakage problem in fusion reactors », *Scientific American*, juillet 1967, p. 76, en particulier les tribulations de la diffusion de Bohm qui illustrent bien les difficultés d'interprétation des phénomènes de transport anormal dans les plasmas. L'auteur remercie Thierry Pierre d'avoir attiré son attention sur ce texte.

rators, cibles implosées par irradiation laser, tous ces dispositifs ont dû intégrer la turbulence comme un ingrédient incontournable de la recette.

Dans la plupart des cas, l'existence de la turbulence se manifeste d'abord par un résultat décevant, en désaccord avec la théorie : transport de l'énergie anormalement rapide, inefficacité des miroirs magnétiques, interruption brutale du courant dans les tokamaks, déviations anormales des faisceaux laser au voisinage de la cible, absence de chauffage du plasma par compression d'une cible. Ces phénomènes inattendus et préoccupants semblaient d'abord liés à des erreurs de conception expérimentale ou théorique : loi de comportement inadaptée, manque de précision dans la disposition des aimants, effets perturbateurs des parois matérielles, impuretés envahissant le plasma. Mais devant leur reproductibilité et leur résistance à tous les traitements simples, la recherche d'une cause plus fondamentale a fini par s'imposer. Ces écarts à un comportement normal s'accompagnaient toujours de mouvements collectifs incontrôlables, avec des variations dans le temps et dans l'espace très étendues. Ces caractères qualitatifs rappelaient ceux de la turbulence hydrodynamique, cette analogie conduisit à considérer les plasmas de fusion comme des milieux turbulents. Cette dénomination semblera abusive à certains, mais, puisque les experts peinent à en préciser la définition, la sagesse recommande d'adopter une attitude ouverte sur cette question de sémantique. Tous les comportements anormaux y trouvaient une justification, à défaut d'une prédiction et d'un remède.

Comme on l'a vu au chapitre précédent, les théoriciens établissent les propriétés d'une configuration magnétique donnée ou d'un schéma d'implosion en procédant par étapes. D'abord, ils calculent les orbites des particules dans les champs électromagnétiques en tenant compte des champs collectifs, puis dans un deuxième temps, ils tiennent compte des champs fluctuants liés à la nature discrète des particules composant le plasma. Les phénomènes collisionnels englobent l'ensemble des effets liés à ces fluctuations. Ils déterminent les populations de particules sur les orbites, la diffusion du rayonnement, les mécanismes de transport comme la résistivité électrique, la viscosité, la conductivité thermique. L'expérience ne vérifie presque jamais les prévisions issues de ces calculs théoriques. Le plus souvent, la turbulence trahit sa présence par une amplitude anormalement élevée du transport ou de la diffusion. Pour expliquer cette exaltation, il suffit de reprendre la théorie des effets collisionnels en admettant que le niveau des champs fluctuants dépend de la turbulence et non pas de la nature discrète des particules. Ainsi, le plasma turbulent se verra doté d'une résistivité anormale, d'une viscosité anormale ou d'une conductivité thermique anormale. Par exemple, la turbulence peut multiplier la conductivité thermique d'un plasma de tokamak par un facteur 100. Un plasma turbulent peut devenir opaque pour le rayonnement d'un laser, alors que le même plasma n'en diffuse qu'une fraction infime lorsqu'il est calme. La présence de la turbulence sera révélée le plus souvent par l'exaltation des phénomènes de transport et par leurs conséquences sur le comportement global du plasma et non par la mise en évidence directe de mouvements chaotiques. Ce transfert ne fait pas progresser la compréhension de la turbulence et ne donne pas les clefs de son contrôle, mais il a le mérite d'introduire une appréciation quantitative de son intensité et une indication qualitative de son origine.

Ces considérations ne s'appliquent pas à toutes les situations. Le complexe de Houdini peut également se manifester de manière beaucoup plus brutale. Les instabilités verticales dans les tokamaks à section elliptique en donnent un exemple. Dans ce cas, le plasma se déplace en bloc de bas en haut ou de haut en bas et vient s'écraser sur la paroi en interrompant le courant et en soumettant les parois conductrices à des efforts électrodynamiques dangereux. Assimiler un tel accident à la turbulence n'a plus aucun sens, il prendra plutôt le nom d'instabilité et, plus précisément, d'instabilité verticale dans ce cas particulier. De même, dans la fusion par laser, les instabilités amplifient tous les petits écarts à la sphéricité parfaite de la cible au cours de l'implosion par ablation. Aucun régime stationnaire n'a le temps de s'établir. L'implosion se termine avant que l'amplitude de ces perturbations n'atteigne la zone dite « turbulente » où elles interagiraient entre elles, provoquant une désorganisation chaotique qui ne laisserait subsister aucune trace des perturbations initiales et compromettrait la compression de la cible. Là aussi, la turbulence n'a pas sa place et, si les performances restent médiocres, on préférera en rendre responsables les instabilités hydrodynamiques plutôt que la turbulence.

Historiquement, dans les plasmas de la fusion, les théoriciens et les expérimentateurs ont d'abord utilisé la notion d'instabilité. L'analyse des premières expériences aux performances décourageantes mit rapidement en évidence des mouvements incontrôlés, au sein du plasma. La mécanique des fluides offrit alors une explication et une méthode de prévention grâce à la théorie des instabilités. Les mécaniciens des fluides ont très vite appris à vivre avec des écoulements qu'ils ne maîtrisent que très partiellement. Les mathématiciens du XIXe siècle expliquaient déjà cette autonomie gênante en introduisant le concept d'état instable. Cette notion permet de comprendre pourquoi un fluide peut ne pas se maintenir dans une configuration particulière, qui, pourtant, correspond à une solution exacte des équations du mouvement. Les déboires de la fusion semblaient de cette nature. Mais, dans le projet de maîtriser la fusion nucléaire, personne n'envisageait de devoir ajouter aux difficultés identifiées celles de devoir travailler dans un milieu instable. Aussi, pour rechercher les états dépourvus d'instabilités dangereuses, les physiciens des plasmas se précipitèrent sur les modèles fluides auxquels la théorie des instabilités hydrodynamiques était immédiatement applicable. Une véritable chasse aux instabilités s'ouvrit. D'abord très fructueuse, elle a suivi la loi inexorable de toutes les chasses : explorer de nouveaux territoires garantit un gibier abondant.

Avant d'entrer plus en détail dans le récit de cette épopée cynégétique, un retour à la mécanique des fluides permettra de se faire une idée plus concrète de la véritable nature d'une instabilité, de ses caractéristiques et de la variété des problèmes qui s'y rattachent. Un cas d'une grande banalité en donnera une illustration complète. L'exemple choisi peut facilement faire l'objet d'une expérience qui ne demande ni qualification particulière ni matériel compliqué. Beaucoup de lectrices et de lecteurs l'ont déjà réalisée, mais ils n'ont peut-être pas effectué toutes les observations auxquelles elle se prête ; de plus, elle peut se révéler déconcertante, ce qui ajoute à son caractère distrayant. Elle est pour tous les âges.

Le matériel ne comporte qu'un verre et une feuille de papier d'un grammage normal. On peut y ajouter une plaque rigide. La feuille et la plaque doivent pouvoir couvrir complètement le verre. Accessoirement, une paire de bottes en caoutchouc se révélera utile à ceux qui aiment approfondir leur connaissance en essayant des variantes audacieuses. Voici la recette. Remplir le verre à ras bord avec de l'eau. Poser sur le verre la feuille de papier de telle sorte qu'elle recouvre complètement la surface libre du liquide. Poser sur la feuille de papier la plaque rigide. Appliquer une main bien à plat sur la feuille ou la plaque et saisir le verre de l'autre main. Appuyer légèrement la plaque ou la feuille sur le bord du verre et soulever l'ensemble en maintenant le contact entre la feuille de papier et le bord du verre. Basculer le tout jusqu'à ce que la feuille de papier se retrouve sous le verre dans une position bien horizontale. Tout en maintenant le verre renversé immobile, abaisser lentement la main qui applique la plaque rigide (ou la feuille de papier) sur le bord du verre. La feuille de papier reste collée sur le bord du verre qui ne se vide pas.

Il n'y a rien d'étonnant à ce résultat qui en surprendra peut-être quelques-uns. En effet, sur la feuille s'exerce la pression atmosphérique qui est égale à celle d'une colonne d'eau de dix mètres de haut. Donc chaque centimètre carré de papier est soumis à une force dirigée de bas en haut et beaucoup plus grande que la force qu'exerce, dans l'autre sens, le poids des quelques centimètres d'eau contenus dans le verre. La pression atmosphérique maintient donc l'eau dans le verre d'où elle ne peut tomber. Tout est normal.

Mais le physicien doit vérifier sa théorie en s'assurant qu'elle reste valable si les conditions expérimentales se modifient. Il se pose la question du rôle de la feuille de papier. Ce n'est pas elle qui tient l'eau ! Cette pression atmosphérique, qui s'exerce sur la feuille, s'exercerait tout aussi bien sur la surface libre du liquide. Donc la feuille ne joue aucun rôle dans l'équilibre réalisé. À cet instant, les bottes vont révéler leur utilité. Le physicien saisit un coin de la feuille et la tire horizontalement. Il ne reste plus qu'à éponger, si l'expérience n'a pas eu lieu au-dessus d'un évier. Pourquoi la pression atmosphérique confine-t-elle l'eau avec cette feuille de papier comme interface et n'a-t-elle aucune action sur la surface liquide elle-même lorsqu'elle est directement exposée à son action ? Si l'expérimentateur examine de près la manière dont l'eau s'échappe du verre, il constate qu'elle ne tombe pas d'un bloc, comme ce serait le cas si la chute avait lieu dans le vide. Au contraire, elle se brise en petits jets et en gouttes qui se mélangent à l'air, formant un écoulement compliqué aux structures de tailles diverses. Ce mélange de l'eau et de l'air signe le développe-ment d'une instabilité de Rayleigh-Taylor, du nom de ses inventeurs. Elle fait chuter l'eau, malgré le confinement par la pression atmosphérique en détruisant la planéité initiale de l'interface.

Il reste à comprendre l'effet de la feuille de papier. En son absence, une déformation de la surface modifie l'énergie potentielle du système. En effet, l'eau étant incompressible, la déformation ne doit pas modifier le volume d'eau et doit faire passer, au-dessous de l'interface plane initiale, un volume d'eau identique au volume d'air qui passe au-dessus de la surface non déformée (Fig. 12). Cet échange fait descendre une fraction de la masse d'eau à laquelle se substitue de l'air très léger, ce qui diminue l'énergie potentielle de l'ensemble. L'énergie cinétique peut donc augmenter aux dépens de l'énergie potentielle sans faire varier l'énergie totale. Un mouvement instable peut alors se développer spontanément en s'amplifiant. Si, au contraire, l'énergie potentielle avait crû, l'amplitude du déplacement ne dépasserait pas sa valeur initiale.

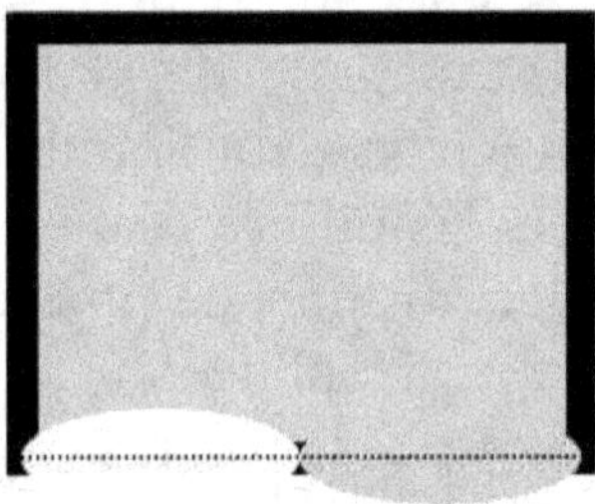

Fig. 12. Interface air-eau déformée et conservant le volume d'eau.

L'eau dans le verre renversé est dans la situation du stylo-bille reposant debout sur sa pointe. Bien que l'équilibre soit théoriquement possible lorsque la force de réaction verticale, exercée par la table sur la pointe passe exactement par l'axe de symétrie du stylo, tout léger basculement par rapport à cette position diminue son énergie potentielle gravifique, si bien que le mouvement s'amplifie et le stylo tombe. De même, un mouvement de la surface de l'eau dans le verre renversé, aussi petit soit-il, s'amplifiera inexorablement, vidant ainsi le verre. En revanche, la feuille de papier, par sa résistance à l'extension et l'absence presque totale de frottement visqueux avec l'eau, bloque tout déplacement de l'interface. Les mouvements qui permettent de transformer l'énergie potentielle en énergie cinétique sont empêchés. L'instabilité ne peut se développer. La feuille ne soutient pas l'eau, elle n'ajoute aucune force, elle bloque seulement l'accès à l'énergie potentielle disponible dont la transformation en énergie cinétique met l'eau en mouvement.

Ces petits travaux pratiques contiennent déjà quelques traits essentiels des instabilités. Dans le préambule de ce livre, on a vu que les théoriciens de Princeton avaient reçu un juste hommage après avoir élaboré un principe d'énergie qui simplifia l'analyse de la stabilité dans le cadre du modèle magnétohydrodynamique. Il est temps de fournir quelques précisions sur la signification de ce principe si efficace. En un mot, ce principe d'énergie généralise, à un plasma dans un champ magnétique, l'explication donnée plus haut dans le cas de l'instabilité de Rayleigh-Taylor. On détermine les conditions de stabilité d'un plasma en équilibre en le déformant par un déplacement virtuel et en observant comment son énergie potentielle se modifie. Le principe d'énergie donne le sens de cette variation. Si elle croît, le plasma est stable et l'expérimentateur peut passer ses commandes et construire son expérience. Dans l'autre cas, il se contentera d'essayer de faire tenir un stylo bille debout sur la pointe.

Cette modeste expérience a mis en évidence un autre effet remarquable : il ne suffit pas que l'énergie soit disponible pour que le système devienne instable, elle doit être aussi accessible. Dans les plasmas magnétisés parcourus par des courants, comme les tokamaks, il existe des cas où une configuration perturbée, immédiatement voisine de l'équilibre étudié, correspond à une diminution de l'énergie potentielle. Cependant, si la dynamique est décrite par les équations d'un fluide parfaitement conducteur de l'électricité, les lois de la dynamique n'autorisent pas le déplacement conduisant à cette configuration déformée et l'équilibre reste stable[3]. Mais, presque toutes les modifications de la loi de conduction électrique, en autorisant la déforma-

---

3. Voir Paul-Henri Rebut, *L'Énergie des étoiles, op. cit.*

tion, déstabiliseront l'équilibre. Par exemple, une conductivité finie peut rendre un plasma de tokamak instable, contrairement aux prédictions de la magnétohydrodynamique d'un fluide parfaitement conducteur. La faiblesse de la résistivité se traduira par une croissance lente de l'instabilité qui, cependant, constituera un danger réel dans les tokamaks en amenant la disruption du courant. Ces instabilités résistives[4] forment un des chapitres les plus développés de la théorie des tokamaks. On pourrait peut-être trouver une situation analogue dans l'expérience du verre renversé en utilisant une feuille de buvard au lieu du papier. La porosité rétablit le déplacement de l'eau à travers l'interface, mais l'écoulement subit un fort ralentissement. L'expérience serait instructive, avec le risque de boucher son évier.

Mais le principe d'énergie ne répond pas à toutes les questions. Si l'état étudié ne correspond pas à un équilibre mais à un mouvement, par exemple à un écoulement stationnaire, le principe d'énergie ne suffit plus. Le gyroscope l'illustre savamment, mais on préférera encore une expérience amusante, évoquant un passé déjà lointain. Les lectrices et les lecteurs les plus anciens ont certainement gardé le souvenir des pièces percées qui ont disparu bien avant l'introduction des nouveaux francs. Posées sur les rails des tramways ou des trains, elles s'écrasaient facilement en devenant des objets d'art inattendus et initiaient les enfants à la technique du laminage des tôles. Elles nous offrent un remarquable exemple ludique dans un domaine scientifique assez aride. En effet, tous les écoliers, ou presque, ont joué avec ces pièces en les transformant en toupies. Il suffisait de tailler en pointe le bout d'une allumette en la durcissant par brûlage rapide et de disposer d'un peu de mie de pain malaxée qui puisse sceller l'allumette dans le trou de la pièce. On obtenait ainsi une toupie standard

---

4. Voir le préambule.

pouvant s'aligner dans des compétitions de monotypes acharnées, dotées de prix en chocolat synthétique et biscuit vitaminé. Chaque concurrent préparait une écurie de toupies et sélectionnait la meilleure. Cette opération s'effectuait en général pendant la classe, derrière le pupitre à peine relevé, pour déterminer laquelle tournait le plus longtemps.

En jouant les danseuses étoiles sur la couverture des cahiers, les toupies défiaient l'expérience commune et, à l'arrêt de leur rotation, une lourde chute venait rappeler que la gravité n'avait pas disparu comme par enchantement. La toupie démontrait que la variation de l'énergie potentielle ne suffisait pas à déterminer la stabilité d'un système en mouvement et illustrait le principe de la stabilisation gyroscopique de la manière la plus simple. Nous en connaissons au moins deux autres applications : la bicyclette et le gyroscope. Mais la recherche de la rotation la plus stable conduisait également à comprendre l'importance de la symétrie la plus parfaite possible dans la construction et à l'instant du lancer. La chute de la toupie résultait de la rupture de cette symétrie par l'amplification des légers mouvements de précession et de nutation initiaux. Ces expériences élémentaires préparaient à la complexité et à la variété des sources d'instabilité, ainsi qu'à leur développement. De même, dans les tokamaks, la plupart des instabilités font perdre au cordon de plasma la symétrie de rotation autour de l'axe du tore. Il sera donc nécessaire de s'assurer de l'absence d'erreurs de construction, même minimes, qui pourraient faciliter le démarrage d'une instabilité en brisant la symétrie.

La magnétohydrodynamique ne suffit plus aujourd'hui à décrire complètement un plasma chaud. Ce modèle reste trop rudimentaire et laisse de côté un grand nombre d'instabilités importantes ou conduit à des estimations fausses des temps caractéristiques d'évolution. Une description indiscutable doit prendre en compte le mouvement des particules individuelles qui, bien sûr, ne sont pas au repos. Par conséquent, dans les plasmas, les situations d'équilibre sans mouvements n'existent pas. Les principes d'énergie ne sont pas pour autant condamnés aux poubelles de la science. Ils permettent encore de calculer simplement l'énergie potentielle disponible qui alimentera l'instabilité, pourvu que cette énergie soit accessible et que les effets gyroscopiques ne la suppriment pas. Vérifier ces deux conditions demande un outillage mathématique impressionnant et beaucoup de patience. En hommage à l'énergie dépensée dans ces recherches, la lectrice ou le lecteur acceptera certainement une petite incursion dans le monde de ces instabilités qui ont joué un rôle central dans la physique des plasmas chauds et qui se présentent sous des formes si diverses.

Dans la jungle des instabilités

Dans le cas de la fusion par confinement magnétique, les recherches se concentrent sur la mise au point d'un dispositif fonctionnant sur de très longues périodes sans évolution notable, comme une chaudière de centrale thermique classique. Le physicien se représente une machine de ce type comme une configuration qui reste identique à elle-même au cours du temps. Que la mesure porte sur un champ électromagnétique, sur une population particulière de particules ou sur une émission de rayonnement, le résultat ne varie pas pendant des durées longues comparées à celles de tous les mécanismes physiques à l'œuvre dans le système. Dans une géométrie donnée, un modèle rudimentaire comme la magnétohydrodynamique impose des limitations et exerce des contraintes qui lient, par exemple, la pression, le champ magnétique et le courant si le plasma remplit ces conditions de stationnarité. Si le fluide conducteur a une vitesse partout nulle, c'est un équilibre. Le modèle permet alors de définir une famille d'équilibres. Mais ces équilibres n'ont une réalité physique que s'ils correspondent bien à la forme ultime de toute évolution. On le vérifie en supposant que le système s'écarte un peu d'un de ces équilibres, par exemple en raison d'une perturbation qui ne possède pas la symétrie de révolution du tore : les conditions de stationnarité ne sont plus exactement remplies. Quelque chose va donc bouger quelque part. Si la perturbation s'amplifie, il y a instabilité. Dans ce cas, le système ne peut se maintenir à l'équilibre, puisqu'on ne peut éviter de petits écarts incontrôlés des paramètres physiques par rapport aux valeurs imposées. Le système dérive plus ou moins rapidement vers un autre état. Si, au contraire, toutes les petites perturbations s'amortissent grâce à la viscosité et à la résistivité du plasma, l'équilibre est stable et peut se réaliser physiquement. La configuration d'équilibre semble alors attirer vers elle toute évolution des champs et du plasma. C'est un attracteur pour la dynamique du système.

Le modèle magnétohydrodynamique peut délimiter des zones de stabilité qu'il faut confirmer en améliorant la description du plasma. L'étude de la stabilité doit alors inclure la dynamique individuelle des particules le composant. La description des trajectoires ne retient que les détails influençant les caractéristiques géométriques ou temporelles des perturbations, ce qui débouche sur différents modèles approchés, adaptés au type d'instabilité étudiée. La résolution du problème exact se révèle impossible dans presque tous les cas et seule une utilisation habile des approximations peut conduire à un résultat utile. La recherche de ces raccourcis doit se laisser guider par l'intuition, quitte à vérifier leur validité après avoir mis le doigt sur une nouveauté intéressante.

Ce fut le cas lorsque Leonid Rudakov et Roald Sagdeev mirent en évidence les instabilités de dérive. Cette découverte démontrait, d'abord, l'insuffisance fondamentale de la magnétohydrodynamique. En effet, celle-ci traite le plasma comme un métal gazeux, c'est-à-dire comme un fluide conducteur compressible. Dans ce cadre, un plasma en équilibre dans un champ magnétique reste immobile, mais des courants électriques le parcourent. Leur interaction avec le champ magnétique crée, dans tout le volume, une force qui s'oppose à la variation de pression et l'empêche de mettre le fluide en mouvement. La description particulaire de la même situation met en évidence l'origine physique de ces courants. Ce sont les courants diamagnétiques[5] perpendiculaires au champ magnétique. Le gradient de pression induit des flux d'ions et d'électrons en sens opposés et les vitesses moyennes correspondantes ont reçu respectivement le nom de « vitesse de dérive ionique » et « électronique ». Cette dénomination peut se discuter puisque en fait les particules ne dérivent pas individuellement à travers le champ magnétique. La variation de la pression conjuguée à la rotation des particules provoque une distorsion dans la distribution des particules qui se traduit par une vitesse moyenne. La magnétohydrodynamique n'ignore pas les courants diamagnétiques. Ils interviennent dans le calcul de la force magnétique agissant sur le plasma, ainsi que dans la détermination des champs magnétiques. Mais les équations de la dynamique les ignorent. Ce modèle s'adapte bien aux plasmas de grandes dimensions comparées aux rayons de giration des particules dans le champ magnétique.

En revanche, la description particulaire s'impose si des variations spatiales se révèlent possibles à l'échelle d'un rayon de giration. Dans ce cas, la vitesse de dérive se couple à toute perturbation variant dans la direction des courants diamagnétiques. Ceux-ci résultant de déformations des distributions particulaires, les perturbations correspondantes ne sont plus régies par la mécanique des fluides. Ces effets modifient profondément la réponse du plasma à un champ électrique en introduisant de nouvelles échelles de

---

5. Voir chapitre 3.

temps. L'apparition de ces nouvelles fréquences caractéristiques va autoriser la propagation d'ondes avec des paramètres qui seraient impossibles en plasma uniforme. En particulier, l'effet Landau peut amplifier les perturbations, alors qu'il apparaissait comme stabilisant dans un plasma homogène à l'équilibre thermodynamique. Le confinement du plasma s'accompagne d'une énergie disponible qui peut nourrir ces instabilités, de même que le confinement de l'air dans un ballon de baudruche nécessite une énergie qui ne demande qu'à se libérer, par exemple lorsqu'il explose. Ces nouvelles ondes ouvrent un chemin d'accès à cette énergie disponible qui va permettre de les amplifier.

La découverte de ces instabilités marque une véritable discontinuité dans l'histoire de la fusion par confinement magnétique. En effet, elles ont surgi comme si le plasma avait trouvé là une faille dans le confinement magnétique, en créant la même surprise que Houdini lorsqu'il avait découvert un défaut dans les menottes et se libérait de ses liens quels que soient les perfectionnements destinés à les rendre plus difficiles à défaire. Aucune méthode ne permet de se débarrasser de ces instabilités, tout au moins dans des plasmas confinés de grandes dimensions. Elles occupent une gamme étendue d'échelles de longueur et de temps. Certaines caractéristiques géométriques du champ magnétique parviennent à ralentir leur croissance et à modifier leur structure spatiale. Mais elles restent étonnamment opportunistes, s'adaptant aux complications des trajectoires, aux différents régimes de collision, aux impuretés présentes. Elles se couplent à d'autres ondes, les déstabilisent, modifient des instabilités magnétohydrodynamiques, se renforcent en utilisant toutes les sources d'énergie disponibles. Avant leur découverte, les physiciens recherchaient dans les plasmas les instabilités connues dans les fluides classiques. Celles-ci sont le plus souvent liées à la présence de la gravité, comme c'est le cas des instabilités de Rayleigh-Taylor, ou à des variations de la vitesse d'écoulement. Les instabilités de dérive ne demandaient, pour exister, qu'une inhomogénéité spatiale, par principe inséparable du confinement magnétique. Cette présence inévitable leur valut, pendant longtemps, la dénomination d'instabilités universelles.

Les différentes instabilités se distinguent les unes des autres par leurs caractéristiques temporelles ou spatiales, par le mécanisme responsable de leur excitation, par le type de particule jouant le rôle le plus actif, par leur signature expérimentale. Dans les tokamaks, en général, plusieurs instabilités cohabitent dans le plasma, mais, heureusement, elles semblent relativement indépendantes. Dans une situation normale, comme il s'en présentera le plus souvent dans la machine Iter, la récapitulation des instabilités présentes simultanément démontre la riche complexité de ces systèmes et de la physique sous-jacente.

La disruption interne s'observe facilement à condition de disposer d'une optique analysant les rayons X émis par le plasma. Il s'agit d'une instabilité d'abord décrite par la magnétohydrodynamique résistive, puis à partir de modèles plus élaborés incluant des effets particulaires. Elle intéresse la zone toroïdale centrale du plasma. Dans cette région, les calculs d'équilibre prévoient une température présentant un maximum assez accusé au centre de la section du tore. L'instabilité se manifeste par des oscillations au cours desquelles la température se nivelle totalement avec une périodicité de 1 seconde environ dans le Jet et qu'on estime de 50 à 100 secondes dans Iter. Cette instabilité n'a pas d'effets dramatiques sur les pertes globales. Elle aurait même un effet positif en évitant l'accumulation d'impuretés au centre du plasma. Un courant de plasma modéré ou une densité suffisante de particules rapides peut la stabiliser. Elle donnera peut-être quelques soucis dans les régimes avancés, comme on le verra plus loin.

Dans les régimes de fonctionnement d'Iter, la pression décroît lentement du centre du plasma vers les parois de la chambre à vide et chute soudain à proximité des lignes de champs magnétiques conduisant au divertor et définissant le bord du plasma. Ce régime présente divers avantages en termes de transport de l'énergie et de profil de la température, et optimise la production d'énergie de fusion. Malheureusement dans ce cas, la variation brutale de la pression et du courant de plasma favorise l'existence de perturbations localisées dans cette région. Leur origine suscite encore des discussions. Il peut s'agir d'une instabilité magnétohydrodynamique de gonflement[6] provenant de la variation rapide de la pression et se manifestant par une perturbation localisée sur la face externe du tore de plasma qui entraîne en quelque sorte une protubérance des lignes de champ dans ce secteur. Ces perturbations pourraient aussi s'expliquer à partir d'instabilités dites de « *peeling* » qui dépendent de la valeur du courant au bord du plasma et se traduisent par l'expulsion d'une fine pellicule de celui-ci. Elles se manifestent, par intermittence, en faisant osciller la limite du plasma avec une période dans la gamme d'un centième de seconde. Ces excursions du plasma peuvent provoquer des injections de particules chaudes dans le divertor, mettant ainsi en danger la tenue des plaques collectrices. Elles peuvent aussi avoir des effets bénéfiques en évacuant les impuretés ou des excès de densité accumulés dans la couche de transition qui définit le bord du plasma chaud.

Parmi les instabilités résistives introduites plus haut, celle de déchirement porte la responsabilité des disruptions déjà décrites et considérées comme une menace permanente. Elles se manifestent par une violente interruption du courant dans le plasma avec un refroidissement brutal, l'accélération d'électrons à des hautes énergies et la génération d'efforts électrodynamiques dangereux dans les parois conductrices. On comprend que les expérimentateurs leur aient accordé une attention toute particulière. Ils ont découvert les précurseurs de cet événement, ce qui leur laisse le temps de prendre les mesures nécessaires contra-

---

6. *Ballooning instability*, en anglais.

riant le développement de la perturbation et de ramener le plasma dans un état de confinement normal. L'instabilité responsable de la disruption intéresse toute la configuration et les modifications induites se produisent sans introduire de nouvelles échelles de longueur. Il existe également des perturbations stables du même type, moins globales, modulant le plasma sur de plus courtes échelles de longueur, mais qui devraient s'amortir. Elles apparaissent pourtant dans les expériences avec une petite amplitude, comme le montrent les mesures magnétiques. Elles résultent d'une autre instabilité, par exemple une disruption interne ou une instabilité de bord, qui, en évoluant, produit des composantes de champ à diverses échelles. Dans ces résidus d'instabilités, un système de courants localisés perturbe profondément la topologie magnétique[7] en créant des lignes de champ reliant deux régions de pressions différentes. Dans la zone où ces courants agissent, la pression s'égalise car le plasma ne peut supporter une variation de pression le long d'une ligne de champ. Cette égalisation supprime le courant de bootstrap, en annulant la variation de pression, et augmente ainsi l'intensité des champs perturbés. Elle élargit ainsi la zone où ils détruisent le confinement. Si la croissance induite devient plus rapide que l'amortissement, il se développe une véritable instabilité qui peut aboutir à une déformation importante du plasma.

Cette instabilité diffère profondément de toutes celles qui ont été envisagées jusqu'à présent, puisqu'elle ne se déclenche que si une perturbation initiale atteint une amplitude suffisante. Elle pourrait entrer dans la catégorie des instabilités non linéaires, mais cette dénomination recouvre des réalités différentes selon les écoles et les disciplines. Peut-être la notion de métastabilité de l'équilibre caractérise-t-elle mieux la fragilité de la configuration. Parmi les spécialistes, on la désigne plutôt sous le nom de

---

7. On donne souvent le nom de modes de déchirement à ces perturbations (voir Paul-Henri Rebut, *L'Énergie des étoiles, op. cit.*).

« mode de déchirement néoclassique », ce dernier adjectif se référant à la théorie du même nom qui a permis de démontrer l'existence du courant de bootstrap. La maîtrise de cette instabilité pose des problèmes complexes. En effet, une instabilité classique se définit par le domaine de paramètres où elle existe et son contrôle consiste essentiellement à ne pas en franchir les limites. Dans le cas du mode de déchirement néoclassique, la définition des limites de stabilité doit prendre en compte la taille des perturbations initiales dont l'origine reste assez vague. Les expériences montrent cependant une sensibilité à la pression du plasma qui intervient comme facteur conditionnant les dimensions d'un réacteur à fusion nucléaire. Par bonheur, ces instabilités seront lentes dans Iter. Actuellement, dans les expériences, les temps caractéristiques de développement avoisinent la seconde, et dans Iter, en raison de sa grande taille, on attend plutôt la centaine de secondes.

Cette lenteur donnera la possibilité de mettre en œuvre des techniques de contrôle actif qui juguleront la croissance de ces perturbations. Déjà invoqué à propos des instabilités verticales, le contrôle actif des instabilités devrait devenir un des sujets centraux de recherche et d'innovation du confinement magnétique. Sans parvenir à supprimer totalement les instabilités, ces systèmes élargissent les domaines de stabilité et donnent accès à des paramètres qui peuvent augmenter substantiellement le potentiel des machines et simplifier la tâche des concepteurs de réacteur. Dans le cas des modes de déchirement néoclassique, la technique de stabilisation repose sur l'utilisation du rayonnement électromagnétique capable de générer du courant dans le plasma avec une localisation précise. Il suffit alors de compenser le courant de bootstrap manquant et de faire disparaître ainsi les champs magnétiques perturbateurs et la menace de destruction du confinement. Les expériences actuelles renforcent la confiance dans ce type de méthode.

Cette stabilisation par contre-réaction pourrait également résoudre un autre problème, lié cette fois aux instabilités magnétohydrodynamiques globales, celles qu'a étudiées numériquement Francis Troyon[8] et qui imposent une limite maximale à la pression supportable dans une configuration donnée, avec un courant donné. Au-delà de cette limite, les risques de disruption deviennent importants. Dans ces études de perturbation globale, les conditions d'instabilité dépendent des hypothèses concernant la nature des parois. Si une coque parfaitement conductrice entoure le plasma, la pression limite sera plus élevée que si le mur se comporte comme un isolant. Comme dans le cas des modes de déchirement, l'annulation de la résistivité interdit certaines perturbations et facilite la stabilisation. Avec une paroi résistive, la pression limite reste la même, mais l'instabilité croît plus lentement, sauf si le plasma tourne sur lui-même. Dans ce dernier cas, une paroi résistive peut se comporter comme une coque conductrice, jouant un rôle stabilisant très efficace. Enfin, la stabilisation par contre-réaction offre une dernière possibilité théorique. Des senseurs mesureraient les champs associés à l'instabilité et les corrigeraient de telle sorte que les champs résultant prennent la même forme que dans le cas d'une coque conductrice. La stabilisation semble possible avec une dépense d'énergie tolérable.

La mise en œuvre de cette dernière méthode poserait des problèmes techniques compliqués, mais, en y faisant allusion, elle donne l'occasion d'attirer l'attention sur la question plus générale du contrôle et de la stabilisation de la turbulence. Les mécaniciens des fluides s'y intéressent depuis longtemps, ils en ont fait un des domaines les plus actifs de leurs recherches. Ils rêvent de reproduire ce que la nature semble réussir sur la peau des dauphins qui serait capable d'amortir les tourbillons en formation dans la zone de contact avec l'eau, retardant ainsi l'apparition de la couche limite turbulente qui se développe au voisinage. Les

---

8. Francis Troyon *et al.*, « MHD-limits to plasma confinement », *Plasma Physics and Controlled Fusion*, 1984, t. 26, p. 209.

applications révolutionneraient les courses de voiliers, ce qui pourrait paraître accessoire, mais ce contrôle de la friction turbulente conduirait aussi à des progrès dans les transports avec la réduction de la traînée pour tous les types de véhicules. La lutte contre le bruit en tirerait profit. Quant aux tokamaks, ils constituent un intéressant champ d'expérimentation. Ils offrent une grande variété de situations où mettre ces solutions à l'épreuve. De plus, grâce aux champs électromagnétiques, les actuateurs contrôleraient l'instabilité en agissant dans la masse et sans perturber le plasma. Ces techniques ont d'ores et déjà permis de supprimer plusieurs instabilités. Chaque stabilisation apporte une zone supplémentaire de fonctionnement au futur réacteur, pourvu que la méthode s'y adapte effectivement, sans demander des puissances déraisonnables. Indéniablement, ce domaine peu défriché n'attend que des explorateurs courageux qui tentent l'aventure.

Les tokamaks et les attracteurs étranges

Jusqu'au début des années 1990, théoriciens et expérimentateurs avaient pratiquement abandonné tout espoir de contrôler les instabilités de dérive. Leurs petites échelles temporelles et spatiales semblaient les rendre peu sensibles aux modifications des paramètres de l'équilibre. En revanche, le temps de confinement dépendait de manière bien définie de la température, de la densité, du champ magnétique, du courant et de la géométrie de la configuration. Les lois de variation correspondantes, établies empiriquement, se révélèrent reproductibles et applicables à une grande variété de machines. Elles démontraient que ces instabilités ne conduisaient pas à une perte totale du confinement, elles faisaient évoluer le plasma vers un état d'apparence chaotique à l'échelle microscopique, mais ses propriétés moyennes restaient prévisibles. Dans ces plasmas, au contraire des instabilités envisagées au paragraphe précédent, les ondes de dérive ont tout le loisir de se développer et d'interagir entre elles en détruisant leurs structures initiales. Finalement, tous les paramètres physiques liés au plasma ont des comportements désordonnés dans le temps et l'espace, en conservant cependant des caractéristiques globales stationnaires. Cet état ne dépend plus des conditions initiales et ne peut plus se représenter comme une simple superposition d'instabilités bien identifiées. Ses propriétés peuvent se déduire des valeurs de quelques paramètres macroscopiques.

Aujourd'hui, les caractéristiques de tels systèmes dépassent les moyens d'investigation théorique disponibles. Leur pilotage doit s'appuyer sur des lois établies empiriquement. La seule piste ouverte fait appel à une généralisation audacieuse de la notion d'attracteur, présentée plus haut comme la destination finale de toutes les évolutions voisines d'un équilibre stable. Comment étendre cette image à la situation qu'engendrent les instabilités de dérive ? Il n'existe pas encore de théorie complète s'appliquant à des systèmes aussi compliqués que les plasmas chauds. Cependant, une voie de recherche se présente avec l'introduction des attracteurs étranges dans la théorie de la turbulence[9]. Il convient de donner la parole au créateur de ces objets. « Tout d'abord, les attracteurs étranges ont l'air étranges. » On reconnaît bien le style de David Ruelle, déjà pris comme guide dans les méandres et les brumes de la turbulence au début de ce chapitre. « Ce ne sont pas des courbes ou des surfaces lisses, mais des objets de dimension non entière ou, comme le dit Benoît Mandelbrot, ce sont des fractales. Ensuite, et c'est le plus important, le mouvement sur un attracteur étrange présente le phéno-

---

9. David Ruelle et Floris Takens, « On the nature of turbulence », *Communications in Mathematical Physics*, 1971, n° 20, p. 167-192 et n° 23, 1971, p. 343-344.

mène de dépendance sensitive des conditions initiales. Enfin, quoique les attracteurs étranges soient de dimensions finies, l'analyse en fréquences temporelles révèle un continu de fréquence[10]. » Le livre cité en note permet d'éclairer la signification des termes inhabituels cités par David Ruelle. La reproduction intégrale de cette définition se justifie, une fois de plus, par la recherche du parfum céleste qu'évoquait Michael Atiyah[11].

L'attracteur étrange met en évidence les propriétés les plus profondes du comportement d'un système turbulent : sa nature chaotique ne résulte pas de la superposition d'un grand nombre de mouvements réguliers mais de la perturbation mutuelle que chacun exerce sur les autres et qui définit la non-linéarité du système. Un petit nombre de perturbations instables excitées suffit à porter le système dans le régime chaotique. Celui-ci se caractérise quantitativement par le temps après lequel la mémoire des conditions initiales disparaît. Si le système évolue sur un attracteur étrange, peu importent les conditions initiales dont il est parti, après un temps assez long, elles ne laissent plus de trace et il devient matériellement impossible de remonter jusqu'à elles. Enfin, la nature fractale comme les propriétés temporelles traduisent le côté apparemment aléatoire et en partie imprévisible des variations induites par le mouvement sur l'attracteur étrange. Cette notion d'attracteur étrange rend possible l'analyse du comportement chaotique en lui associant des traits spécifiques qui traduisent ses particularités.

Cette théorie reste aujourd'hui d'application limitée. D'une part, elle ne convient bien qu'à un système proche de la transition entre le régime laminaire et la turbulence. D'autre part, elle fait appel à certaines propriétés des écoulements dissipatifs qui ne se généralisent pas aisément aux plasmas chauds. Cependant, elle indique la voie à suivre en

---

10. David Ruelle, *Hasard et Chaos, op. cit.*
11. Voir chapitre 1.

démontrant la possibilité d'une description très détaillée et précise du mouvement chaotique constituant l'attracteur vers lequel la dynamique instable conduira le système.

Un désordre bénéfique

Dans le cas de la fusion par confinement inertiel, la compression maintient la cible en dehors du régime turbulent dans les conditions optimales de l'implosion. Cependant, les instabilités de l'écoulement ne doivent pas contrarier la symétrie exigée pour obtenir les taux de compression nécessaires à l'ignition. Cette contrainte conduit à augmenter la puissance des lasers de compression afin de diminuer la durée de l'implosion et, ainsi, de limiter la croissance des perturbations initiales. La fusion par confinement inertiel échapperait-elle au complexe de Houdini ? Bien au contraire, elle risque de tomber de Charybde en Scylla. En effet, en accroissant la puissance des lasers, l'interaction du rayonnement avec la matière devient instable. Le rayonnement laser se caractérise par une définition très précise de sa fréquence et de sa direction de propagation. Lorsque cette onde électromagnétique interagit avec le plasma, celui-ci oscille à la fréquence du laser. Dans un tel système animé d'un mouvement périodique, une nouvelle catégorie d'instabilités se manifeste. Elles ont reçu le nom d'« instabilités paramétriques » et se traduisent par l'apparition spontanée d'ondes dont les fréquences sont différentes de celle du laser, détruisant ainsi la périodicité du mouvement initial. L'adjectif « spontané » ne correspond pas tout à fait à la réalité. L'instabilité ne se développe que si une de ces ondes est présente avec une très petite amplitude, par exemple parmi les fluctuations naturelles liées au caractère discret des particules chargées constituant le plasma. L'instabilité amplifie une telle onde si l'intensité du laser dépasse un seuil et si l'onde remplit des conditions précises portant sur ses paramètres de propagation[12].

L'excitation de ces instabilités à un niveau trop élevé trahit les espérances attendues de ces merveilleux lasers. En effet, les nouvelles ondes électromagnétiques excitées ne possèdent pas la directivité extraordinaire du rayonnement laser et diffusent l'énergie de manière incontrôlable, compromettant la répartition précise qui conduit à une implosion parfaitement sphérique. De plus, des oscillations du plasma peuvent faire partie des ondes engendrées par les instabilités. L'effet Landau transforme ces ondes en énergie thermique des électrons, parvenant même à les accélérer jusqu'à des niveaux élevés qui leur permettront de pénétrer le cœur de la cible et de la chauffer prématurément.

Enfin, pour noircir encore le tableau, une autre instabilité, bien connue des opticiens, vient désorganiser la structure du faisceau laser. Elle conduit à une modulation de son intensité transversalement à la direction de propagation. Le faisceau de lumière se transforme en filaments. Là encore, la directivité en souffre et l'uniformité du dépôt d'énergie devient difficile à réaliser. Ce phénomène se produit déjà dans les verres amplificateurs du laser et se poursuit dans le plasma. Il faut y porter remède dès la sortie de l'instrument en rétablissant une qualité optique adaptée aux performances attendues en matière de précision et de reproductibilité.

Au lieu d'essayer d'effacer les imperfections du faisceau et de retrouver ainsi des propriétés de cohérence parfaite,

---

12. Comme les instabilités de Rayleigh-Taylor, les instabilités paramétriques s'observent dans des conditions très banales, par exemple en prenant un café dans un train à grande vitesse. Si l'on observe bien la surface du liquide, on constate qu'elle se couvre de rides concentriques stationnaires oscillantes. Il s'agit d'ondes de surface excitées par la vibration verticale du wagon. En l'absence d'instabilité, le café devrait subir simplement l'entraînement par le mouvement du wagon sans le moindre déplacement par rapport à la tasse. L'instabilité résulte de la variation d'un paramètre du système, ici la gravité apparente dans le repère de la tasse.

c'est-à-dire sans désordre, un procédé optique va contrôler la taille et l'amplitude des filaments en introduisant une légère désorganisation supplémentaire de la lumière. Avant ce traitement, la distribution de l'intensité varie dans la section du faisceau de manière incontrôlée. Ces filaments de lumière disparaissent grâce à un composant optique qui désorganise le faisceau en le découpant en petits sous-faisceaux indépendants et dégrade leurs cohérences relatives. En se propageant, ils se superposent à nouveau, formant alors un seul faisceau bien homogénéisé en intensité, mais ayant perdu un peu de sa cohérence. Ainsi, ce dispositif procède à un véritable lissage optique des surintensités qui sont réparties plus uniformément dans la section du faisceau. On y ajoute une modulation de la fréquence du laser qui, en agitant les surintensités résiduelles, induit un lissage temporel de leur action sur la matière. Le faisceau a perdu en cohérence, mais ses imperfections sont maîtrisées. Ses qualités optiques permettent encore à un réseau ou une lentille de concentrer son énergie sur la petite cible qu'il doit irradier.

Ce désordre organisé offre aussi une solution au problème posé par les instabilités paramétriques. En effet, le lissage optique détruit l'ordre trop rigoureux imposé par le laser qui ne laisse au hasard aucune (ou presque) des caractéristiques du rayonnement tout au long du faisceau. Après lissage, ce dernier ne ressemble plus à un faisceau laser que sur une courte distance et pendant un bref instant. Les instabilités ont moins de place et de temps pour se développer. Leurs effets devraient avoir moins de conséquences néfastes sur le contrôle du dépôt d'énergie. Les expériences et les simulations numériques donnent des indications positives dans ce sens, mais il subsiste des interrogations sur leur représentativité des conditions réelles de l'ignition. Les résultats obtenus n'en ont pas moins une valeur remarquable, ils démontrent que le contrôle du désordre conduit à une réduction significative des instabilités sans que le faisceau perde complètement les qualités du rayonnement laser.

Les physiciens des lasers disposent ainsi d'un levier leur donnant le pouvoir d'agir sur la turbulence induite par l'interaction du rayonnement avec le plasma. Le confinement magnétique se devait de relever le défi.

Jusqu'aux années 1990, les expérimentateurs des tokamaks et des stellarators considéraient les ondes de dérive avec fatalisme. Les théoriciens ne parvenaient pas à des conclusions concordantes sur leurs conséquences alors que des lois empiriques semblaient s'appliquer à l'ensemble des expériences. Cette forme de turbulence incontrôlable entraînait des pertes d'énergie aussi inexorablement que les collisions, mais avec une efficacité incomparablement plus néfaste. Une découverte expérimentale allait faire dresser l'oreille des théoriciens. Une transition spontanée vers un confinement amélioré semblait se produire pour une puissance de chauffage additionnelle suffisante, donc pour un flux de chaleur dépassant un seuil déterminé. Ce résultat indiquait que les lois empiriques du transport n'étaient pas gravées dans le marbre, qu'il était donc possible d'agir sur le transport anormal. Il subsiste encore des incertitudes théoriques sur le détail du mécanisme, mais l'explication la plus couramment admise repose sur l'hypothèse que la turbulence elle-même, au-dessus d'une certaine amplitude, modifie sa propre dynamique et ne suit plus les lois d'échelle établies à des amplitudes inférieures à ce seuil. Ces explications montraient la voie à suivre : comprendre et utiliser le mécanisme pour contrôler les fuites anormales.

La mécanique des fluides, la théorie des instabilités et les simulations apportèrent vite une explication qui, au moins qualitativement, semble bien expliquer le phénomène. Les physiciens des atmosphères planétaires avaient déjà rencontré un phénomène surprenant accompagnant la turbulence. Sa manifestation la plus éclatante concernait la planète Jupiter dont les vents balaient l'atmosphère en soufflant le long des parallèles, d'est en ouest ou *vice versa*. La fameuse grande tache rouge résulterait d'une instabilité de ces écoulements à grande échelle qui auraient généré une telle structure stable. Comme sur Terre, les différences de température dans l'atmosphère jupitérienne créent des situations instables qui conduisent à une turbulence à petite échelle. La taille trop faible des structures correspondantes ne permet pas à ces instabilités d'expliquer l'origine des jets circulant tout autour de la planète. L'action mutuelle de ces petites structures instables conduit à une limitation de leur amplitude et à un état permanent qualifié de « turbulent », comme on l'a vu. Le couplage entre cette turbulence et la rotation de Jupiter génère une force moyenne, le long d'un parallèle et indépendamment de la longitude, qui met en mouvement des zones formant des bandes entourant la planète. Ce mécanisme s'interprète aussi en invoquant une instabilité paramétrique induite par le mouvement rapide des petites cellules turbulentes. Les fluctuations de vitesse indépendantes de la longitude appartiennent à l'onde rendue instable par effet paramétrique. Elles s'amplifient jusqu'au moment où elles contiennent assez d'énergie pour influer sur la turbulence à petite échelle et réaliser ainsi une situation stationnaire entretenue.

Dans le plasma d'un tokamak, les instabilités de dérive produisent la turbulence à petite échelle, et le champ magnétique a des effets sur la dynamique semblables à ceux de la rotation sur la planète Jupiter de sorte que le plasma tourne sur lui-même comme les perles d'un collier ou comme un rond de fumée[13]. Ce mouvement n'aurait pas d'effet dramatique si cette rotation était à peu près identique partout. Mais elle varie rapidement lorsqu'on se déplace de la surface externe du plasma vers l'intérieur. Cette variation de la vitesse de rotation cisaille les structu-

---

13. Certains vont jusqu'à rapprocher l'effet stabilisant dans le plasma du tokamak à la persistance des ronds de fumée dans une atmosphère turbulente. Afin de participer à la campagne antitabac, ce thème ne sera pas abordé dans ce livre.

res turbulentes et empêche tout mouvement cohérent pouvant entraîner les particules de l'intérieur vers l'extérieur du plasma. La qualité du confinement s'en trouve substantiellement améliorée. Le modèle de l'instabilité paramétrique explique l'existence d'un seuil qui se manifeste sur la puissance de chauffage : la transition se produit si l'injection d'énergie dépasse une valeur minimale. Le cisaillement par la rotation du plasma sur lui-même se limite à une couche mince proche de la surface externe du plasma.

Les expérimentateurs se mirent au travail immédiatement en agissant avec tous les moyens dont ils disposaient et en jouant sur tous les paramètres. Aujourd'hui, les résultats justifient l'optimisme concernant les tokamaks. La turbulence se révèle particulièrement sensible à la répartition du courant dans le plasma. En agissant sur le profil de la densité de ce courant, l'amplitude des fluctuations diminue soudain dans une zone étroite où le transport de chaleur se réduit considérablement, créant de véritables barrières thermiques, similaires à celle que créait, dans la zone de bord, un chauffage additionnel suffisant. La réduction du transport semble assez efficace pour que la formule du transport néoclassique puisse s'appliquer aux ions, les électrons restant encore anormaux. La preuve de l'utilité d'un tel scénario demande encore de montrer que ces barrières thermiques internes se maintiennent indéfiniment dans les conditions physiques du réacteur et sans qu'aucune instabilité ne vienne troubler cette situation idyllique. L'expérience Iter devrait permettre de lever cette incertitude.

Ces évolutions récentes ont vigoureusement relancé les travaux sur la turbulence dans les plasmas du confinement magnétique. Les théoriciens ont cherché et souvent trouvé des explications aux comportements inattendus du transport thermique dans les tokamaks. Mais les résultats rigoureux et généraux manquent encore cruellement. Il ne faut pas s'en étonner. Les premiers travaux théoriques sur la turbulence hydrodynamique datent du dernier quart du XIXe siècle avec Boussinesq et Prandtl, et pourtant, la turbulence hydrodynamique reste considérée aujourd'hui comme le dernier problème non résolu de la physique classique. Les progrès issus de la théorie des systèmes dynamiques ont apporté un éclairage nouveau, mais ils n'ont pas encore permis de comprendre la structure de la turbulence dite « développée », paradigme des mécaniciens des fluides, où les échanges de quantité de mouvement par advection dominent largement les effets de la viscosité moléculaire. « Les attracteurs étranges et le chaos ont clarifié le problème de la turbulence, mais pas le problème de la turbulence développée. Cependant, même si nous n'avons pas de vraie théorie de la turbulence, nous savons maintenant qu'une telle théorie doit nécessairement faire intervenir la dépendance sensitive des conditions initiales », écrit David Ruelle[14]. Comment pourrait-on reprocher aux théoriciens des plasmas de ne pas avoir encore résolu le problème de la turbulence dans les plasmas où, aux difficultés de la mécanique des fluides, s'ajoutent les champs électriques et magnétiques, les effets collectifs, deux espèces de particules et la nécessité de prendre en compte les trajectoires individuelles des électrons et des ions. En réduisant le nombre de dimensions du système étudié et en simplifiant à l'extrême les conditions géométriques, quelques cas peuvent se résoudre, mais ils ne s'appliquent pas à la structure complexe d'un plasma de tokamak ou de stellarator.

Pour progresser dans l'analyse et le contrôle de cette turbulence, il fallait sacrifier la rigueur et l'exhaustivité en introduisant des modèles qui traiteraient de certains aspects particuliers tout en conservant les traits essentiels de la dynamique[15]. Sans prétendre reproduire l'état du système en détail, ils permettent d'identifier les mécanismes et de déterminer les paramètres de contrôle. La difficulté du pro-

---

14. David Ruelle, *Hasard et Chaos, op. cit.*, p. 98.

15. Xavier Garbet, « Modelling a drift wave turbulence : an introduction », *Carolus Magnus Summer School on Plasma an Fusion Energy Physics*, paper AT 9-10, 2003.

blème et sa solution rejoignent les préoccupations des physiciens nucléaires lorsqu'ils durent faire face aux difficultés de la chromodynamique quantique pour répondre à la demande générale d'une théorie des forces nucléaires[16] : ils s'appuyèrent largement sur les méthodes de la physique atomique. De même, les théoriciens des plasmas trouvèrent des modèles solides et fiables dans la mécanique des fluides, une discipline bien rodée, riche de résultats et, somme toute, assez voisine de la physique des plasmas. Certaines perturbations à variations lentes dans l'espace et le temps autorisent l'emploi des techniques de réduction mises au point en physique des fluides. Dans ces conditions, la théorie des atmosphères planétaires se transpose au plasma et donne une bonne description qualitative de la couche de transition dans le cas du confinement amélioré comme dans celui des barrières thermiques. Toutefois, la dynamique détaillée de l'instabilité joue un rôle important dans la stabilisation. Le champ magnétique et la faiblesse des collisions entraînent une très forte anisotropie des propriétés du plasma puisque les mécanismes de transport sont beaucoup plus rapides dans la direction du champ que dans une direction orthogonale. Si la direction du champ magnétique varie rapidement en passant d'une ligne de champ à une autre, la perturbation sera cisaillée et ne pourra pas conserver la grande extension spatiale dans la direction du champ qui permet de compenser l'anisotropie. Il s'agit d'un effet stabilisant bien connu, mais son aptitude à générer une barrière localisée, grâce à une amplification spontanée de la stabilisation, n'a reçu de démonstration que récemment.

Enfin, pour revenir au contrôle de la turbulence en agissant sur le chaos, un résultat récent mérite une mention spéciale. Comme on l'a vu, le régime le plus favorable au confinement implique la formation d'une couche mince au bord du plasma où les effets décrits plus haut réduisent le

---

16. Voir chapitre 1.

transport lié à la turbulence de dérive et où, en conséquence, la pression décroît rapidement de l'intérieur vers l'extérieur. Cette configuration réduit le transport global et augmente le temps de confinement de l'énergie. Mais la variation brutale de la pression déstabilise une autre perturbation, du type gonflement, qui fait osciller la couche de transition. En conséquence, le plasma chaud effectue des excursions au-delà de la zone où il devrait rester confiné, envoyant vers les plaques collectrices du divertor des flux thermiques pulsés très élevés qui mettent en péril la tenue des composants proches du plasma. Une équipe internationale, travaillant sur la machine DIIID de San Diego, a eu l'idée de contrôler l'épaisseur de la couche de transition à l'aide de perturbations magnétiques statiques capables de rendre chaotique le chemin suivi par les lignes de champ dans cette région et d'accélérer ainsi le transport. Il devient donc possible de contrôler son épaisseur. Les résultats confirment l'hypothèse, même si l'explication du mécanisme reste fragmentaire. Il n'en reste pas moins que les problèmes du divertor semblent surmontables grâce au contrôle du désordre.

Le retour de la théorie

Avec ces résultats, la turbulence change de statut dans les plasmas du confinement magnétique. D'abord considérée comme un domaine assez impénétrable, chasse gardée des théoriciens, sa connaissance se transforme en élément clef du progrès vers le réacteur et donne aux expérimentateurs de nouveaux moyens d'agir sur le plasma. Comme en mécanique des fluides, la croissance rapide de la puissance des ordinateurs offre un outil de description plus réaliste et plus complète du plasma prenant en compte des éléments géométriques difficiles à traiter. John Dawson comprit le premier tout le parti à tirer de la simulation numérique des plasmas, anticipant la progression de la vitesse de calcul et de la capacité des mémoires. Très tôt, il proposa une technique permettant de décrire le plasma comme une collection de particules individuelles. La découverte peut sembler assez mineure, puisque personne ne doute qu'il soit possible de calculer le mouvement de plusieurs particules chargées ponctuelles. Mais cette méthode brutale conduit à des impossibilités évidentes : dans un tokamak, 1 centimètre cube de plasma contient 100 000 milliards de particules et un tokamak comme le Jet contient 100 millions de centimètres cubes. Il n'est pas question d'étudier l'évolution de particules en nombre aussi élevé, ni aujourd'hui ni demain. La découverte consiste à remarquer que des particules très voisines ont des histoires presque identiques au moins pendant un certain temps. Alors, elles peuvent avoir pratiquement les mêmes trajectoires. Elles sont donc regroupées en macroparticules de charge et de masse égales à un multiple élevé des particules individuelles. Le nombre de particules à suivre se trouve considérablement réduit et le problème semble résolu. Il n'en est rien. L'augmentation de la charge des particules amplifie les fluctuations des champs électromagnétiques, le plasma devient bruyant et les effets collisionnels intenses et artificiels enlèvent tout intérêt aux résultats. John Dawson inventa une manière de préserver la réduction du nombre de particules tout en lissant les fluctuations des champs et en conservant une description précise des effets collectifs. La puissance des ordinateurs permit d'augmenter le volume du plasma décrit au lieu de perdre son temps à tenter d'atteindre le nombre réel de particules. Les premières simulations de John Dawson portaient sur mille particules ; aujourd'hui, on atteint le milliard de particules.

Encore fallait-il convaincre les sceptiques de la validité de simulations comportant un grand nombre d'opérations dans un système chaotique où la moindre erreur pouvait se trouver amplifiée. John Dawson, au cours d'un séminaire, proposa de passer un film, réalisé à partir d'une simulation numérique, montrant la diffusion d'un plasma. Pour prouver la précision et la fiabilité de son calcul, il indiqua que le programme arrêterait la simulation au bout d'un certain temps, renverserait les vitesses des particules et reprendrait le calcul. Les mathématiques indiquent que, dans ce cas, les particules doivent remonter le temps jusqu'au retour aux conditions initiales. Cette méthode est extrêmement sensible aux erreurs numériques et l'assistance attendait la démonstration avec impatience. À l'instant initial, l'écran était couvert de points noirs, chacun représentant une particule. Mais leur répartition n'était pas homogène, elle laissait apparaître des amas plus ou moins foncés. En regardant mieux, ces points dessinaient un visage, comme un tableau de Seurat, et ce visage paraissait familier. Bientôt, murmures et rires firent comprendre à Dawson que l'assistance l'avait reconnu : c'était le sien. L'action commença et les points se déplacèrent de manière aléatoire si bien que rapidement la forme s'effaça, ne laissant qu'un brouillard gris uniforme. La déception fit régner un silence attristé lorsque tout se figea. Alors, Dawson annonça que les vitesses allaient s'inverser et les particules remonter le temps. Effectivement, au bout d'un certain temps, des taches apparurent, évoquant un visage. Les applaudissements commencèrent à saluer la performance, mais, bientôt, ils se mêlèrent aux éclats de rire bruyants lorsque les traits furent assez nets pour laisser voir que ce visage n'était pas celui de Dawson, mais celui de Bohm ! Beaucoup sourient encore à ce souvenir, mais personne ne se rappelle si Dawson a ou non donné le résultat réel. Cette plaisanterie a au moins incité les auditeurs à garder une certaine dose de scepticisme quand on leur projette un film réalisé à partir d'une simulation numérique.

Quoi qu'il en soit, en 1990, Dawson a su tirer les conséquences de ses travaux en proposant aux autorités américaines de lancer un projet ambitieux, le tokamak numérique. Il voulait réaliser un tokamak virtuel permettant de calculer et donc de prévoir le niveau de turbulence et la vitesse de fuite de l'énergie. Le programme portait sur la modélisation de la turbulence du cœur, là où les diverses instabilités de dérive se développent de manière à peu près indépendante des conditions de bord. Il pouvait déjà suivre les trajectoires de 130 millions de particules, mais pendant un intervalle de temps très court. Donald Batchelor[17] estime que les phénomènes à prendre en compte ont des échelles de temps qui s'étendent sur quinze ordres de grandeur. Les ondes électromagnétiques du chauffage auxiliaire oscillent avec une période de 10^{-11} seconde. Les interactions du plasma avec la paroi prennent des heures à se stabiliser. Entre ces deux extrêmes se situent la microturbulence, les instabilités magnétohydrodynamiques, les collisions et la diffusion du courant. Aujourd'hui, les meilleurs calculs simulent la microturbulence pendant environ 1 milliseconde, ce qui autorise déjà une mesure de ses effets sur le transport. L'approche des phénomènes lents exige une description simplifiée du plasma, renonçant aux détails et intégrant les résultats des simulations complètes tenant compte de la turbulence à petite échelle. Les progrès sont rapides et les programmes les plus performants reproduisent correctement les variations du transport en fonction de la position dans le tore.

Les écarts avec les mesures ont plusieurs origines. Certains proviennent des approximations de la dynamique réelle qui repose généralement sur des modèles fluides ; d'autres résultent des couplages complexes entre des échelles et des mécanismes très différents, comme, par exemple, dans les barrières thermiques. Mais Dawson avait rêvé d'un calcul, à partir du mouvement des particules et de leurs interactions fondamentales, capable de prévoir les performances d'une expérience. Il faut encore un peu de patience

---

17. D. B. Batchelor, « Integrated simulation of fusion plasmas », *Physics Today*, février 2005, p. 35.

avant que le rêve ne devienne réalité. L'ordinateur n'est pas près de remplacer les machines.

Enfin, ces développements sur la turbulence dans les tokamaks méritent un petit coup de soleil avant de se refermer. Il égaiera l'atmosphère studieuse inhérente au domaine. Depuis cinquante ans, les astrophysiciens demandent à la physique de la turbulence et des instabilités une explication de l'énigme que constitue la température de la couronne solaire. La température de la surface solaire ne dépasse pas 6 000 degrés. Or, sur 1 million de kilomètres au-delà de cette surface, la couronne solaire s'étend en permanence en conservant une température de l'ordre du million de degrés. Par quel mécanisme ce plasma chaud se forme-t-il ? Malgré cinquante ans de théories et d'observations, la clarté ne règne pas encore, même si un consensus commence à se faire jour. Depuis longtemps, les observations ont montré que les éruptions solaires s'accompagnent d'une protubérance, d'une accélération et d'un chauffage du plasma. L'étude des champs magnétiques solaires indique que le mécanisme d'accélération et de chauffage provient d'une dissipation localisée de l'énergie magnétique au cours de phénomènes proches de ceux qui donnent naissance aux modes de déchirement dans les tokamaks. Ces événements n'expliquent pas le chauffage de la couronne, car ils sont intermittents, localisés sur quelques dizaines de milliers de kilomètres, et disparaissent pendant de longues périodes sans pour autant que le plasma coronal se refroidisse.

Les observations récentes ont mis en évidence une configuration très complexe des champs magnétiques, en particulier au voisinage de la surface du Soleil. Ils présentent des structures fines, de petite dimension par comparaison avec les protubérances. Ces « nanoprotubérances » couvrent toute la surface du Soleil. Elles se présentent comme d'excellents candidats pour expliquer le chauffage de la couronne. La vision de ces entrelacements désordonnés de champs magnétiques conduirait certainement David Ruelle à reconnaître un système turbulent. Il reste à en comprendre l'origine, à mettre en évidence la source du chauffage et à démontrer qu'il est assez efficace pour maintenir le plasma de la couronne à plus d'un million de degrés. Les connaissances acquises en physique des plasmas chauds magnétisés devraient faciliter la mise en œuvre de ce programme, grâce aux différents concepts de transports anormaux qui émergent des recherches sur le confinement magnétique. Il est certain que ce domaine de la physique solaire constitue un point de contact entre le Soleil et la fusion en laboratoire, mais il ne concerne pas la production de l'énergie de fusion.

La fusion par confinement inertiel semble laissée loin derrière en matière de complexité du problème et de subtilité physique. Elle a rapidement redressé la situation. Les instabilités paramétriques, avec leurs formes multiples et leur universalité, offrent un vaste champ de recherche où découvrir des effets inattendus et originaux. En particulier, l'une d'entre elles présentait un comportement aussi énigmatique qu'irritant. Tous les calculs surestimaient systématiquement son intensité et sa dangerosité par rapport aux observations. Trente années de travail et une énorme production d'articles scientifiques ne parvenaient pas à rapprocher théorie et expérience. Deux progrès importants ont permis récemment de combler, au moins en partie, ce fossé démoralisant. D'une part, la description particulaire se substitue aux modèles fluides. Si ce changement a tant tardé, c'est en raison du caractère déjà compliqué des instabilités paramétriques qui n'avaient pas besoin d'un boulet supplémentaire pour décourager les enthousiasmes. Mais, grâce à cette évolution, la théorie se rapproche de l'expérience. De nouveaux mécanismes viennent s'ajouter à ceux déjà identifiés en les dominant dans de nombreux cas. Ainsi se trouve confirmée la nature originale des plasmas chauds dont la description ne peut se limiter à une modélisation fluide, même dans le cas de la turbulence où une extrême précision serait superflue. Par ailleurs, la turbulence pourrait assurer elle-même la destruction partielle de l'ordre imposé par le laser au rayonnement et limiter ainsi la croissance des fluctuations, offrant enfin une explication aux surestimations d'une théorie trop simple. Elle résulte de certaines instabilités qui génèrent des fluctuations particulièrement efficaces créant ces modulations de fréquence et provoquant une autostabilisation des instabilités dangereuses.

Que ce soit dans le cas du confinement magnétique ou inertiel, les perturbations engendrées par la turbulence ne font pas forcément partie de l'empire du mal. Certaines peuvent apporter une amélioration des performances impossible à obtenir autrement. Le problème ne se réduit plus à une lutte à mort contre la turbulence, avec comme seul objectif de la faire disparaître ou de la réduire autant que faire se peut. La stratégie a gagné en subtilité et conduit à une nouvelle attitude. La connaissance de la turbulence et de ses finesses ne sert plus seulement à faire passer des thèses, elle participe de l'optimisation nécessaire pour s'approcher le plus vite possible d'une exploitation de la fusion dans des conditions acceptables. Les plasmas chauds de la fusion offrent un territoire où pousser le plus loin possible les études sur les systèmes éloignés de l'équilibre thermodynamique et entretenus dans cet état par une injection d'énergie. Afin de maintenir ces températures astronomiques dans des systèmes à échelle humaine alors qu'ils demandent la dimension des étoiles pour y parvenir sans l'ingéniosité des physiciens, il faut accepter que les fluctuations trouvent leur régime de croisière avec des amplitudes qui donnent des effets très supérieurs à ceux des collisions qui déterminent leurs lois de probabilité par interaction entre elles, peut-être sur un attracteur étrange. La complexité du problème peut décourager, mais on y trouve de nouveaux territoires où étendre les développements et les techniques de la turbulence hydrodynamique, avec cet ingrédient supplémentaire que représente la description particulaire.

CHAPITRE 5

LA FUSION SANS COMPLEXE

Les chapitres précédents ont illustré les nombreuses difficultés à surmonter avant que la maîtrise du plasma ne permette que la fusion devienne une nouvelle source d'énergie rentable. Alors seulement, elle jouera un rôle dans le bouquet de méthodes qu'il faudra mobiliser pour faire face à la demande dans les décennies à venir. L'effort consenti se justifiera si la fusion tient ses promesses : un combustible presque inépuisable, des déchets faciles à gérer, une grande sûreté de fonctionnement et un impact faible sur la prolifération des armes nucléaires. S'y ajoute, au débit, une condition de rentabilité économique terriblement difficile à évaluer avec des données technico-économiques mal connues. L'état des recherches conduit la majorité des études prévisionnelles à des conclusions imprécises et parfois divergentes. Cependant, il semble admis qu'un succès avant cinquante ans ne soit pas impossible et, surtout, aucune argumentation ne conclut à un échec définitif, résultant d'un obstacle inévitable clairement identifié.

Une perspective aussi floue ne saurait faire office de conclusion. Elle ne peut pas non plus apporter une réponse satisfaisante à l'ambition de Gaston Bachelard : révéler les ressorts secrets qui maintiennent l'ardeur des chercheurs et attirent la sympathie des politiques. Quelqu'un a estimé la probabilité d'une réussite complète de la fusion à une valeur voisine de zéro, mais, puisque les bienfaits attendus avoisinent l'infini, disait-il, l'espérance mathématique est indéterminée et permet donc tous les espoirs sans plus de précision. L'appréciation de la probabilité de réussite n'engage que son auteur.

Ce dernier chapitre, en forme de conclusion, voudrait seulement examiner le bien-fondé de l'idée selon laquelle la fusion apporterait une moisson de bénéfices, en essayant d'imaginer quelles réalités peut recouvrir une affirmation aussi radicale.

Avant d'explorer les images mentales subconscientes et les fantasmes inavouables qui soutiennent l'enthousiasme, il faut rappeler que l'évocation d'un lien avec le Soleil s'est disqualifiée en cherchant à dissimuler l'origine guerrière de la fusion et en lui attribuant des parentés discutables. Après l'élimination des mythes passés, il reste à envisager le présent et à répondre à la question : la fusion aura-t-elle un jour une réalité ou bien s'agit-il d'un de ces mythes dont les temps modernes aiment se bercer ? « Dans les mythes modernes, écrit Pierre-André Taguieff, la marche du temps se présente comme un processus d'amélioration dont le point d'aboutissement est, à l'infini, la réalisation des fins de l'humanité[1]. » L'opinion de Georges Vendryes, citée au début du préambule, semble bien pencher vers le mythe moderne. Quant à Georges Charpak, Richard L. Garwin et Venance Journé, ils n'en sont pas loin non plus lorsqu'ils affirment : « L'uranium de l'eau de mer pouvant subvenir aux besoins des réacteurs à eau légère pendant des milliers d'années, la société aura amplement le temps de mettre en œuvre des méthodes pratiques et abordables de production d'énergie par la fusion contrôlée[2]. » Cependant, la grande

---

1. Pierre-André Taguieff, *Le Sens du progrès. Une approche historique et philosophique*, Flammarion, 2004, p. 91.
2. Georges Charpak, Richard L. Garwin et Venance Journé, *De Tchernobyl en Tchernobyls*, Odile Jacob, 2005, p. 204.

majorité des commentateurs voit la fusion nucléaire monter en puissance dans la seconde moitié du XXIe siècle. Evgueni Velikhov, directeur de l'Institut Kurtchatov de Moscou, membre très actif de la troïka qui conduisit le projet Iter, vient de déclarer que la fin des années 2020 verrait la première centrale à fusion thermonucléaire. Ces évaluations, le plus souvent accompagnées de prudentes réserves, reposent sur des hypothèses différentes concernant, d'une part, la solution des questions scientifiques ou techniques encore ouvertes et, d'autre part, le financement des divers projets à réaliser avant de passer au stade industriel. Seul le confinement magnétique peut se prêter à de telles extrapolations, tant que le confinement inertiel n'aura pas trouvé le pilote doté d'un bon rendement qui concentrera l'énergie sur la cible.

Le passage au stade industriel exige la solution de deux problèmes de nature bien différente. D'une part, il faut compléter les résultats actuels afin de déterminer la configuration magnétique remplissant le cahier des charges minimal d'une exploitation industrielle, à savoir un taux de recyclage de l'énergie assez bas et une production d'énergie stationnaire dans le temps. Iter s'en chargera. D'autre part, les conditions d'exploitation doivent avoir un coût raisonnable, ce qui suppose des matériaux de structure résistant aux neutrons de 14 MeV sans demander un remplacement trop fréquent. Aujourd'hui, aucune machine ne fournit des flux de neutrons reproduisant les conditions du futur réacteur. La construction d'une source spécifique de neutrons s'est donc imposée comme un complément indispensable d'Iter. Il s'agira d'un accélérateur à flux intenses dans un petit volume où les matériaux seront mis à l'épreuve. Les Européens ont suivi la suggestion de David King[3] en 2001 – commencer dès maintenant les études de cette machine,

---

3. La suggestion du groupe de travail de David King, conseiller scientifique de Tony Blair, faisait suite à une proposition voisine d'un comité européen en 2001.

appelée IFMIF[4], au lieu d'attendre la fin de la construction d'Iter comme prévu dans la feuille de route initiale. IFMIF fournirait plus tôt des données expérimentales sur les matériaux qui seraient prises en compte dans la phase de conception de la machine de démonstration. Ce calendrier plus ramassé placerait l'inauguration du prototype de réacteur à quarante années du démarrage des travaux de construction d'Iter. Bien entendu, cela suppose qu'Iter ne réservera pas de mauvaises surprises qui remettraient en question les bases actuelles sur lesquelles reposent les extrapolations.

Puisque le paragraphe précédent a replongé le lecteur dans la raison raisonnante, un retour momentané à l'analyse sérieuse semble encore possible. La question du destin de la fusion peut recevoir une réponse différente en comparant la fusion aux autres modes de production d'énergie déjà en exploitation, à savoir le gaz, le pétrole, le charbon, la fission nucléaire, le solaire et la biomasse. Chacune de ces ressources entre dans le bilan de la consommation énergétique mondiale avec une grande variété d'emplois selon la nature du besoin, la disponibilité locale, l'organisation économique et politique. Les combustibles fossiles (gaz, pétrole, charbon) se taillent la part du lion dans cette répartition puisqu'ils couvrent environ les trois quarts de la consommation mondiale d'énergie, le reste se partageant entre le nucléaire, le solaire (incluant l'hydroélectrique et l'éolien) et la biomasse (bois). Les combustibles fossiles présentent des inconvénients bien connus : ressources limitées, répartition géographique inégale et émission de gaz à effet de serre. Mais le développement de l'économie mondiale impose leur utilisation massive en raison de leur faible coût d'extraction, de leurs multiples utilisations, de leur facilité de transport et de stockage et de leurs coûts financiers relativement faibles. Le nucléaire provoque des réac-

---

4. Fusion Material Irradiation Facility.

tions sociétales négatives plus ou moins exagérées qui excipent de la menace d'accidents, de la gestion des déchets et des risques de prolifération d'armes nucléaires. L'importance du capital initial à investir freine aussi considérablement la dissémination de ce mode de production. Les avantages concernent surtout l'absence d'émission de gaz à effet de serre, la fourniture d'énergie électrique très bon marché et les facilités d'approvisionnement en combustibles. L'énergie solaire rassemble des atouts apparemment imbattables grâce à son abondance et sa gratuité, et pourtant elle tarde à se développer en raison de deux défauts rédhibitoires dans la société industrielle actuelle. D'une part, le gisement d'énergie, très diffus, nécessite une concentration coûteuse et complexe, peu adaptée aux activités dispersées et, d'autre part, il est intermittent, ce qui ne convient pas non plus à la plupart des utilisateurs. Quant à la biomasse, en dehors du chauffage, elle ne contribue encore que modestement à la production mondiale. En principe, elle n'augmente pas la concentration de gaz carbonique dans l'atmosphère, mais elle reste coûteuse et pose des problèmes environnementaux en raison de son emprise sur les terres agricoles.

Cette brève analyse conduit à une conclusion simple et généralement admise : il n'existe aucun schéma assurant, dans le futur, des ressources énergétiques suffisantes sans générer des inconvénients gênants ou inquiétants. Cette constatation n'empêche pas le monde de poursuivre son développement économique et d'augmenter sa consommation énergétique. Mais elle pousse les industriels de l'énergie à développer les recherches pour tenter d'atténuer ou de faire disparaître ces inconvénients. Du stockage du gaz carbonique à l'incinération par transmutation des déchets nucléaires en passant par la fabrication d'hydrogène comme combustible, l'amélioration des rendements photovoltaïques, la chasse au gaspillage, un vaste effort se développe avec l'objectif lointain de parvenir à un éventail de solutions plus ou moins complet, qui autorise l'espoir de ne pas handicaper les générations futures. Les États participent à ce mouvement, ils demandent aux contribuables de financer ces travaux innovants en achetant l'énergie produite au-dessus des cours commerciaux. Le large spectre d'innovations attendues devrait donner les moyens de faire face aux défis que l'humanité aura à relever dans les décennies et les siècles à venir.

La fusion apparaît alors comme un simple facteur de cette mobilisation. De la même manière que les autres sources d'énergie, elle apporte des solutions et de nouveaux problèmes. Parmi ces derniers, le plus irritant vient de l'absence de preuves indiscutables que la fusion entre dans la catégorie des sources d'énergie utilisables. Certains déclarent que ces preuves n'existeront jamais, d'autres que les expériences actuelles les apportent à condition d'avoir confiance dans les lois empiriques, d'autres encore qu'elles ne valent pas la peine d'une étude car derrière chaque difficulté surmontée s'en présente une autre, bien plus redoutable. Les expériences LMJ, Iter et IFMIF devraient mettre un peu d'harmonie dans cette cacophonie, probablement sans aboutir à un consensus. Mais cette situation n'a rien d'original, tous les modes de production d'énergie souffrent de la même contestation avec laquelle il faut compter sans se laisser paralyser. La fusion apprend à vivre dans ces conditions. Mais elle ne mérite pas un traitement plus sévère, sous prétexte qu'elle est nouvelle venue et qu'elle diminue la part de chacune des autres.

Aujourd'hui, la démonstration scientifique de la fusion comme source d'énergie ne fait plus de doute. La question de son acceptabilité industrielle et économique reste à démontrer. Mais cette position a bien des points communs avec d'autres énergies dont l'avenir se perd dans l'incertitude. Une compétition ouverte dira laquelle ou lesquelles de ces énergies assureront le mieux la satisfaction des besoins de l'humanité. Mais rien aujourd'hui ne permet d'en écarter la fusion, que ce soit à cause de ses qualités ou en raison d'insuffisances insurmontables.

Reste la facette politique du problème. Comment arbitrer entre toutes les demandes ? Faut-il mettre la fusion en balance avec les recherches sur le cancer, le TGV, la grippe aviaire, les pistes cyclables ? La réponse ne peut venir que du citoyen et de ses représentants, sa mise en œuvre ressortit à l'État. En ce qui concerne Iter, le projet a reçu l'assentiment de l'Europe, des États-Unis, du Japon, de l'Inde, de la Corée, de la Chine et de la Russie. Compte tenu de la population et du potentiel économique que représentent ces pays, cet accord signifie que le projet a reçu un large accueil du monde politique. Mais la confrontation avec les autres modes de production est remise à plus tard. Elle doit avoir lieu entre des procédés éprouvés, soit, pour la fusion, après plusieurs années de fonctionnement de Demo. Plus tôt, le classement ne serait pas plus utile que celui d'un concours d'entrée à l'École normale supérieure entre des candidats au stade embryonnaire. Certains prétendront peut-être savoir dès aujourd'hui que la fusion est impossible et que l'on gâche les moyens et les hommes qui y sont affectés. « Il est parfaitement exact de dire, et toute l'expérience historique le confirme, que l'on n'aurait jamais pu atteindre le possible si dans le monde on ne s'était pas toujours et sans cesse attaqué à l'impossible », écrit Max Weber dans *Le Savant et le Politique*[5], seul a la vocation politique celui qui peut mener ce combat. Celui qui sait a le devoir de le dire, mais seul le politique peut décider et imposer.

Après ces considérations sérieuses, la fusion pourrait avoir pris un teint un peu terne. Il est temps de s'autoriser quelque audace en relâchant la prudence et la pusillanimité, tout en s'abritant derrière le talent et l'humour d'Hubert Reeves. Grâce à lui, la fusion va apparaître comme le sauveur de l'humanité. Dans cinq milliards d'années, le Soleil aura brûlé son hydrogène et se transformera en géante

---

5. Max Weber, *Le Savant et le Politique*, Plon, 1959.

rouge. Géante rouge, ce nom évoque bien l'aspect que prendra notre étoile : elle gonflera, en prenant une coloration rouge, due au refroidissement de sa surface. Toutes les planètes intérieures, dont la Terre, se volatiliseront avec l'espèce humaine si rien n'est fait pour éviter cette destruction. Il est difficile d'admettre cette fin de l'humanité, après tous ses rêves d'éternité mystiques ou philosophiques. Hubert Reeves propose trois solutions. Quelques hommes pourraient s'échapper vers d'autres planètes plus éloignées : il n'aime pas cet abandon réservé à une petite minorité, craignant une sélection très peu démocratique. Il imagine alors de déplacer la Terre et de la mettre hors de portée de ce Soleil mangeur de planète. Il donne ainsi une réalité au beau titre du livre d'Albert Jacquard, *Cinq Milliards d'hommes dans un vaisseau*. « Pour cela, écrit Hubert Reeves, il faudrait arrimer au sol des batteries de fusées convenablement orientées, comme pour un satellite artificiel. Pour obtenir l'énergie requise, on devra d'abord avoir mis au point la fusion contrôlée de l'hydrogène. J'ai calculé qu'en brûlant environ dix pour cent de l'eau océanique, on pourrait déplacer l'orbite de la Terre au-delà de celle de Saturne[6]. » Il ne faudrait pas avoir à faire ce voyage trop souvent pour ne pas risquer un assèchement complet des océans. Hubert Reeves propose donc une troisième solution qui consisterait à ranimer la combustion du Soleil en rechargeant le cœur en hydrogène. De l'hydrogène, il en restera d'énormes quantités dans les couches extérieures au noyau. Il propose donc d'envoyer dans cette région des bombes thermonucléaires qui touilleraient le milieu et ramèneraient de l'hydrogène au centre du Soleil, « comme on ramène le bois d'un feu de camp des bords vers le centre ardent ». Encore mieux, il préférerait un faisceau laser ultra-intense qui créerait un point chaud où des réactions s'amorceraient et provoqueraient le touillage nécessaire.

---

6. Hubert Reeves, *Patience dans l'azur, l'évolution cosmique*, Seuil, 1981.

Les spécialistes de la fusion par confinement inertiel ont cinq milliards d'années pour s'entraîner. Il faut certainement faire la part du canular dans ces propositions, mais un nouveau mythe pourrait peut-être s'y alimenter.

Après ces suggestions osées, ce petit récit d'anticipation paraîtra bien timide. Il est paru dans *Les Défis du CEA* en mars 2004, comme introduction à un article sur l'après-Iter.

« Paris, 31 mars 2334. Dans une allée du musée des Technologies primitives, un garçon s'arrête, fasciné par l'étrange machine qu'il a devant lui : une sorte d'immense beignet en métal, d'où sortent de très nombreux tuyaux et câbles. "Iter, XXIe siècle. Premier réacteur ayant démontré la faisabilité technique et scientifique de la fusion thermo-nucléaire." Il s'agit de l'ancêtre de la centrale électrique qu'il observe tous les jours depuis sa fenêtre, hypnotisé par le ballet des navettes cargos en provenance de la Lune et de ses mines d'hélium 3... De la fin du programme Iter vers 2040, jusqu'au XXIVe siècle, quelques générations de chercheurs devraient avoir réglé tous les défis scientifiques et techniques de la fusion contrôlée sur Terre[7]. »

Ce petit texte demande quelques explications. Pourquoi avoir daté ce récit de 2334 ? Faudra-t-il attendre jusque-là pour que la fusion devienne un élément banal du paysage ? En fait, la scène a lieu bien après que la fusion du deutérium et du tritium a été maîtrisée, puis abandonnée et remplacée par la fusion du deutérium sans tritium. Mais, si la fusion du deutérium résout définitivement la question de l'approvisionnement en combustible, elle reste difficile à exploiter en raison du grand nombre de neutrons énergétiques qui détruisent les matériaux. Il a donc été nécessaire de passer à la fusion de l'hélium 3 avec le deutérium. Cette réaction ne produit pas de neutrons. Elle semble donc idéale si l'on ne retient que ces considérations optimistes.

---

7. « Fusion contrôlée », *Les Défis du CEA*, mars 2004, n° 99. Dossier réalisé par Claire Abou, Fabrice Demarthon, Vahé Ter Minassian.

Mais cette réaction est très difficile à mettre en œuvre et n'a pas les propriétés miraculeuses attendues. D'abord, l'hélium 3 est pratiquement absent de la Terre, il faut aller le chercher sur la Lune où le vent solaire le dépose. D'où les « navettes cargos en provenance de la Lune et de ses mines d'hélium 3 ». Ensuite, la température du plasma nécessaire doit atteindre 500 millions de degrés, soit un facteur 5 par rapport à la fusion du deutérium et du tritium. Cette augmentation poserait d'énormes problèmes de confinement, à moins qu'à cette époque, on ait découvert le moyen de créer des champs magnétiques beaucoup plus intenses. Ces difficultés longues à surmonter expliquent la date du récit, assez lointaine, si bien qu'elles auraient eu le temps de recevoir une solution. Enfin, si la réaction de base de l'hélium 3 sur le deutérium ne crée pas de neutrons, des réactions entre deutons auront lieu qui donneront des neutrons. Les produits des réactions réagiront entre eux et en produiront aussi. Tout compte fait, une réaction optimisée conduit à une fraction de 5 % seulement de l'énergie produite portée par des neutrons, ce qui facilite beaucoup la solution des problèmes d'activation et de résistance des matériaux, mais ne supprime pas complètement les déchets radioactifs.

Parmi les applications de la fusion à d'autres domaines que la production d'électricité, la propulsion spatiale tient une place particulière. La fusion permet d'emporter une masse minimale de carburant et produit des particules rapides. Pour des missions spatiales très lointaines, la provision de carburant ne serait plus un obstacle : le plasma propulseur utiliserait l'énergie au mieux. Les réactions d'hélium 3/deutérium conviendraient bien à cette application en raison de la forte proportion de l'énergie produite portée par des particules chargées qui seraient faciles à guider dans la tuyère d'éjection de la fusée. La Nasa suit donc de près les avatars de la fusion.

Revenant au domaine plus proche de la production d'électricité au cours du XXIe siècle, si les prédictions les plus optimistes se réalisent, dès la seconde moitié du siècle, les producteurs d'électricité devront se décider pour ou contre une généralisation des centrales à fusion. Le deutérium sera extrait de la mer. Le lithium pourrait l'être aussi en raison de sa concentration importante, mais il sera probablement plus facile de l'extraire des roches. La fusion n'en mérite pas moins le nom d'énergie bleue, couleur maritime, évidemment, mais aussi, peut-être, pour le rôle central que joue la France dans cette aventure en accueillant Iter et le LMJ, ce qui lui donne un certain droit à baptiser cette énergie de sa couleur fétiche.

SCHÉMA ET PARAMÈTRES
DE LA MACHINE ITER

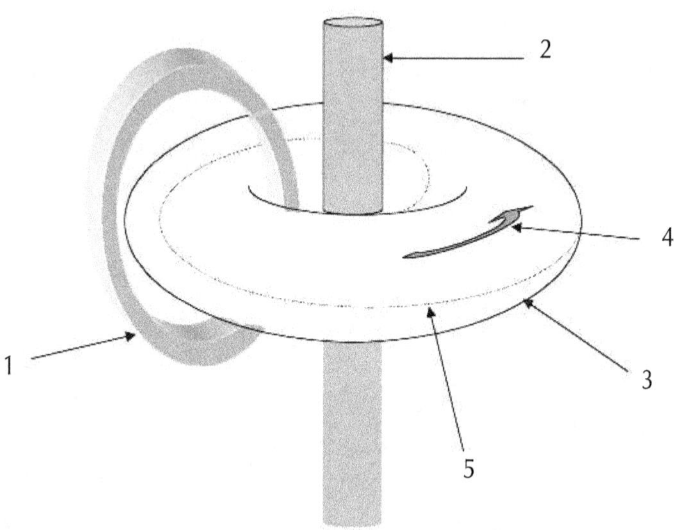

Schéma d'ITER.

1. Une des 18 bobines supraconductrices qui forment le solénoïde torique entourant le tore de plasma chaud (3) et générant le champ magnétique principal de 5,3 teslas dans le plasma.

2. Le solénoïde central qui produit un flux magnétique variable et induit, dans le plasma, un courant de 15 à 18 millions d'ampères (4), dont le

champ magnétique s'ajoute au champ des bobines pour réaliser la configuration magnétique du tokamak.

3. Les actions conjuguées des bobines et du courant provoquent l'enroulement des lignes de champ (5) autour du tore de plasma, comme les fils toronnés d'un câble.

4. Le cordon torique de plasma (837 m^3), porté à des températures comprises entre 100 et 200 millions de degrés, est contenu dans une enceinte à vide. La température sera maintenue par injection de rayonnements et de particules accélérées (jusqu'à 50 MW) et par l'interaction des particules alpha avec le plasma (100 MW). L'hélium 4 produit doit être évacué pour éviter la dilution du combustible. La diffusion conduira les particules vers la paroi de l'enceinte mais, avant qu'elles ne l'atteignent, le champ magnétique les guidera vers un collecteur situé dans la partie inférieure du volume, le divertor, où les particules perdront leur énergie sur des plaques métalliques. Elles s'y neutraliseront et seront pompées en dehors de la machine.

5. Le reste de l'énergie de fusion (400 MW) s'échappera sous forme de neutrons de 14 MeV, qui seront ralentis et absorbés dans les éléments de la couverture (45 centimètres d'épaisseur) qui tapissent la paroi de l'enceinte. Leur énergie sera évacuée par une circulation d'eau qui assure le refroidissement. Quelques modules de couverture tritigène, contenant du lithium 6, seront mis à l'essai. Dans Iter, cette couverture protège la chambre à vide et les aimants. L'ensemble est contenu dans un grand cryostat de 28 mètres de diamètre et de 25 mètres de hauteur.

LE LASER MÉGAJOULE (LMJ)

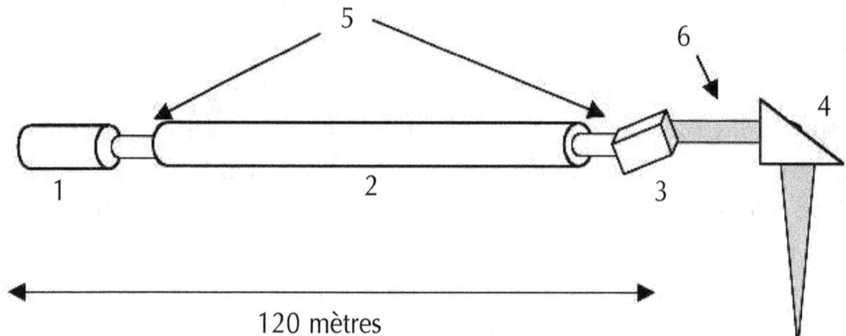

120 mètres

Schéma du principe d'une chaîne laser du LMJ

1. Oscillateur délivrant l'impulsion de lumière dans l'infrarouge (1 μm) avec les profils temporel, spatial et spectral nécessaires à un niveau d'énergie inférieur au joule.

2. Amplificateur multipliant l'énergie de l'impulsion par 20 000.

3. Cristal tripleur de fréquence transformant 18 kilojoules dans l'infrarouge (5) en 7,5 kilojoules de lumière UV (6).

4. Dispositif optique focalisant la lumière sur la cible.

5. Faisceau de lumière infrarouge.

6. Faisceau de lumière ultraviolette.

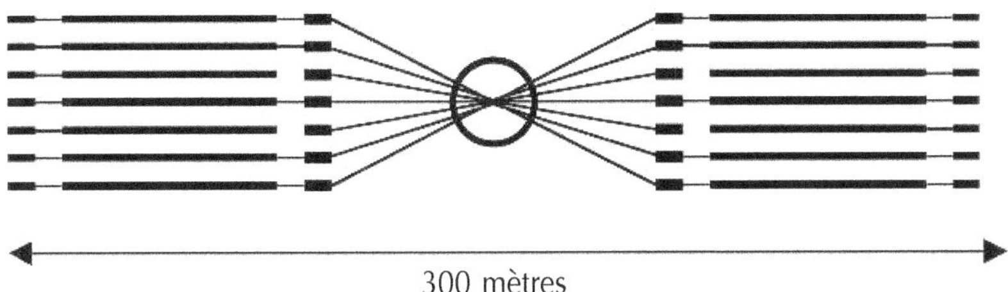

Schéma du principe du LMJ.

Le LMJ comprend 200 chaînes environ, réparties dans deux bâtiments de part et d'autre du hall d'expérience qui contient la chambre d'expérience, une sphère de 10 mètres de diamètre. Au centre de cette chambre, dans un très bon vide, la cible est irradiée par les faisceaux focalisés des chaînes laser. Une petite boîte en métal lourd (or ou alliage) de quelques millimètres contient la cible sphérique formée d'une coquille de deutérium et de tritium solide à l'intérieur d'une enveloppe de plastique. Les faisceaux pénètrent par des ouvertures dans la boîte où ils se convertissent en rayons X mous qui font imploser la cible. Ces quelques dixièmes de milligramme de combustibles devraient libérer une dizaine de mégajoules d'énergie de fusion.

GLOSSAIRE

Ablation : éjection de matière chauffée à très haute température par irradiation laser de la surface extérieure de la cible.

Actinide : voir fission.

Alpha : noyau de l'hélium 4, sorte de cendres de la combustion thermonucléaire.

Bootstrap (courant de) : courant autoexcité par la variation de la pression dans un tokamak lorsque les collisions sont assez rares pour que les particules piégées aient le temps d'osciller entre les miroirs magnétiques.

Chromodynamique : théorie quantique des interactions fortes.

Claquage : ionisation d'un gaz par un champ électrique résultant d'une multiplication du nombre d'électrons par avalanche.

Confinement magnétique : isolement thermique d'un plasma chaud à l'aide de champs magnétiques.

Confinement inertiel : assemblage très rapide d'un plasma chaud et dense sans aucun confinement ; l'inertie de la matière permet de disposer d'un court intervalle de temps avant la dislocation.

Coulombien : en rapport avec la loi de Coulomb qui définit la manière dont deux charges électriques interagissent.

Couronne solaire : écoulement de plasma issu de la surface du Soleil, visible pendant les éclipses totales.

Critère de Lawson : conditions pour qu'un plasma soit considéré comme thermonucléaire, établies d'après les idées initiales de John Lawson.

Déchets : matière radioactive provenant des combustibles usés ou matériaux irradiés au cours du cycle du combustible.

Demo : machine qui doit succéder à Iter en fonctionnant comme un réacteur électrogène mais sans être asservi à des contraintes commerciales.

Deutérium : isotope non radioactif de l'hydrogène (même structure électronique et mêmes propriétés chimiques, mais deux fois plus lourd, d'où son nom d'hydrogène lourd, se combinant à l'oxygène pour donner de l'eau lourde) dont le noyau est formé d'un neutron et d'un proton.

Deuton : noyau de deutérium.

Défaut de masse : différence entre la masse des nucléons dissociés et celle du noyau qu'ils composent lorsqu'ils sont liés.

Diffusion : la diffusion intervient de deux manières dans la fusion. D'une part, elle désigne le mouvement aléatoire des particules confinées par un champ magnétique sous l'effet des collisions ou des instabilités. D'autre part, elle désigne la fraction de la lumière qui est déviée de sa propagation normale en ligne droite en rencontrant des particules ou des irrégularités de densité.

Disruption : interruption du courant circulant dans le plasma d'un tokamak, lié à une instabilité magnétohydrodynamique.

Effet Landau : amortissement d'une oscillation de plasma par la dispersion des vitesses particulaires, sans intervention de processus dissipatif augmentant l'entropie.

Effet tunnel : conséquence de la mécanique quantique qui permet à une particule de franchir une zone interdite par la mécanique classique.

Électron : particule légère chargée négativement, responsable des propriétés chimiques et du rayonnement des atomes lorsqu'il est localisé au voisinage des noyaux, portant le courant électrique s'il est dans un état libre comme dans les métaux et les plasmas.

Énergie cinétique : énergie liée à la vitesse d'un corps, proportionnelle à sa masse et au carré de sa vitesse si celle-ci reste très inférieure à celle de la lumière.

Énergie potentielle : énergie liée à la position d'un corps dans l'espace, égale au travail fourni pour amener le corps dans sa position.

Fission : la fission nucléaire désigne la fragmentation du noyau de certains éléments lourds, les actinides, en plusieurs noyaux plus légers, avec émission de particules, en particulier de neutrons, et libération d'énergie ; la fission peut être spontanée ou induite par l'absorption d'un neutron.

Force nucléaire : expression désignant les effets de l'interaction forte entre les nucléons, caractérisée par sa très courte portée (10^{-15} m).

Force faible : expression désignant les effets de l'interaction entre particules qui permet la transformation de neutrons en protons et réciproquement, avec une portée extrêmement petite (10^{-18} m) et une intensité très faible.

Fusion : la fusion nucléaire désigne une réaction au cours de laquelle un noyau se forme par interaction de deux noyaux plus légers que lui. La fusion d'éléments légers produit beaucoup d'énergie.

Gain : le gain théorique est le rapport entre la quantité d'énergie de fusion produite pendant le temps de confinement de l'énergie et le contenu énergétique du plasma ; le gain thermonucléaire, en confinement inertiel, est le rapport entre la quantité d'énergie de fusion produite après l'ignition et le contenu énergétique du plasma comprimé juste avant l'ignition ; le facteur d'amplification de l'énergie (souvent désigné par la lettre Q) est le rapport entre la puissance de fusion produite et la puissance injectée dans le plasma, en confinement magnétique.

Gaz ionisé : gaz contenant des ions et des électrons.

Hélium : gaz rare, découvert initialement par étude du spectre de la lumière du Soleil et produit par les réactions de fusion dans le Soleil comme en laboratoire.

IFMIF : accélérateur qui sera construit au Japon, destiné à la préparation des matériaux supportant des irradiations de très longue durée par les neutrons de 14 MeV.

Ignition : pour le confinement magnétique, état d'un plasma en combustion thermonucléaire qui compense ses pertes grâce à la capture des alphas que produisent les réactions de fusion ; pour le confinement inertiel, allumage de la combustion thermonucléaire dans une cible comprimée.

Implosion : expression utilisée en confinement inertiel pour désigner la projection de la coquille de combustible vers le centre de la cible grâce à l'effet fusée provoqué par l'ablation de la couche extérieure.

Induction magnétique : force électromotrice induite par les champs magnétiques dépendant du temps.

Instabilité de dérive ou universelle : micro-instabilités liées au confinement magnétique des plasmas.

Intensité : mot utilisé en physique pour désigner plusieurs quantités très différentes : en électricité, flux de charges électriques portées par le courant d'un conducteur (se mesure en ampères) ; en magnétisme, valeur absolue du champ magnétique (mesuré en teslas) ; en optique, densité de flux d'énergie d'un rayonnement (mesuré en watts par mètre carré).

Ion : particule chargée positivement formée d'un atome ayant perdu un, plusieurs ou la totalité de ses électrons ; un atome peut aussi devenir ion négatif s'il s'attache un électron.

Ionisation : passage de certains électrons du cortège atomique d'un état lié à un état libre, le gaz devenant ainsi un mélange d'électrons libres, d'ions et d'atomes.

Isotope : deux éléments sont des isotopes s'ils sont constitués d'atomes dont les noyaux possèdent la même charge électrique, donc le même nombre Z de protons, mais des nombres de neutrons différents.

Iter : dispositif expérimental international qui sera implanté à Cadarache, destiné à étudier en vraie grandeur la combustion thermonucléaire d'un plasma de deutérium et de tritium dans des conditions physiques qui seront proches de celle d'un réacteur. *Iter*, « le chemin en latin », est souvent écrit à tort ITER comme l'acronyme d'International Thermonuclear Experimental Reactor.

Jet (Joint European Torus) : la plus grande expérience de confinement magnétique existante, située à Culham (Royaume-Uni), construite dans le cadre de l'Euratom.

Laser mégajoule (LMJ) : expérience française construite à Bordeaux dans le cadre de la défense nationale, faite d'un laser pouvant délivrer une énergie lumineuse voisine du mégajoule.

Leptons : famille de particules à laquelle appartiennent l'électron, le positron et les neutrinos.

Ligne de champ : ligne fictive, dont la direction suit en chaque point celle du champ magnétique.

Magnétohydrodynamique : branche de la mécanique qui étudie le mouvement des fluides conducteurs et leurs interactions avec les champs électromagnétiques.

Micro-instabilité : instabilité dont la description demande d'aller au-delà des modèles fluides et de prendre en compte du mouvement des particules (effets cinétiques).

Miroir magnétique : effet d'une augmentation de l'intensité du champ magnétique le long d'une ligne de champ sur le mouvement d'une particule chargée qui peut s'arrêter et repartir en arrière comme si elle avait rencontré un miroir.

Neutrino : particule de très faible masse, produite dans les réactions où intervient l'interaction faible, difficile à détecter.

Non-prolifération : lutte contre la prolifération.

Noyau : cœur d'un atome, beaucoup plus petit que l'atome, contenant presque toute sa masse et composé d'un nombre Z de protons et N de neutrons ; les protons et les neutrons sont les nucléons qui dans le noyau sont liés par la force nucléaire.

Neutron : particule électriquement neutre de masse voisine de celle du proton, liée à d'autres nucléons dans les noyaux d'atomes ou présente à l'état libre.

Oscillation de plasma : mouvement périodique des électrons d'un plasma faisant osciller un champ électrique collectif à une fréquence qui ne dépend que de la densité électronique.

Particules piégées : particules de vitesse faible le long du champ magnétique d'un tokamak et qu'un effet de miroir magnétique empêche de tourner autour du plasma.

Plasma : gaz ionisé dont les densités de charge électrique positive et négative sont presque exactement égales en tout point.

Plutonium : actinide produit dans les réacteurs nucléaires et réutilisé comme combustible après le retraitement.

Prolifération : multiplication et dissémination des armes nucléaires.

Proton : particule de charge positive égale et opposée à celle de l'électron, de masse égale à 1 836 fois celle de l'électron ; elle est liée à d'autres nucléons dans les noyaux d'atomes mais se trouve aussi à l'état libre ; le noyau de l'hydrogène ordinaire est formé d'un seul proton.

Proton-proton : nom de la réaction de fusion qui pilote la production d'énergie dans le Soleil et qui met en jeu l'interaction faible.

Quantité de mouvement (appelée aussi impulsion) : produit de la masse par la vitesse, elle est conservée, comme l'énergie, dans un système isolé.

Quark : composant élémentaire de la matière nucléaire et hadronique qui n'existe pas à l'état isolé.

Retraitement : séparation par voie chimique des divers éléments présents dans les combustibles usés des réacteurs nucléaires.

Stellarator : configuration magnétique torique permettant de confiner un plasma en minimisant les courants électriques qui y circulent.

Solénoïde : bobinage d'un fil électrique sur un tube à l'intérieur duquel il crée un champ magnétique presque uniforme.

Striction magnétique : action des forces électrodynamiques qui tend à condenser le courant d'une décharge électrique sur son axe ; nom donné à des décharges à très fort courant électrique où de tels effets se produisent (connues aussi sous le nom de « pinch »).

Super-Phénix : réacteur surgénérateur à fission nucléaire, mis en service en 1985, arrêté en 1998 et en cours de démantèlement.

Supraconducteurs : métaux ou alliages présentant une résistance nulle à très basse température, indispensables pour éliminer les pertes d'énergie par effet joule dans les bobines magnétiques et pour envisager des décharges de très longue durée.

TFTR (Tokamak Fusion Test Reactor) : premier tokamak brûlant un mélange de deutérium et de tritium, construit à Princeton.

Tokamak : système de confinement magnétique constitué d'un solénoïde torique contenant un plasma parcouru par un courant électrique intense qui vient s'ajouter au champ du solénoïde.

Tritium : isotope radioactif de l'hydrogène dont le noyau contient deux neutrons et un proton, se transforme spontanément en hélium 3 avec une demi-vie de 12 ans.

Uranium : actinide présent dans l'écorce terrestre ; combustible des réacteurs nucléaires à fission ; l'un de ses isotopes de numéro atomique 235 fissionne spontanément.

Vitesse de dérive : composante de la vitesse d'une particule chargée dans un champ magnétique provoquée par une variation lente du champ ou une force supplémentaire (gravité, force centrifuge) et qui fait dériver lentement l'orbite hélicoïdale.

Zeta : première expérience destinée à prouver le principe du confinement magnétique, construite à Harwell (Royaume-Uni) dans les années 1950.

INDEX

REMERCIEMENTS

À Katia,
à René Pellat, en souvenir.
Ma gratitude à Gérard Jorland pour son travail éditorial.

TABLE DES MATIÈRES

CHAPITRE 2
Le rêve apollinien

Deuxième Partie
Du côté des plasmas chauds

CHAPITRE 3
Le paradigme de la tasse de thé

CHAPITRE 4
Le complexe de Houdini

CHAPITRE 5
La fusion sans complexe

ANNEXES

Ouvrage proposé par Gérard Jorland
et publié sous sa responsabilité éditoriale

Cet ouvrage a été transcodé et mis en pages
chez NORD COMPO (Villeneuve-d'Ascq)